Oracle 12c 从入门到精通

（第二版）

闫红岩　金松河　编著

中国水利水电出版社
www.waterpub.com.cn

内 容 提 要

Oracle 数据库系统是数据库领域最优秀的数据库之一，本书以 Oracle 最新版本 Oracle Database 12c Release 1（12.1.0.1.0）为蓝本，系统地讲述了 Oracle 数据库的概念、管理和应用开发等内容。全书结构合理、内容翔实、示例丰富、语言简洁。从实际角度出发，系统地介绍了数据库和 Oracle 的相关概念和原理、Oracle 的数据库管理（如安装与启动，用户权限、备份与恢复等）以及 Oracle 的应用开发基础，并通过两个案例来介绍基于 Java 开发包和 Oracle 数据库进行案例开发的详细过程。

本书面向数据库管理人员和数据库开发人员，对于初学者，本书是一本很好的入门教程，对于 Oracle 管理员和应用程序开发员，也有很好的学习和参考价值。不仅适合作为高等院校本/专科计算机软件、信息系统、电子商务等相关专业的数据库课程教材，还适合作为各种数据库技术培训班的教材以及数据库开发人员的参考资料。

本书提供实例的源代码，读者可以从中国水利水电出版社网站或万水书苑上免费下载，网址为：http://www.waterpub.com.cn/softdown/和 http://www.wsbookshow.com。

图书在版编目（C I P）数据

Oracle 12c 从入门到精通 / 闫红岩，金松河编著
. -- 2版. -- 北京 : 中国水利水电出版社，2014.6
ISBN 978-7-5170-2092-9

Ⅰ. ①O… Ⅱ. ①闫… ②金… Ⅲ. ①关系数据库系统
Ⅳ. ①TP311.138

中国版本图书馆CIP数据核字(2014)第117961号

策划编辑：周春元　加工编辑：李　冰　责任编辑：李　炎　封面设计：李　佳

书　　名	Oracle 12c 从入门到精通（第二版）
作　　者	闫红岩　金松河　编著
出版发行	中国水利水电出版社
	（北京市海淀区玉渊潭南路 1 号 D 座　100038）
	网址：www.waterpub.com.cn
	E-mail：mchannel@263.net（万水）
	sales@waterpub.com.cn
	电话：（010）68367658（发行部）、82562819（万水）
经　　售	北京科水图书销售中心（零售）
	电话：（010）88383994、63202643、68545874
	全国各地新华书店和相关出版物销售网点
排　　版	北京万水电子信息有限公司
印　　刷	北京蓝空印刷厂
规　　格	185mm×240mm　16 开本　24.5 印张　500 千字
版　　次	2009 年 9 月第 1 版　2009 年 9 月第 1 次印刷
	2014 年 6 月第 2 版　2014 年 6 月第 1 次印刷
印　　数	0001—3000 册
定　　价	58.00 元

凡购买我社图书，如有缺页、倒页、脱页的，本社发行部负责调换

前言

　　数据库技术是计算机科学技术中发展最迅速的领域之一，也是应用最广泛的技术之一。数据库管理系统是国家信息基础设施的重要组成部分，也是国家信息安全的核心技术之一。信息技术的飞速发展大大推动了社会的进步，也逐渐改变了人们的生活、工作和学习方式。因此，数据库系统已成为计算机信息系统与应用系统的核心技术和重要基础。Oracle 数据库系统是数据库领域最优秀的数据库之一，随着版本的不断升级，功能越来越强大。最新的版本 Oracle Database 12c Release 1（12.1.0.1.0）可以为各类用户提供完整的数据库解决方案，帮助用户建立自己的电子商务体系，从而增强用户对外界变化的敏捷反应能力，提高用户的市场竞争力。

本书特色：

　　体系结构合理。结构安排由浅入深，更加符合"从入门到提高、从基础到实例"的循序渐进的学习规律。

　　专业的指导。本书由 Oracle 数据库专业教师精心编著，书中不仅对各个知识点进行了系统的安排，还加以针对性的实例练习，力求使读者在学习时有更深的理解。

　　丰富的素材。在本书配套的网络资源中，为读者提供了书中实例所用的素材及源文件。

主要内容：

　　本书从实际应用角度出发，系统地介绍了数据库和 Oracle 的相关概念和原理、Oracle 的数据库管理以及 Oracle 的应用开发基础，并通过两个案例来介绍基于 Java 开发包和 Oracle 数据库进行案例开发的详细过程。

　　全书共分 15 章，其中第 1 章讲述了数据库和 Oracle 的基本概念，以及 Oracle 12c 的新特性。第 2 章讲述了 Oracle 在 Windows 上的安装和配置。第 3～5 章针对 SQL 的基础、Oracle 的 PL/SQL

编程和 Oracle 的 SQL 环境——SQL*Plus 进行了详细地阐述。第 6~7 章讲述了 Oracle 的基本操作及其数据库的管理应用操作，包括基本数据对象的创建、使用、删除，数据的管理和操作，视图的使用技巧、记录唯一性和数据完整性的控制，以及避免更改造成大量改动的技巧等。第 8~13 章讲述了 Oracle 数据库的各种管理和使用，如用户管理、空间管理、备份与恢复机制、控制文件和日志文件管理、数据库的并发控制和安全管理等。第 14~15 章讲述 Oracle 数据库的综合应用实例。同时，附录中给出了 Oracle 12c 的词汇集锦和相关选件介绍，以便于广大读者查阅。

关于作者：

本书由闫红岩、金松河两位 Oracle 资深数据库专家编写，钱慎一等老师也参与了部分章节的编写工作。在编写过程中，参阅了大量的英文资料和官方提供的英文技术文档，这些均由郑州旅游职业学院的张晓娟老师进行翻译，在此表示感谢。此外，白永刚、王国胜、刘松云、张丽、张班班、胡文华、尼春雨、蒋军军、聂静等也参与了本书的校对与审稿工作，对他们的工作表示衷心的感谢。本书能够顺利完成，郑州轻工业学院给予了很大的支持，在此也表示特别感谢。

适用读者：

本书不仅适合作为高等院校本/专科计算机软件、信息系统、电子商务等相关专业的数据库教材，还适合作为各种数据库技术培训班的教材以及数据库开发人员的参考用书。由于编写时间仓促，书中难免会有疏漏之处，恳请广大读者给予批评指正。

编者
2014 年 2 月

II

目　录

Oracle 数据库概述

Oracle Database 12c Release 1（12.1.0.1.0）数据库系统具有良好的体系结构、强大的数据处理能力、丰富实用的功能和许多创新的特性，并根据用户对象需求的不同，提供了不同的版本。

本章将首先回顾一下数据库的一些基本概念和基础知识，以及 Oracle 数据库 12c 的一些基本术语，并对 Oracle 的产品结构和创新特性进行介绍。

1.1 Oracle 数据库产品结构及组成

Oracle 数据库 12c 在 Windows 平台上提供有三个版本：标准版 1（SE1）、标准版（SE）、企业版（EE）。三个版本都是 64 位的，并无 32 位版本，Oracle 12c 可以访问的内存空间是该 Windows 操作系统能访问的最大内存空间，并在数据库规模上无限制，而不再像 Oracle 11g 限制 11GB。均能够满足客户对各种领域（性能和可用性、安全性和合规性、数据仓储和分析、非结构化数据和可管理性）的特殊需求。

1.1.1 标准版 1

Oracle 数据库 12c 标准版 1（SE1）功能全面，可适用于最多容纳两个插槽 CPU 的单台服务器，它提供了企业级性能和安全性，易于管理，并可随需求的增长轻松进行扩展。与标准版一样，标准版 1 可向上兼容其他数据库版本，并随企业的发展而扩展，从而使得企业能够以最低的成本获得最高的性能，保护企业的初期投资。

标准版 1 的主要优点如下：

- 应用服务支持。以企业级性能、安全性、可用性和可伸缩性支持所有业务管理软件。
- 多平台自动管理。可基于 Windows、Linux 和 UNIX 操作系统运行，自动化的自管理功能使其易于管理。
- 全面的开发功能。借助 Oracle Application Express、Oracle SQL 开发工具和 Oracle 面向 Windows 的数据访问组件简化应用开发。
- 灵活的订制服务。用户可以仅购买所需功能，并在需求增长时轻松添加更多功能。

1.1.2　标准版

Oracle 数据库 12c 标准版（SE）功能全面，可适用于最多容纳四个插槽 CPU 的单台服务器或者集群服务器，它通过应用集群服务实现了高可用性，提供了企业级性能和安全性，易于管理并可随需求的增长轻松扩展。标准版可向上兼容企业版，并随企业的发展而扩展，从而保护企业的初期投资。

标准版的主要优点如下：

- 多平台自动管理。可基于 Windows、Linux 和 UNIX 操作系统运行，自动化的自管理功能使其易于管理。
- 丰富的开发功能。借助 Oracle Application Express、Oracle SQL 开发工具和 Oracle 面向 Windows 的数据访问组件简化应用开发。
- 灵活的订制服务。用户可以仅购买现在所需要的功能，并在以后通过真正应用集群轻松进行扩展。

1.1.3　企业版

Oracle 数据库 12c 企业版（EE），对最多容纳 CPU 插槽无限制，可以运行在 Windows、Linux 和 UNIX 的集群服务器或单台服务器上。对正在部署私有数据库云的客户和正在寻求以安全、隔离的多租户模型发挥 Oracle 数据库强大功能的 SaaS（Software as a Service，软件即服务）供应商有极大帮助，提供了综合功能来管理要求最严苛的事务处理、大数据和数据仓库，客户可以选择各种 Oracle 数据库企业版选件来满足业务用户对性能、安全性、大数据、云和可用性服务级别的期望。

企业版的主要优点如下：

- 使用新的多租户架构，无需更改现有应用即可在云上实现更高级别的整合。
- 自动数据优化特性可高效地管理更多数据、降低存储成本和提升数据库性能。
- 深度防御的数据库安全性可应对不断变化的威胁和符合越来越严格的数据隐私法规。
- 通过防止发生服务器故障、站点故障、人为错误以及减少计划内停机时间和提升应用连续性，获得最高可用性。

- 可扩展的业务事件顺序发现和增强的数据库大数据分析功能。
- 与 Oracle Enterprise Manager Cloud Control 12c 无缝集成，使管理员能够轻松管理整个数据库生命周期。

Oracle 数据库 12c 企业版提供了许多选件以帮助企业发展业务，并达到用户期望的性能。其中，选件包括真正应用集群、活动数据卫士、OLAP、内存数据库缓存、数据挖掘、可管理性、分区、空间管理、Database Vault、高级压缩、内容数据库、真正应用测试、全面恢复、高级安全性和标签安全性。

Oracle 数据库 12c 的所有版本都是用相同的代码构建的，版本之间是完全兼容的。Oracle 数据库 12c 可用在多种操作系统上，包括开发工具和编程接口上。客户可以从标准版 1 开始，随着业务的增长或者条件的变化，升级到标准版或企业版。只需要简单的数据库升级、更新迁移与整合，用户就可以得到高性能、高可靠性、可扩展性和安全性，这正是由于 Oracle 有一个这样的简便管理环境。

1.2　数据库基本术语

数据库技术是计算机技术中发展最为迅速的领域之一，已经成为人们存储数据、管理信息和共享资源的最常用、最先进的技术。数据库技术已经在科学、技术、经济、文化和军事等各个领域发挥着重要的作用。

1.2.1　数据库

顾名思义，数据库 DB（Database）即指存放数据的仓库，只不过该仓库位于计算机的存储设备上。通常，这些数据面向一个组织、部门或整个企业，它们是按照一定的数据组织模型存放在存储器上的一组相关数据集合。例如学生成绩管理系统中，学生的基本信息、学籍信息、成绩信息等都是来自学生成绩管理数据库的。

除了用户可以直接使用的数据外，还有另外一种数据，它们是数据库的定义信息，如数据库的名称、数据表的定义、数据库账户、权限等。用户不会经常性地使用这些数据，但是对数据库来说非常重要。这些数据通常存放在一个"数据字典（Data Dictionary）"中。数据字典是数据库管理系统工作的依据，数据库管理系统借助于数据字典来理解数据库中数据的组织，并完成对数据库中数据的管理与维护。数据库用户可通过数据字典获取有用的信息，如用户创建了哪些数据库对象，这些对象是如何定义的，这些对象允许哪些用户使用等。但是，数据库用户是不能随便改动数据字典中的内容的。

> ┌─ 提示 ─
> 　数据字典是数据库管理系统中非常重要的组成部分之一，它是由数据库管理系统自动生成并维护的一组表和视图。

过去人们只是把数据存放在文件柜里，当数据逐渐增多时，从大量的文件中查找数据显得十分困难。如今人们利用计算机和数据库科学地保存和管理大量复杂的数据，首先将所要应用的大量数据收集并抽取，然后将其保存并进行进一步的查询和加工处理，以获得更多有用的信息。由此看来，数据库是长期存储在计算机内，有组织的、大量的、可共享的数据集合。数据库中的数据按一定的数据模型组织、描述和存储，具有较小的冗余度、较高的数据独立性和易扩展性，并可为各种用户共享。

1.2.2　数据库管理系统

在建立了数据库之后，由数据库管理系统（Database Management System，DBMS）对数据库中的数据进行管理与操纵，科学地组织和存储数据、高效地获取和维护数据、建立用户帐户和分配权限，以及向用户提供各种操作功能。

数据库管理系统（DBMS）是指数据库系统中对数据进行管理的软件系统，它是数据库系统的核心组成部分，数据库系统的一切操作，包括查询、更新及各种控制，都是通过 DBMS 进行的。DBMS 总是基于数据模型，因此可以把它看成是某种数据模型在计算机系统上的具体实现。根据所采用数据模型的不同，DBMS 可以分成网状型、层次型、关系型、面向对象型等。但在不同的计算机系统中，由于缺乏统一的标准，即使是同种数据模型的 DBMS，它们在用户接口、系统功能等方面也是不同的。关系型 DBMS 是目前最流行的 DBMS，常见的如 Oracle、MS SQL Server、DB2 等。

如果用户要对数据库进行操作，实际是由 DBMS 把操作从应用程序带到外部级、概念级，再导向内部级，进而操纵存储器中的数据。一个 DBMS 的主要目标是使数据作为一种可管理的资源来处理。DBMS 应使数据易于为各种不同的用户所共享，应该增进数据的安全性、完整性及可用性，并提供高度的数据独立性。

1.2.3　数据库系统

数据库系统（Database System，DBS）是指在计算机系统中引入数据库后的系统，一般由数据库、数据库管理系统（及其开发工具）、应用系统和数据库管理员构成，如图 1.1 所示。需要注意的是，数据库的建立、使用和维护等工作只靠一个 DBMS 是远远不够的，还要有专门的人员来完成，这些人被称为数据库管理员（Database Administrator，DBA）。

通常，在不引起混淆的情况下，人们将数据库系统简称数据库。数据库系统在计算机系统中的地位如图 1.2 所示。数据库系统的组成包括硬件平台、数据库、软件系统、应用系统和相关人员。

1. 硬件平台及数据库

硬件系统主要指计算机各个组成部分。鉴于数据库应用系统的需求，特别强调数据库主机或数据库服务器外存要足够大，I/O 存取效率要高，主机的吞吐量要大，作业处理能力要强。对于分布式数据库而言，计算机网络也是基础环境，其具体介绍如下：

- 要有足够大的内存，存放操作系统和 DBMS 的核心模块、数据库缓冲区和应用程序。

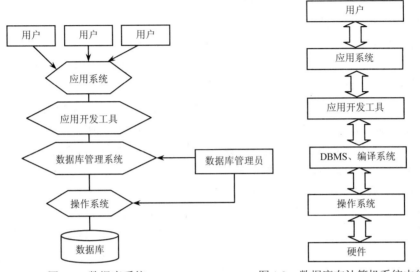

图 1.1　数据库系统　　　　　图 1.2　数据库在计算机系统中的地位

- 有足够大的磁盘等直接存取设备以存放数据库，有足够的光盘、磁盘、磁带等作为数据备份介质。
- 要求连接系统的网络有较高的数据传送率。
- 有较强处理能力的中央处理器（CPU）来保证数据处理的速度。

2．软件

数据库系统的软件需求，主要包括如下几个方面：

- DBMS，为数据库的建立、使用和维护配置的软件。
- 支持 DBMS 运行的操作系统。
- 与数据库通信的高级程序语言及编译系统。
- 为特定应用环境开发的数据库应用系统。

3．数据库管理员及相关人员

数据库有关人员包括数据库管理员、系统分析员、应用程序员和普通用户，其各自职责如下所述：

（1）数据库管理员

数据库管理员（DBA）负责管理和监控数据库系统，负责为用户解决应用中出现的系统问题。为了保证数据库能够高效正常地运行，大型数据库系统都设有专人负责数据库系统的管理和维护。数据库管理员在数据库管理系统的正常运行中起着非常重要的作用。其主要职责如下：

- 决定数据库中的信息内容和结构。数据库中存放哪些信息，DBA 要参与决策。因此 DBA 必须参加数据库设计的全过程，并与用户、应用程序员、系统分析员密切合作共同协商，做好数据库设计工作。
- 决定数据库的存储结构和存取策略。
- 监控数据库的运行（系统运行是否正常，系统效率如何），及时处理数据库系统运行过程中出现的问题。比如系统发生故障时，数据库会因此遭到破坏，DBA 必须在最短的时间内把数据库恢复到正确状态。
- 安全性管理，通过对系统的权限设置、完整性控制设置来保证系统的安全性。DBA 要负责确定各个用户对数据库的存取权限、数据的保密级别和完整性约束条件。
- 日常维护，如定期对数据库中的数据进行备份、维护日志文件等。
- 对数据库有关文档进行管理。

（2）系统分析员和数据库设计人员

系统分析员负责应用系统的需求分析和规范说明，和用户及 DBA 一起，确定系统的硬件、软件配置，并参与数据库系统概要设计。数据库设计人员按照需求分析和总体设计的框架，合理、有效、科学、安全地设计数据库结构，定义各个表结构、存储过程、触发器。

（3）应用程序员

应用程序员是负责设计、开发应用系统功能模块的软件编程人员，他们根据数据库结构编写特定的应用程序，并进行调试和安装。

（4）用户

这里的用户是指最终用户。最终用户通过应用程序的用户接口使用数据库。常用的接口方式有浏览器、菜单驱动、表格操作、图形显示、报表等。

1.2.4　数据库模式

数据库系统结构是数据库的一个总的框架。尽管实际的数据库系统软件产品多种多样，支持不同的数据模型，使用不同的数据库语言，建立在不同的操作系统之上，但绝大多数数据库系统在总的体系结构上都具有三级模式的结构特征。学习数据库的三级模式将有助于理解数据库设计及应用中的一些基本概念。

1. 数据库的三级模式

数据库的三级模式为外模式、概念模式和内模式，如图 1.3 所示。

（1）概念模式

概念模式也称模式，是对数据库中全局数据逻辑结构的描述，是全体用户公共的数据视图。这种描述是一种抽象描述，不涉及具体硬件环境与平台，也与具体软件环境无关。

概念模式主要描述数据的概念记录类型及其关系，还包括数据间的一些语义约束，对它的描述可用 DBMS 中的 DDL 定义。

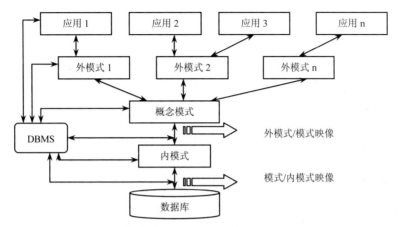

图 1.3　数据库系统结构——三级模式

（2）外模式（External Schema）

外模式也称子模式（Subschema）或用户模式，它是数据库用户（包括应用程序员和最终用户）能够看见和使用的局部数据的逻辑结构和特征的描述，是数据库用户的数据视图，是与某一应用有关的数据的逻辑表示。

外模式通常是模式的子集。一个模式可以有多个外模式。由于它是各个用户的数据视图，如果不同的用户在应用需求、看待数据的方式、对数据保密的要求等方面存在差异，则其外模式描述就可能不同。即使对模式中的同一数据，在外模式中的结构、类型、长度、保密级别等都可以不同。另外，同一外模式也可以为某一用户的多个应用系统所使用，但一个应用程序只能使用一个外模式。

DBMS 提供外模式描述语言（外模式 DDL）来严格地定义外模式。

> **提　示**
>
> 　　外模式是保证数据库安全性的一个有力措施。每个用户只能看到和访问所对应的外模式中的数据，数据库中的其他数据是看不到的。

（3）内模式（Internal Schema）

内模式也称存储模式（Storage Schema），一个模式只有一个内模式。它是数据物理结构和存储方式的描述，定义所有的内部记录类型、索引和文件的组织形式，以及数据控制方面的细节。

内部记录并不涉及到物理记录，也不涉及到设备的约束。比内模式更接近于物理存储和访问的那些软件机制是操作系统的一部分，即文件系统。如从磁盘读数据或写数据到磁盘上的操作等。

DBMS 提供内模式描述语言（内模式 DDL）来严格地定义内模式。

2．数据库的二级映像

数据库系统的模式、内模式、外模式之间有很大的差别，为了实现用户和数据之间的透明化，DBMS 提供了二级映像：外模式/模式映像和模式/内模式映像。有了这二级映像，用户就能逻辑地、抽象地处理数据，而不必关心数据在计算机中的具体表示方式与存储方式。正是这二级映像保证了数据库系统中的数据能够具有较高的逻辑独立性和物理独立性。

> 提 示
>
> 映像实质上是一种对应关系，是指映像双方如何进行数据转换，并定义转换规则。这样就能使数据独立性得到保证。

（1）外模式/模式映像

数据库的每一个外模式都有一个外模式/模式映像，它定义了该外模式与模式之间的对应关系，外模式/模式映像一般是在外模式中描述的。

模式描述的是数据的全局逻辑结构，外模式描述的是数据的局部逻辑结构。对应于同一个模式可以有任意多个外模式。

如果模式需要进行修改，例如数据重新定义，增加新的关系、新的属性，改变属性的数据类型等，那么只需对各个外模式/模式映像做相应的修改，使外模式尽量保持不变，而应用程序一般是依据外模式编写的，因此应用程序也不必修改，从而保证了数据与程序的逻辑独立性，这就是数据的逻辑独立性。

（2）模式/内模式映像

模式/内模式映像是唯一的，因为数据库只有一个模式和一个内模式。它存在于模式和内模式之间，由于两级模式之间的数据结构可能不一致，甚至可能差别很大。模式/内模式映像定义了模式和内模式之间的对应关系，即数据全局逻辑结构与存储结构之间的对应关系。模式/内模式映像一般是在模式中描述的。当数据库的存储结构改变时，由数据库管理员对模式/内模式映像做相应改变，可以使模式保持不变，因此应用程序也不必改变。这就保证了数据与程序的物理独立性，简称数据的物理独立性。

在数据库的三级模式结构中，数据库模式即全局逻辑结构是数据库的中心与关键，它独立于数据库的其他层次。因此设计数据库模式结构时应首先确定数据库的模式。

数据库的内模式依赖于它的全局逻辑结构，但独立于数据库的用户视图即外模式，也独立于具体的存储设备。它是将全局逻辑结构中所定义的数据结构及其联系按照一定的物理存储策略进行组织，以实现较好的时间与空间效率。

数据库的外模式面向具体的应用程序，它定义在逻辑模式之上，但独立于存储模式和存储设备。当应用需求发生较大变化，相应外模式不能满足其视图要求时，该外模式就得做相应改动，所以设计外模式时应充分考虑到应用的扩充性。特定的应用程序是在外模式描述的数据结构上编制的，它依赖于特定的外模式，独立于数据库的模式和存储结构。

---注　意---

　　不同的应用程序有时可以共用同一个外模式。数据库的二级映像保证了数据库外模式的稳定性，从而从底层保证了应用程序的稳定性，除非应用需求本身发生变化，否则应用程序一般不需要修改。

　　数据与程序之间的独立性，使得数据的定义和描述可以从应用程序中分离出去。另外，由于数据的存取由 DBMS 管理，用户不必考虑存取路径等细节，从而简化了应用程序的编制，大大减少了应用程序的维护和修改工作。

1.2.5　数据模型

　　模型是现实世界特征的模拟与抽象。比如一组建筑规划沙盘，精致逼真的飞机航模，都是对现实生活中的事物的描述和抽象，见到它就会让人们联想到现实世界中的实物。

　　数据模型（Data Model）也是一种模型，它是数据库中用于提供信息表示和操作手段的形式构架，是数据库中用来对现实世界进行抽象的工具。由于计算机不可能直接处理现实世界中的具体事物，因此人们必须事先把具体事物转换成计算机能够处理的数据，即首先要数字化，要把现实世界中的人、事、物、概念用数据模型这个工具来抽象、表示和加工处理。

　　数据模型按不同的应用层次分为 3 种类型，分别是概念数据模型（Conceptual Data Model），逻辑数据模型（Logic Data Model）和物理数据模型（Physical Data Model）。

　　1.　概念数据模型

　　概念数据模型又称概念模型，是一种面向客观世界、面向用户的模型，与具体的数据库管理系统无关，与具体的计算机平台无关。人们通常先将现实世界中的事物抽象到信息世界，建立所谓的"概念模型"，然后再将信息世界的模型映射到机器世界，将概念模型转换为计算机世界中的模型。因此,概念模型是从现实世界到机器世界的一个中间层次。

　　2.　逻辑数据模型

　　逻辑数据模型又称逻辑模型，是一种面向数据库系统的模型，它是概念模型到计算机之间的中间层次。概念模型只有在转换成逻辑模型之后才能在数据库中得以表示。目前，逻辑模型的种类很多，其中比较成熟的包括层次模型、关系模型、网状模型、面向对象模型等。

　　上述4种数据模型的根本区别在于数据结构不同,即数据之间联系的表示方式不同,具体介绍如下：

- 层次模型用"树结构"来表示数据之间的联系。
- 关系模型用"二维表"来表示数据之间的联系。
- 网状模型用"图结构"来表示数据之间的联系。
- 面向对象模型用"对象"来表示数据之间的联系。

3. 物理数据模型

物理数据模型又称物理模型，它是一种面向计算机物理表示的模型，此模型是数据模型在计算机上物理结构的表示。

通常，数据模型由数据结构、数据操纵和完整性约束三部分组成，这也称为数据模型的三大要素。

1.2.6 数据完整性约束

数据完整性约束是对数据描述的某种约束条件，关系型数据模型中可以有三类完整性约束：实体完整性、参照完整性和用户定义的完整性。

1. 实体完整性（Entity Integrity）

一个基本关系通常对应现实世界的一个实体集。例如学生关系对应于学生的集合。现实世界中的实体是可区分的，即它们具有某种唯一性标识。相应地，关系模型中以主键作为唯一性标识。主键中的属性即主属性不能取空值。所谓空值即指"无意义"的值。如果主属性取空值，就说明存在某个不可标识的实体，即存在不可区分的实体，这与现实世界的应用环境相矛盾，因此这个实体一定不是一个完整的实体。

实体完整性规则：若属性 A 是基本关系 R 的主属性，则属性 A 不能取空值。

2. 参照完整性（Referential Integrity）

现实世界中的实体之间往往存在某种联系，在关系模型中实体及实体间的联系都是用关系来描述的。这样就自然存在着关系与关系间的引用。

设 F 是基本关系 R 的一个或一组属性，但不是关系 R 的键，如果 F 与基本关系 S 的主键 Ks 相对应，则称 F 是基本关系 R 的外键（Foreign key），并称基本关系 R 为参照关系（Referencing relation），基本关系 S 为被参照关系（Referenced relation）或目标关系（Target relation）。关系 R 和 S 不一定是不同的关系。

参照完整性规则就是定义外键与主键之间的引用规则。参照完整性规则描述如下：

若属性（或属性组）F 是基本关系 R 的外键，它与基本关系 S 的主键 Ks 相对应（基本关系 R 和 S 不一定是不同的关系），则对于 R 中每个元组在 F 上的值必须为：取空值（F 的每个属性值均为空值）或等于 S 中某个元组的主键值。

【例 1-1】下面各种情况说明了参照完整性规则在关系中如何实现。在关系数据库中有下列两个关系模式：

学生关系模式：S（学号，姓名，性别，年龄，班级号，系别），PK（学号）

学习关系模式：SC（学号，课程号，成绩），PK（学号，课程号），FK1（学号），FK2（课程号）

据规则要求关系 SC 中的"学号"值应该在关系 S 中出现。如果关系 SC 中有一个元组（S07,C04,80），而学号 S07 却在关系 S 中找不到，那么就认为在关系 SC 中引用了一个不存在的学生实体，这就违反了参照完整性规则。

另外，在关系 SC 中"学号"不仅是外键，也是主键的一部分，因此这里"学号"值不允许为空。

3. 用户定义的完整性（User-defined Integrity）

实体完整性和参照完整性适用于任何关系数据库系统。除此之外，不同的关系数据库系统根据其应用环境的不同，往往还需要一些特殊的约束条件。

用户定义的完整性就是针对某一具体关系数据库的约束条件，反映某一具体应用所涉及的数据必须满足的语义要求。关系模型应提供定义和检验这类完整性的机制，以便用统一的系统方法处理它们，而不要由应用程序承担这一功能。

【例 1-2】例 1-1 中的学生关系模式 S，学生的年龄定义为两位整数，但范围还很大，为此用户可以写出如下规则把年龄限制在 15～30 岁之间：

```
CHECK（AGE  BETWEEN  15  AND  30）
```

1.2.7　联机事务处理和联机分析处理

联机事务处理（Online Transaction Processing，OLTP）是数据库应用系统最底层的应用，主要用于完成数据库应用系统的各项业务处理。

OLTP 是数据库应用系统发展中最早也是最迫切要求被实现的一层，它可以直接替代手工劳动，极大地提高工作效率。它的应用需求推动了数据库技术，尤其是关系数据库技术的发展，而后者又为其提供了强有力的支持。

随着 OLTP 系统的成熟，人们一方面在研究数据处理技术还可以带来什么，另一方面又被 OLTP 产生的大量数据淹没，E.F.Codd 博士提出了联机分析处理（Online Analytical Processing，OLAP）的概念。OLAP 是一种软件技术，它使分析人员、经理和执行官能够迅速、一致、交互地从各个方面观察信息，以达到深入理解数据的目的。这些信息是由 OLTP 系统中的原始数据转换过来的，按照用户的理解，它反映了用户环境真实的方方面面，为中层领导和高层决策提供了参考和依据。

> **提 示**
>
> 联机事务处理和联机分析处理代表了数据处理技术和数据应用的两个层次：联机事务处理提高了工作效率和工作质量；联机分析处理从领导和决策出发，全面、真实、直观地反映经营活动的各个方面。

1.2.8　数据仓库

支持大量数据信息存储的技术叫做数据仓储或数据仓库。当把几个小型数据库集成为一个大型数据库，并为一个较广泛的组织服务时，如果该数据库存储历史数据，提供决策支持、数据汇总、只读数据，并且实质上充当所有向它提供数据的相关成品数据库的数据接收器，那么它通常被叫做数据仓库（Data Warehouse）。

数据仓库体系结构可以容纳各种格式的内部和外部数据，其中包括各种经营数据、历史数据、现行数据、订阅数据库及来自 Internet 服务商的数据，还必须包括易于访问的元数据。从而能够提供访问和综合来自各种数据商店的数据，进行复杂的数据分析，创建各种多维数据视图。

数据仓库概念创始人 W.H.Inmon 于 1996 年在《Building the Data Warehouse》中明确给出数据仓库的定义是：数据仓库是面向主题的、完整的、非易失的、随时间变化的、用于支持决策管理的数据集合。其主要特征如下：

（1）面向主题

与 OLTP 面向应用进行数据组织相对应，数据仓库的数据被划分成一个个的主题域。主题是一个抽象的逻辑概念，是在一个较高层次上将数据分析归类的表示，对应于一个宏观的分析领域，如政策、市场分析、价格趋势等。主题域应该具有独立性和完整性。数据信息按主题进行组织，为按主题进行决策提供信息。

（2）完整性

数据在进入数据仓库之前，不是简单从各个业务系统中抽取出来的，必须经过系统加工、汇总和整理，从而使数据仓库内的信息是关于企业的、一致的、全局的数据信息。这一步是数据仓库建设中最关键、最复杂的一步，它完成了元数据从面向应用到面向主题的转变。

（3）稳定性

与 OLTP 系统不同，数据按照一定的周期升级到数据仓库中，包括复杂提取、概括、聚集和老化的过程。数据一旦进入数据仓库以后，在一般情况下长期保留。也就是说，数据仓库基本上是只读的，反映历史数据的内容，是不同时点的数据库快照的集合，以及基于这些快照的通过统计、综合和重组所导出的数据，而不是 OLTP 系统的数据。它所涉及的操作主要是查询操作，用户不能对其进行删除或更新。一旦数据超过了数据仓库的数据存储期限，这些数据将从当前的数据仓库中删去。

（4）时变性

数据仓库内的信息包括了企业各个历史时期的数据，而不只是企业当时或某一时间点上的数据，用以支持数据分析，它可提供对数据的瞬时分析并衍生出数据值或对企业的发展历程和未来趋势进行分析等功能。所谓变化即指数据仓库中存储的大量历史数据、当前数据和综合数据等，它们处于永远的发展变化中。引起变化的因素包括新的数据内容的引入、旧的数据的删除以及重新综合数据等。

1.3 Oracle 基本术语

除了在前述小节中所提到的有关数据库技术的基本概念外，Oracle 中还包含一些特有的术语，下面将对其简单介绍。

1.3.1 数据字典

数据字典是 Oracle 数据库的重要组成部分。它由一系列拥有数据库元数据（metadata）信息的数据字典表和用户可以读取的数据字典视图组成，存放 Oracle 数据库所用的有关信息，其中主要内容包括如下：

- 系统的空间信息，即分配了多少空间，当前使用了多少空间等。
- 数据库中所有模式对象的信息，如表、视图、簇、同义词及索引等。
- 例程运行的性能和统计信息。
- Oracle 用户的名字。
- 用户访问或使用的审计信息。
- 用户及角色被授予的权限信息。
- 列的约束信息的完整性。
- 列的缺省值。

在 Oracle 数据库中，数据字典可以看作是一组表和视图结构。它们存放在 SYSTEM 表空间中。在数据库系统中，数据字典不仅是每个数据库的核心，而且对每个用户也是非常重要的信息。用户可以用 SQL 语句访问数据字典。通过数据字典可实现如下功能：

- 当执行 DDL 语句修改方案、对象后，Oracle 会将本次修改的信息记录在数据字典中。
- 用户可以通过数据字典视图获得各种方案对象和对象的相关信息。
- Oracle 通过查询数据字典表或数据字典视图来获取有关用户、方案、对象的定义信息以及其他存储结构的信息。
- DBA 可以通过数据字典的动态性能视图监视例程的状态，作为性能调整的依据。

1.3.2 数据文件

一个 Oracle 数据库可以拥有一个或多个物理的数据文件。数据文件包含了全部数据库数据。逻辑数据库结构的数据也物理地存储在数据库的数据文件中。

数据文件具有如下特征：

- 一个数据库可拥有多个数据文件，但一个数据文件只对应一个数据库。
- 可以对数据文件进行设置，使其在数据库空间用完的情况下进行自动扩展。
- 一个表空间（数据库存储的逻辑单位）可以由一个或多个数据文件组成。

数据文件中的数据在需要时可以读取并存储在 Oracle 的内存存储区中。例如：用户要存取数据库一个表的某些数据，如果请求的数据不在数据库的内存存储区中，则从相应的数据文件中读取并存储在内存存储区。当数据被修改或是插入新数据时，不必立刻写入数据文件，而是把数据暂时存储在内存，由 Oracle 的后台进程 DBWR 来决定何时将其写入数据文件中，这是为了减少磁盘 I/O 的次数，提高系统的效率。

数据文件是用于存储数据库数据的文件，如表、索引数据等都物理地存储在数据文件中。这就把数据文件和表空间联系在一起。表空间是一个或多个数据文件在逻辑上的统一组织，而数据文件是表空间在物理上的存在形式。没有数据文件的存在，表空间就失去了存在的物理基础；而离开了表空间，Oracle 就无法获得数据文件的信息，无法访问到对应的数据文件，这样的数据文件就成了垃圾文件。

数据文件的大小有两种方式表示，即字节和数据块。数据块是 Oracle 数据库中最小的数据组织单位，它的大小由参数 "DB_BLOCK_SIZE" 来确定。

1.3.3　控制文件

数据库控制文件是一个很小的二进制文件，它维护着数据库的全局物理结构，用以支持数据库成功地启动和运行。创建数据库时，同时就提供了与之对应的控制文件。在数据库使用过程中，Oracle 不断更新控制文件，所以只要数据库是打开的，控制文件就必须处于可写状态。若由于某些原因控制文件不能被访问，则数据库也就不能正常工作了。

每一个 Oracle 数据库有一个控制文件，它记录着数据库的物理结构，其中主要包含下列信息类型：

- 数据库名称。
- 数据库数据文件和日志文件的名字和位置。
- 数据库建立日期。
- 日志历史。
- 归档日志信息。
- 表空间信息。
- 数据文件脱机范围。
- 数据文件拷贝信息。
- 备份组和备份块信息。
- 备份数据文件和重做日志信息。
- 当前日志序列数。
- 检查点信息（CHECKPOINT）。

Oracle 数据库的控制文件是在数据库创建的同时创建的。默认情况下，在数据库创建期间至少有一个控制文件副本，如在 Windows 平台下，将创建 3 个控制文件的副本。

每一次 Oracle 数据库的实例启动时，它的控制文件用于标识数据库和日志文件，当着手数据库操作时它们必须被打开。当数据库的物理组成更改时，Oracle 自动更改该数据库的控制文件。数据恢复时，也要使用控制文件。如果数据库的物理结构发生了变化，用户应该立即备份控制文件。一旦控制文件不幸被毁损，数据库便无法顺利启动。也因为如此，控制文件的管理与维护工作显得格外重要。

1.3.4 日志文件

日志文件也称为重做日志文件（Redo Log File）。重做日志文件用于记录对数据库的所有修改信息，修改信息包括用户对数据的修改，以及管理员对数据库结构的修改。重做日志文件是保证数据库安全和数据库备份与恢复的文件。

重做日志文件主要在数据库出现故障时使用。在每一个 Oracle 数据库中，至少有两个重做日志文件组，每组有一个或多个重做日志成员，一个重做日志成员物理地对应一个重做日志文件。在现实作业系统中为确保日志的安全，基本上对日志文件采用镜像的方法。在同一个日志文件组中，其日志成员的镜像个数最多可以达到 5 个。有关日志的模式包括归档模式（ARCHIVELOG）和非归档模式（NOARCHIVELOG）两种。

> **提 示**
>
> 日志成员镜像个数受参数 MAXLOGNUMBERS 的限制；若需要确定系统正在使用哪一个日志文件组，则可以查询数据字典"V$LOG"，还可以查询数据字典"V$LOGFILE"，进一步找到正在使用日志组中的哪个日志文件。管理员可以通过语句 ALTER SYSTEM SWITCH LOGFILE 来强行地进行日志切换；若要查询数据库运行在何种模式下，则可以查询数据字典"V$DATABASE"，在数据字典"V$LOG_HISTORY"中记录着历史日志的信息。

Oracle 在重做日志文件中以重做记录的形式记录用户对数据库进行的操作。当需要进行数据库恢复时，Oracle 将根据重做日志文件中的记录，恢复丢失的数据。重做日志文件是由重做记录组成的，重做记录又称为重做条目，它由一组修改向量组成。每个修改向量都记录了数据库中某个数据块所做的修改。例如，如果用户执行了一条 UPDATE 语句对某个表中的一条记录进行修改，同时将生成一条重做记录。这条重做记录可能由多个变更向量组成，在这些变更向量中记录了所有被这条语句修改过的数据块中的信息。被修改的数据块包括表中存储这条记录的数据块，以及回滚段中存储的相应的回滚条目的数据块。

利用重做记录，不仅能够恢复对数据文件所做的修改操作，还能够恢复对回滚段所做的修改操作。因此，重做日志文件不仅可以保护用户数据库，还能够保护回滚段数据。在进行数据库恢复时，Oracle 会读取每个变更向量，然后将其中记录的修改信息重新应用到相应的数据块上。

> **说 明**
>
> 数据文件、控制文件、日志文件还有一些其他文件（如参数文件、备份文件等）构成了 Oracle 数据库的物理存储结构，对应于操作系统的具体文件，是 Oracle 数据库的物理载体。

1.3.5 表空间

表空间是 Oracle 数据库中最大的逻辑结构。它提供了一套有效组织数据的方法，是组织数据和进行空间分配的逻辑结构，可以将表空间看作是数据库对象的容器。简单地说，表空间就是一个或多个数据文件（物理文件）的集合（逻辑文件），所有的数据对象都被逻辑地存放在指定的表空间中。

一个数据库通常包括 SYSTEM、SYSAUX 和 TEMP 三个默认表空间，一个或多个临时表空间，还有一个撤销表空间和几个应用程序专用的表空间。可以通过创建新的表空间来满足需求，创建时需要决定表空间的类型。

1. 表空间的类型

（1）系统表空间（System Tablespace）

系统表空间包括 SYSTEM 和 SYSAUX 表空间，系统表空间是所有数据库必须具备的，自动创建，一般存放 Oracle 的数据字典表及相应数据。

（2）永久表空间（Permanent Tablespace）

永久表空间用于保存永久性数据，如系统数据、应用系统数据。每个用户都会被分配一个永久表空间，以便保存其相关数据。除了撤销（Undo）表空间以外，相对于临时表空间而言，其他表空间都是永久表空间，如系统表空间。

（3）临时表空间（Temporary Tablespace）

由于 Oracle 工作时经常需要一些临时的磁盘空间，这些空间主要为查询时带有排序（如 Group by、Order by 等）的算法所用，当用完后就立即释放，对记录在磁盘区的信息不再使用，因此称为临时表空间。一般安装之后只有一个 TEMP 临时表空间。

（4）撤销表空间（Undo Tablespace）

从 Oracle 9i 后，提供了一种全新的撤销空间管理方式，从而使得 DBA 能够很容易地管理撤销空间，即"自动撤销管理"。而与此相对应，通过回滚段进行撤销空间管理的方式被称为"手工撤销管理"。自动撤销管理方式也称为 SMU（System Managed Undo）方式，而回滚段管理方式称为 RBU（Rollback Segments Undo）方式。在 Oracle 11g 数据库中，系统默认为启用自动撤销表空间管理方式，同时也支持传统的回滚段管理方式。

提 示

在以前的版本中，Oracle 一直使用回滚段作为撤销存储空间。对于 DBA 而言，利用回滚段进行撤销空间的管理是非常麻烦的，且很难获得较高的效率。

在一个数据库中，只能采用一种撤销空间管理方式，而不能同时存在两种撤销空间管理方式。数据库采用哪一种撤销空间管理方式，是由参数 UNDO_MANAGEMENT 来确定。如果设置该参数为"AUTO"，在启动数据库时使用 SMU 方式；如果设置为"MANUAL"，则在启动数据库时使用 RBU 方式。运行在自动撤销管理方式下的数据库，用撤销表空间来存储、管理撤销数据。Oracle 使用撤销数据来隐式或显式地回退事务、提供数据的读一致性、帮助数据库从逻辑错误中恢复、实现闪回查询（Flashback Query）。

> **注意**
>
> 在 SMU 方式下，必须在数据库中创建一个撤销表空间，Oracle 将利用撤销表空间来保存撤销记录。可以在创建数据库的同时建立一个默认的撤销表空间，也可以在数据库创建后再创建新的撤销表空间。

（5）大文件表空间和小文件表空间

从 Oracle 10g 开始，Oracle 引入了大文件表空间（Bigfile Tablespace），这是一个新增的表空间类型。该类型的出现使存储能力有了显著的增强。大文件表空间不像传统的表空间那样由多个数据文件组成，而是为了超大型数据库而设计的，如果一个超大型数据库具有上千个数据文件，则更新数据文件头部信息（如 check-point）的操作可能会花费很长时间。如果使用大文件表空间，可以使用大数据文件来减少文件的数量，从而减少更新的时间。

> **提示**
>
> 一个大文件表空间中对应一个单一的数据文件或临时文件，但是文件可以达到 4G 数据块大小。理论上当数据块大小为 2KB 时，大文件表空间可以达到 8TB；当数据块大小为 4KB 时，大文件表空间可以达到 32TB。在实际环境中，还会受到操作系统的文件系统的限制。

小文件表空间（Smallfile Tablespace）是之前 Oracle 表空间的新名称，是默认创建的表空间的类型。在小文件表空间中可以放置多达 1022 个数据文件，一个数据库最多可以放置 64K 个数据文件。SYSTEM 和 SYSAUX 表空间总是被创建为小文件表空间。

2. 表空间的状态

出于不同的使用需求，对表空间设置了不同的状态。通过改变表空间的状态，可以控制表空间的可用性和安全性，也可以为相关的备份恢复等工作提供保障。表空间的状态介绍如下：

（1）读写（Read-Write）状态

这是表空间的默认状态。任何具有表空间配额并拥有相关权限的用户均可读写表空间的数据。

（2）只读（Read-Only）状态

如果将表空间设置为只读状态，则任何用户（包括 DBA）均无法向表空间写入数据，也无法修改表空间中的现有数据，这种限制和权限无关。

只读状态可以使表空间的数据不被修改，即仅能 SELECT，而无法进行 INSERT、UPDATE 或是 DELETE 操作。只读状态一方面对数据提供了保护，另一方面对数据库中设置静态数据非常有好处。我们可以将不能被修改的静态数据保存在一个单独的表空间中，并将这个表空间设置为只读状态，这样既可提高数据的安全性，又可减轻 DBA 的管理和维护负担。

（3）脱机（Offline）状态

在有多个应用表空间的数据库中，DBA 通过将某个应用表空间设置为脱机状态使表空间暂时不可以被用户访问。如果需要访问该表空间时，必须将脱机状态设置为联机状态。这样的设置增强了表空间的可用性，并提高了数据库管理的灵活性。

> **注意**
>
> SYSTEM 表空间不能被设置为只读状态和脱机状态，因为在数据库运行过程中始终需要 SYSTEM 表空间数据的支持；另外，临时表空间也不能设置为只读状态。

3. 表空间的作用

对 Oracle 数据库来说，引入表空间概念具有以下作用：

- 控制用户所占用的空间配额。
- 控制数据库所占用的磁盘空间。
- 可以将表空间设置成只读状态而保证大量的静态数据不被修改。
- 能够将一个表的数据和这个表的索引数据分别存储在不同的表空间中，也可以提高数据库的 I/O 性能。
- 可通过其将不同表的数据、分区表的不同分区的数据存储在不同的表空间中，可以提高数据库的 I/O 性能，并有利于进行数据库的部分备份和恢复等管理工作。
- 表空间提供了一个备份和恢复的单位，Oracle 可按表空间备份和恢复。

1.3.6 段

段（Segment）用于存储表空间中某一种特定的具有独立存储结构的对象的所有数据，它由一个或多个区组成。段包含表空间中一种指定类型的逻辑存储结构，段是数据区的集合，每个段都分配给特定的数据结构，存储在相同的表空间中。

Oracle 以数据区为单位为段分配空间，当段的数据区已满的时候，Oracle 为段分配另一个数据区，段的数据区在磁盘上可能是不连续的。段和它所有的数据区都存储在一个表空间中。在表空间中，一个段包含来自多个文件的数据区，段可以跨越数据文件。按照段中所存储数据的特征和用途的不同，可以将段分成数据段、索引段、临时段和回滚段几种类型。

1. 数据段

数据段（Data Segment）用于存储表中的所有数据。当某个用户创建表时，就会在该用户的默认表空间中为该表分配一个与表名相同的数据段，以便将来存储该表的所有数据。若创建的是分区表，则为每个分区分配一个数据段。显然，在一个表空间中创建了几个表，该表空间中就有几个数据段。

数据段随着数据的增加而逐渐地变大。段的增大过程是通过增加区的个数实现的。每次增加一个区，每个区的大小是块的整数倍。

2. 索引段

索引段（Index Segment）用于存储索引的所有数据。当用户用 CREATE INDEX 语句创建索引，或在定义约束（如主键）自动创建索引时，就会在该用户的默认表空间中为该索引分配一个与索引名相同的索引段，以便将来存储该索引的所有数据。如果创建的是分区索引，则为每个分区索引分配一个索引段。

3. 临时段

临时段（Temporary Segment）用于存储排序操作所产生的临时数据。当用户使用 ORDER BY 语句进行排序或汇总时，在该用户的临时表空间中自动创建一个临时段，排序结束，临时段自动消除。

在 Oracle 中，临时表空间一般是通用的，所有用户的默认临时表空间都是 TEMP 表空间。当然，可以在创建用户之后，指定临时表空间。

4. 回滚段

回滚段（Rollback Segment）用于存储用户数据被修改之前的值，以便在特定条件下回滚用户对数据的修改。Oracle 利用回滚段来恢复被回滚事务对数据库所做的修改，或者为事务提供读一致性保证。需要注意的是，每个数据库都至少拥用一个回滚段。

1.3.7 区

区（Extent）是由物理上连续存放的块构成的。区是 Oracle 存储分配的最小单位，由一个或多个块组成，一个或多个区将组成段。当在数据库中创建带有实际存储结构的方案对象时，Oracle 将为该方案对象分配若干个区，以便组成一个对应的段来为该方案对象提供初始的存储空间。当段中已分配的区都写满后，Oracle 就为该段分配一个新区，以便容纳更多的数据。

1.3.8 数据块

数据块（Block）是最小的数据管理单位，也是执行输入输出操作时的最小单位。相应地，操作系统执行输入输出操作的最小单位是操作系统块。Oracle 块的大小是操作系统块大小的整数倍，可以在安装时选择"自定义安装"来指定，也可以在用 CREATE DATABASE 语句创建数据库实例时指定。其最小为 2KB，最大可达 64KB。

在数据块中可以存储各种类型的数据，如表数据、索引数据和簇数据等。无论数据块中存放何种类型的数据，每个数据块都具有相同的结构。Oracle 数据块的基本结构由以下几个部分组成：

- 块头部：块头部包含块中一般的属性信息，如块的物理地址、块所属的段的类型等。
- 表目录：若块中存储的数据是表数据（表中的一行或多行记录），则表目录存储关于该表的信息。
- 行目录：存储该块中有效的行信息。
- 空闲空间：数据块中尚未使用的存储空间，当向数据中添加新数据时，将减小空闲空间。
- 行空间：行空间是块中已经使用的存储空间，在行空间中存储了表或索引的数据。

块头部、表目录和行目录共同组成块的头部信息区。块的头部信息区中并不存放实际的数据库数据，它只起到引导系统读取数据的作用。因此，若头部信息区被损坏，则整个数据块将失效，数据块中存储的数据将丢失。而空闲空间和行空间则共同构成块的存储区，空闲空间和行空间的总和就是块的总容量。

> **说明**
>
> 表空间、段、区、数据块构成了 Oracle 数据库的逻辑存储结构，可通过 Oracle 数据库的数据字典进行查询。逻辑存储结构从逻辑的角度分析数据库的组成，简单的说，多个数据块组成区、多个区组成段，多个段组成表空间，多个表空间组成数据库。

1.4 Oracle 12c 的新特性

Oracle 12c 的新特性有很多，本节从数据库管理、CDB 与 PDB 和云端连接三个方面对其主要的新特性进行概括性介绍。

1.4.1 数据库管理部分

在 Oracle 12c 数据库中，数据库管理部分的主要新特性为：

（1）PL/SQL 性能增强

类似在匿名块中定义过程，现在可以通过 WITH 语句在 SQL 中定义一个函数，采用这种方式可以提高 SQL 调用的性能。

（2）改善 Defaults

包括序列作为默认值；自增列；当明确插入 NULL 时指定默认值；METADATA-ONLY default 值指的是增加一个新列时指定的默认值，12c 的 default 值要求 NOT NULL 列。

（3）放宽多种数据类型长度限制

增加了 VARCHAR2、NVARCHAR2 和 RAW 类型的长度到 32KB，要求兼容性设置为 12.0.0.0 以上，且设置了初始化参数 MAX_SQL_STRING_SIZE 为 EXTENDED，不支

持 CLUSTER 表和索引组织表；并不是真正改变了 VARCHAR2 的限制，而是通过 OUT OF LINE 的 CLOB 实现。

（4）TOP N 的语句实现

在 SELECT 语句中使用"FETCH next N rows"或者"OFFSET"，可以指定前 N 条或前百分之多少的记录。

（5）行模式匹配

类似分析函数的功能，可以在行间进行匹配判断并进行计算。在 SQL 中新的模式匹配语句是"MATCH_RECOGNIZE"。

（6）分区改进

Oracle Database 12c 中对分区功能做了较多的调整，Oracle 采用学习功能的执行计划，使用运行读取过程使得查询结果更准确。

（7）Adaptive 执行计划

拥有学习功能的执行计划，Oracle 会把实际运行过程中读取到的返回结果作为进一步执行计划判断的输入，因此统计信息不准确或查询结果与计算结果不准时，可以得到更好的执行计划。

（8）统计信息增强

动态统计信息收集增加第 11 层，使得动态统计信息收集的功能更强；增加了混合统计信息用以支持包含大量不同值，且个别值数据倾斜的情况；添加了数据加载过程收集统计信息的能力；对于临时表增加了会话私有统计信息。

（9）临时 UNDO

将临时段的 UNDO 独立出来，放到 TEMP 表空间中，优点包括：减少 UNDO 产生的数量；减少 REDO 产生的数量；在 ACTIVE DATA GUARD 上允许对临时表进行 DML 操作。

要使用这一新功能，需要做以下设置：

- 兼容性参数必须设置为 12.0.0 或更高。
- 启用 TEMP_UNDO_ENABLED 初始化参数。
- 由于临时 UNDO 记录现在是存储在一个临时表空间中，需要有足够的空间来创建这一临时表空间。
- 对于会话级，可以使用：ALTER SYSTEM SET TEMP_UNDO_ENABLE= TRUE；

以下所列的字典视图是用来查看或查询临时 UNDO 数据相关统计信息的：

- V$TEMPUNDOSTAT
- DBA_HIST_UNDOSTAT
- V$UNDOSTAT

要禁用此功能，你只需做以下设置：

```
SQL> ALTER SYSTEM|SESSION SET TEMP_UNDO_ENABLED=FALSE;
```

（10）数据优化

新增了 ILM（数据生命周期管理）功能，添加了"数据库热图"（Database Heat Map），在视图中可直接看到数据的利用率，找到哪些数据是最"热"的数据。可以自动实现数据的在线压缩和数据分级，其中数据分级可以在线将定义时间内的数据文件转移到归档存储，也可以将数据表定时转移至归档文件，也可以实现在线的数据压缩。

（11）应用连续性

Oracle Database 12c 之前 RAC 的 FAILOVER 只做到 SESSION 和 SELECT 级别，对于 DML 操作则无能为力，对于 SESSION，进行到一半的 DML 会自动回滚；而对于 SELECT，虽然 FAILOVER 可以不中断查询，但是对于 DML 的问题更甚之，必须要手工回滚。而 Oracle Database 12c 中终于支持事务的 FAILOVER。

（12）Oracle Pluggable Database

Oracle PDB 体系结构由一个容器数据库（CDB）和多个可组装式数据库（PDB）构成，PDB 包含独立的系统表空间和 SYSAUX 表空间等，但是所有 PDB 共享 CDB 的控制文件、日志文件和 UNDO 表空间。

1.4.2 CDB 与 PDB 部分

PL/SQL 是一种过程化编程语言，它主要用来编写包含 SQL 语句的程序，在 Oracle 12c 中其新功能主要体现在如下几个方面：

在 Oracle 数据库 12c 引入的多租户环境（Multitenant Environment）中，允许一个容器数据库（Container Database，CDB）承载多个可插拔数据库（Pluggable Database，PDB）。在 Oracle 12c 之前，实例与数据库是一对一或多对一关系：即一个实例只能与一个数据库相关联，数据库可以被多个实例所加载。而实例与数据库不可能是一对多的关系。当进入 Oracle 12c 后，实例与数据库可以是一对多的关系。

一个 CDB 包含了下面一些组件：

- ROOT 组件：ROOT 又叫 CDB$ROOT，存储着 Oracle 提供的元数据和 Common User，元数据的一个例子是 Oracle 提供的 PL/SQL 包的源代码，Common User 是指在每个容器中都存在的用户。
- SEED 组件：SEED 又叫 PDB$SEED，是创建 PDB 数据库的模板，不能在 SEED 中添加或修改一个对象。一个 CDB 中有且只能有一个 SEED。
- PDB：CDB 中可以有一个或多个 PDB，PDB 向后兼容，可以像以前在数据库中那样操作 PDB，这里指大多数常规操作。

这些组件中的每一个都可以被称为一个容器。因此，ROOT（根）是一个容器，SEED（种子）是一个容器，每个 PDB 是一个容器。每个容器在 CDB 中都有一个独一无二的的 ID 和名称。

使用 Oracle 12c 自带的 SQL*Plus 登录，就可以使用 startup 命令将 PDB 打开，或者使用 ALTER PLUGGABLE DATABASE OPEN 语句打开 PDB。在一个 PDB 中只能看到自己的用户，即使是在 pdb 登录模式下，cdb_ 也是可以使用的。在 CDB 中可以看到所有 Container 中的用户。

1.4.3 云端连接

数据库与云的完美结合演绎了 Oracle 数据库 12c，辅以集成系统产品家族，让甲骨文软件更高效地支持不同的业务需求。整个云平台的组件功能、性能变化巨大，却一脉相承。

针对云计算所面临的海量数据的存储问题，传统的数据库存储结构已不能满足海量数据的查询，数据库系统变得越来越复杂。而数据处理和迫切的大数据分析是数据库不变的核心需求。Oracle 数据库 12c 的推出为企业刷新了全方位简化数据管理的方式。凭借最新添加的热图和自动数据优化功能，Oracle 数据库 12c 可以轻松实现数据移动和数据压缩的自动化。

Oracle 数据库 12c 集成了众多专门面向数据分析、存储的强大功能，使数据库管理员和企业 IT 可以更加轻松地实施存储计划，实施信息生命周期管理策略，节省大量存储空间并提升性能。在简化大数据分析方面，Oracle 数据库 12c 通过 SQL 模式匹配增强了面向大数据的数据库内 MapReduce 功能，同时借助最新的数据库内预测算法，以及开源数据与 Oracle 数据库 12c 的高度集成，数据专家可以更好地分析企业信息和大数据。此外，利用 Oracle 数据库 12c 提供的智能压缩和存储分层功能，数据库管理员可基于数据的活跃性和使用时间，轻松定义服务器管理策略，实现自动压缩和分层 OLTP、数据仓库和归档数据。

Oracle 集成系统的优势明显，体现在：通过采用 Oracle Exadata 数据库云服务器，知名在线支付公司 PayPal 在以 PB 级计的数据量基础上实现小于 100 毫秒的响应时间，存储和计算能力提高 10 倍；Oracle Exalytics 商务智能云服务器助力汤森路透达到 100 倍的性能提升。

相比以往的 Oracle 数据库版本，Oracle 数据库 12c 推出了更多安全性创新，可帮助客户应对不断升级的安全威胁和严格的数据隐私合规要求。新的校订功能使企业无需改变大部分应用即可保护敏感数据，敏感数据基于预定义策略和客户方信息在运行时即可校对。例如显示在应用中的信用卡号码。

第 2 章

Oracle 在 Windows 8 上的安装与配置

在使用 Oracle 数据库 12c 之前，需要先安装 Oracle 数据库 12c 并进行相应的配置。本章以 Windows 8 为平台，介绍了 Oracle 12c 的通用安装器 OUI、使用 OUI 进行 Oracle 12c 的安装、卸载、配置，以及 Oracle 网络与防火墙等内容。

2.1　下载 Oracle 12c R1 for Windows x64 的版本

Oracle 数据库 12c 的下载地址是：http://www.oracle.com/technetwork/database/enterprise-edition/downloads/index.html，其中包括两个压缩包：winx64_12c_database_1of2.zip（1337085275B），winx64_12c_database_2of2.zip（1373044868B），大小 2.5GB。

2.2　Oracle 通用安装器

Oracle 通用安装器（Oracle Universal Installer，OUI）是基于 Java 技术的图形界面安装工具，利用它可以完成在不同操作系统平台上的、不同类型的、不同版本的 Oracle 数据库软件的安装。无论是 UNIX 还是 Windows 2000/XP/2003/7/8，都可以通过使用 OUI，以标准化的方式来完成安装任务。OUI 的体系结构经过重新设计后，可应对当前对软件包装、安装和分发的挑战，OUI 提供了可扩展的环境，能满足更复杂的内部需求以及客户需求，基于组件的安装定义可以创建不同层次的集成程序包，并在单个程序包中支持更复杂的安装。

Oracle 通用安装器具有以下特性：

- 跨平台解决方案。
- 基于 Web 服务器的安装。
- 支持无交互的安装。
- 隐式卸载。
- 支持多个 Oracle 根目录。
- 支持多种语言。
- 安装流程无缝集成。
- 提供程序库扩充集。
- 方便移植。

2.3　Oracle 数据库软件的安装准备

（1）Oracle 12c 的系统需求

- 最低 2GB 的物理内存。
- 足够可用的分页空间（虚拟内存，最好为物理内存的两倍）。
- 适当的服务包或操作系统的补丁安装（Windows 只能装在 64 位系统下）。
- 一个适当正在被使用的文件系统格式（硬盘格式为 NTFS，基本安装 9.56GB）。

（2）解压 Oracle 12c R1 for Windows 的版本

将两个压缩包解压到同一个目录下，即"database"。

2.4　安装过程

（1）双击"setup.exe"，软件会加载并初步校验系统是否可以达到数据库安装的最低配置，如果达到要求，就会直接加载程序并进行下一步的安装，如图 2.1 所示。

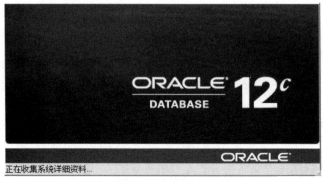

图 2.1　启动 setup

（2）在出现的"配置安全更新"窗口中，取消勾选"我希望通过 My Oracle Support 接收安全更新"，单击"下一步"，如图 2.2 所示。

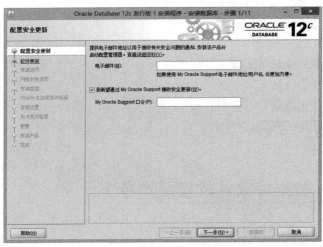

图 2.2 配置安全更新

（3）安装时请连接网络，当然这里选择"跳过软件更新"就可以了，单击"下一步"，如图 2.3 所示。

图 2.3 跳过软件更新

（4）在"选择安装选项"窗口中，选择"创建和配置数据库"，单击"下一步"，如图 2.4 所示。

（5）根据介绍选择"桌面类"还是"服务器类"，选择"服务器类"可以进行高级的配置，这里选择"桌面类"，单击"下一步"，如图 2.5 所示。

图 2.4　安装方式

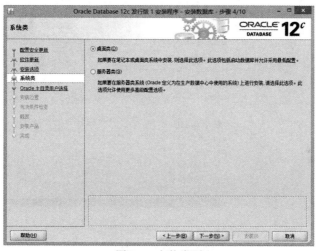

图 2.5　安装类型

（6）这步是其他版本没有的，作用是可以更安全地管理 Oracle，主要是防止登录 Windows 系统误删了 Oracle 文件，这里选择第二个"创建新 Windows 用户"，输入专门管理 Oracle 文件的用户名和口令，单击"下一步"，如图 2.6 所示。

（7）在"典型安装配置"窗口中，选择 Oracle 基目录，选择"企业版"和"默认值"并输入统一的密码为：Oracle12c，单击"下一步"，如图 2.7 所示。

┌─ 注　意 ───
│　　Oracle 为了安全起见，要求密码强度比较高，Oracle 建议的标准密码组合为：小写字母+数字
│　+大写字母。
└──

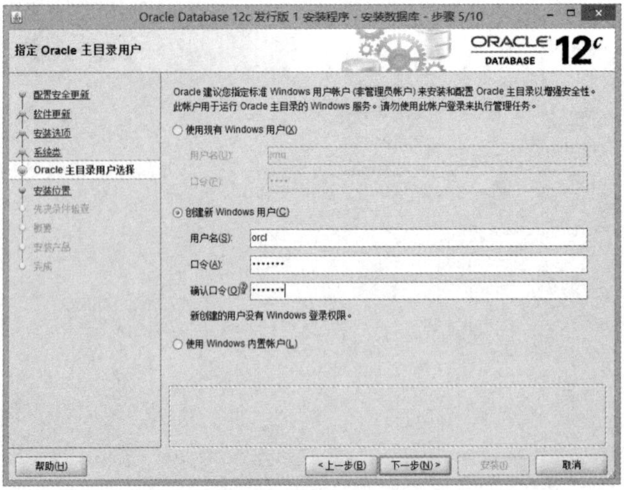

图 2.6　配置主目录用户

图 2.7　典型安装配置

（8）在上一步设置好后，将进行检查，在"执行先决条件检查"窗口中，单击"下一步"，如图 2.8 所示。

（9）在上一步检查没有问题后，会生成安装设置概要信息，可以保存这些设置信息到本地，方便以后查阅，在确认后，单击"安装"，数据库根据过这些配置将进行整个的安装过程，如图 2.9 所示。

注　意

在安装过程中，最好将杀毒软件和防火墙都强行关闭，安装成功后重启就可以了。

（10）安装过程可能比较长，安装过程的状态如图 2.10 所示。

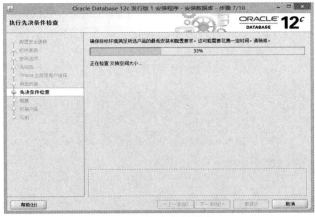

图 2.8　先决条件检查

图 2.9　安装概要

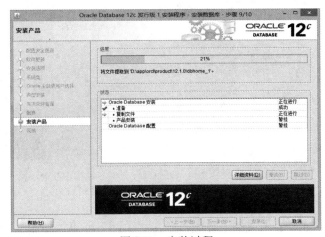

图 2.10　安装过程

（11）安装到创建数据库实例时，会弹出"Database Configuration Assistant"界面，实例安装时间较长，大约半个钟头，需耐心等待，如图 2.11 所示。

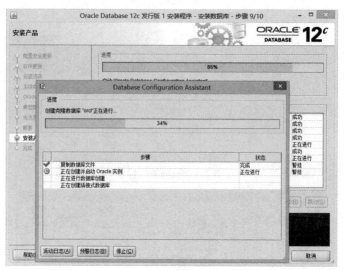

图 2.11　创建数据库的过程

（12）数据库实例安装成功后，单击"口令管理"按钮，查看并修改管理员用户：SYS、SYSTEM，单击"确定"，如图 2.12 所示。

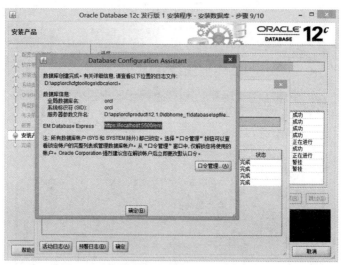

图 2.12　数据库创建完成，修改管理员口令

（13）安装完成，会出现如下界面，单击"关闭"即可，如图 2.13 所示。

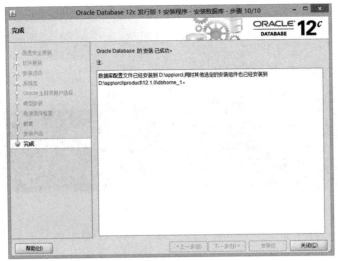

图 2.13　安装结束

2.5　配置服务

Oracle 完成安装后，会在系统中进行服务的注册，在注册的这些服务中有以下两个服务必须启动，否则 Oracle 将无法正常使用，如图 2.14 所示。

OracleJobSchedulerORCL	正在运行	自动	.\yhy
OracleOraDB12Home1MTSRecoveryService	正在运行	自动	.\yhy
OracleOraDB12Home1TNSListener	正在运行	自动	.\yhy
OracleRemExecServiceV2	正在运行	自动	本地系统
OracleServiceORCL	正在运行	自动	.\yhy
OracleVssWriterORCL	正在运行	自动	.\yhy

图 2.14　服务器进程

（1）OracleOraDB12Home1TNSListener：数据库监听服务，如果客户端想要连接到数据库，此服务必须打开。在程序开发中该服务也要起作用。

（2）OracleServiceORCL：数据库的主服务，命名规则：OracleService+数据库名称。此服务必须打开，否则 Oracle 根本无法使用。

2.6　安装后的验证

安装完成后，访问 https://localhost:5500/em 打开 Oracle 数据库 12c 的企业管理器（Enterprise Manager，EM），如图 2.15 所示。出现安全证书提示时，选择"继续浏览此网站（不推荐）。"，可以查看数据库运行状态，进行新建表空间和用户等的配置。

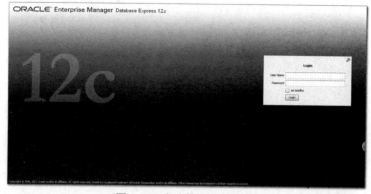

图 2.15　企业管理器的启动

　　输入用户名：sys，口令：oracle 之后，选中"as sysdba"，登录后出现 EM 的主界面，如图 2.16 所示。

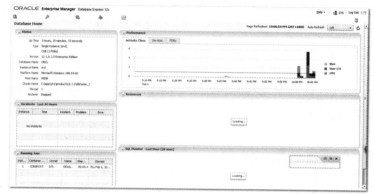

图 2.16　EM 的主界面

　　也可以使用 Oracle 自带的数据库访问工具 SQL Developer 来验证，首次使用会提示定位 java.exe 的路径，如图 2.17 所示，或者启动 SQL*Plus 来验证，如图 2.18 所示。

图 2.17　启动 SQL Developer 验证

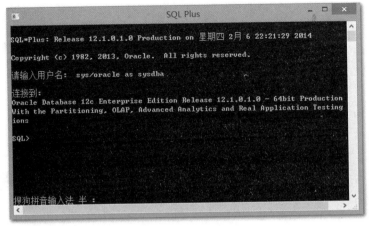

图 2.18　启动 SQL*Plus 验证

SQL 基础

本章将主要介绍 SQL 的基础知识。SQL 的全称是结构化查询语言（Structure Query Language），是数据库操作的国际标准语言，也是所有的数据库产品均要支持的语言。因此，要操作数据库一定要掌握好 SQL。

本章通过相关示例，介绍了 SQL 的各种知识和语法规范，使读者对 SQL 有全面的掌握。本章的相关示例均来源于 Oracle 附带的 HR 或 EMP 示例方案①。

3.1　SQL 概述

SQL 是在 1974 年由美国 IBM 公司的 San Jose 研究所中的科研人员 Boyce 和 Chamberlin 提出的，然后于 1975～1979 年在关系数据库的管理系统原型 System R 上实现了这种语言。1986 年 10 月，美国国家标准局（American National Standards Institute，ANSI）的数据库委员会批准了 SQL 作为关系数据库语言的美国标准。同年，公布了 SQL 标准文本 SQL_86。1987 年国际标准化组织（International Standards Organization，ISO）

---

① **特别说明**：在 Oracle 数据库 12c 中，Oracle 的企业管理器（Enterprise Manager，EM）默认配置不再像 Oracle 11g 具有很多的管理功能，所以在本书中，没有再使用 EM 来管理了。如果用户还想使用 EM，可以到 Oracle 官网注册，并到下载页面（http://www.oracle.com/technetwork/oem/enterprise-manager/downloads/index.html）单独下载 Oracle 的 EM 软件（em12103p1_winx64_disk1.zip (1,707,633,911 bytes)、em12103p1_winx64_disk2.zip (1,558,172,155 bytes)、em12103p1_winx64_disk3.zip (2,606,016,969 bytes)）来使用，目前最新的版本是 12.1.0.3。

将其采纳为国际标准。1989 年公布了 SQL_89，1992 年又公布了 SQL_92（也称为 SQL2）。1999 年颁布了反映最新数据库理论和技术的标准 SQL_99（也称为 SQL3）。

由于 SQL 具有功能丰富、简洁易学、使用方式灵活等突出优点，因此倍受计算机工业界和计算机用户的欢迎。尤其自 SQL 成为国际标准后，各数据库管理系统厂商纷纷推出各自的支持 SQL 的软件或与 SQL 接口对接的软件。这就使得大多数数据库均采用了 SQL 作为共同的数据存取语言和标准接口。但是，不同的数据库管理系统厂商开发的 SQL 并不完全相同。这些不同类型的 SQL 一方面遵循了标准 SQL 规定的基本操作，另一方面又在标准 SQL 的基础上进行了扩展，增强了一些功能。不同的 SQL 类型有不同的名称。例如，Oracle 产品中的 SQL 称为 PL/SQL，Microsoft SQL Server 产品中的 SQL 称为 Transact-SQL。

3.1.1 SQL 的功能

SQL 的主要功能可以分为如下 4 类：

1. 数据定义功能

SQL 的数据定义功能通过数据定义语言（Data Definition Language，DDL）实现，它用来定义数据库的逻辑结构，包括定义基表、视图和索引。基本的 DDL 包括三类，即定义、修改和删除，分别对应 CREATE、ALTER 和 DROP 三条语句。

2. 数据查询功能

SQL 的数据查询功能通过数据查询语言（Data Query Language，DQL）实现，它用来对数据库中的各种数据对象进行查询，虽然仅包括查询一种操作（SELECT 语句），但在 SQL 中，它是使用频率最高的语句。查询语句可以由许多子句组成，使用不同的子句便可以进行查询、统计、分组、排序等操作，从而实现选择、投影和连接等运算功能，以获得用户所需的数据信息。

3. 数据操纵功能

SQL 的数据操纵功能通过数据操纵语言（Data Manipulation Language，DML）实现，它用于改变数据库中的数据，数据操纵包括插入、删除和修改三种操作，分别对应 INSERT、DELETE 和 UPDATE 三条语句。

4. 数据控制功能

数据库的控制指数据库的安全性和完整性控制。

SQL 的数据控制功能通过数据控制语言（Data Control Language，DCL）实现，它包括对基表和视图的授权、完整性规则的描述以及事务开始和结束等控制语句。

SQL 通过对数据库用户的授权和取消授权命令来实现相关数据的存取控制，以保证数据库的安全性。另外还提供了数据完整性约束条件的定义和检查机制，来保证数据库的完整性。

数据控制功能对应的语句有 GRANT、REVOKE、COMMIT 和 ROLLBACK 等，分

别代表了赋权、回收、提交和回滚等操作。

3.1.2 SQL 的特点

SQL 的主要特点如下：

1．功能强大

SQL 集数据查询、数据操纵、数据定义和数据控制功能于一体，且具有统一的语言风格，使用 SQL 语句就可以独立完成数据管理的核心操作。

2．集合操作

SQL 采用集合操作方式，对数据的处理是成组进行的，而不是一条一条处理的。通过使用集合操作方式，可以加快数据的处理速度。执行 SQL 语句时，每次只能发送并处理一条语句。若要降低语句发送和处理次数，则可以使用 PL/SQL。

3．非过程化

SQL 还具有高度的非过程化特点，执行 SQL 语句时，用户只需要知道其逻辑含义，而不需要知道 SQL 语句的具体执行步骤。在对数据库进行存取操作时无需了解存取路径，大大减轻了用户的负担，并且有利于提高数据的独立性。

4．语言简洁

虽然 SQL 功能极强，但其十分简洁，仅用 9 个动词就完成了其核心功能。SQL 的命令动词及其功能如表 3.1 所示。

表 3.1　SQL 的命令动词

SQL 的功能	命令动词
数据定义	CREATE，DROP，ALTER
数据操纵	SELECT，INSERT，UPDATE，DELETE
数据控制	GRANT，REVOKE，COMMIT，ROLLBACK

5．具有交互式和嵌入式两种形式

交互式 SQL 能够独立地用于联机交互的使用方式，直接键入 SQL 命令就可以对数据库进行操作。而嵌入式 SQL 能够嵌入到高级语言（如 C、FORTRAN、PASCAL）程序中，以实现对数据库的存取操作。

无论是哪种使用方式，SQL 的语法结构基本一致。这种统一的语法结构的特点，为使用 SQL 提供了极大的灵活性和方便性。

6．支持三级模式结构

SQL 支持关系数据库的三级模式结构，如图 3.1 所示。

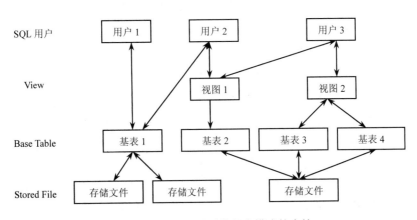

图 3.1　SQL 对关系数据库模式的支持

（1）全体基表构成了数据库的模式

基表（Base Table）是本身独立存在的表，在 SQL 中一个关系就对应一个基表。

（2）视图和部分基表构成了数据库的外模式

视图（View）是从基表或其他视图中导出的表，它本身不独立存储在数据库中，即数据库中只存放视图的定义而不存放视图对应的数据，这些数据仍存放在导出视图的基表中，因此视图是一个虚表。

用户可以用 SQL 语句对视图和基表进行查询等操作。在用户看来，视图和基表是一样的，都是关系。视图是根据用户的需求设计的，这些视图再加上某些被用户直接使用的基表就构成了关系数据库的外模式。SQL 支持关系数据库的外模式结构。

（3）数据库的存储文件及其索引文件构成了关系数据库的内模式

在 SQL 中，一个关系对应一个表，一个或多个基表对应一个存储文件，一个基表也可以对应多个存储文件，一个表可以带若干索引，索引也存放在存储文件中。每个存储文件与外部存储器上一个物理文件对应。存储文件的逻辑结构组成了关系数据库的内模式。

3.1.3　SQL 语句的编写规则

SQL 关键字不区分大小写，既可以使用大写格式，也可以使用小写格式，或者混用大小写格式。例如：

语句一：SELECT employee_name,salary,job,deptno FROM employee;

语句二：select employee_name,salary,job,deptno from employee;

以上两个 SQL 语句是没有区别的。

对象名和列名也不区分大小写，它们既可以使用大写格式，也可以使用小写格式，或者混用大小写格式，例如：

语句一：SELECT employee_name,salary,job,deptno FROM employee;

语句二：SELECT employee_name,SALARY,JOB,deptno from employee;

以上两个 SQL 语句也没有区别。

字符值和日期值区分大小写。当在 SQL 语句中引用字符值和日期值时，必须要给出正确的大小写数据，否则不能得到正确的查询结果，例如：

语句一：SELECT employee_name,salary,job,deptno FROM employee where employee_name ='SCOTT';

语句二：SELECT employee_name,salary,job,deptno FROM employee where employee_name ='scott';

以上两个 SQL 语句的执行结果是不一样的，因为在 WHERE 子句中'SCOTT'和'scott'是不一样的两个名称。

在应用程序中编写 SQL 语句时，如果 SQL 语句的文本很短，可以将语句文本放在一行上；如果 SQL 语句的文本很长，可以将语句文本分布到多行上，并且可以通过使用跳格和缩进提高可读性。另外，在 SQL*Plus 中的 SQL 语句要以分号结束。

例如，单行语句文本的书写如下所示：

SELECT employ_name,salary FROM employee;

多行语句文本的书写如下所示：

SELECT a.dept_name, b.employ_name, b.salary, b.job
FROM department a RIGHT JOIN employee b
ON a.dept_no = b.dept_no AND a.dept_no='01';

3.2 数据定义

SQL 的数据定义功能是针对数据库三级模式结构所对应的各种数据对象进行定义的，在标准 SQL 中，这些数据对象主要包括表、视图和索引。当然，在 Oracle 数据库中，还有各种其他的数据对象，如触发器、游标、过程、程序包等。本节仅以表、视图和索引对数据定义语言进行说明。

SQL 的数据定义语句如表 3.2 所示。

表 3.2　SQL 的数据定义语句

操作对象	操作方式		
	创建	删除	修改
表	CREATE TABLE	DROP TABLE	ALTER TABLE
视图	CREATE VIEW	DROP VIEW	
索引	CREATE INDEX	DROP INDEX	

注 意

在标准的 SQL 中，由于视图是基于表的虚表，索引是依附在基表上的，因此视图和索引均不提供修改视图和索引定义的操作。用户若想修改，则只能通过删除再创建的方法。但在 Oracle 中可以通过 ALTER VIEW 对视图进行修改，详细内容见第 6 章。

3.2.1 CREATE

在数据库中，对所有数据对象的创建均由 CREATE 语句来完成，本节仅对使用 CREATE 语句创建表、视图和索引进行描述。

1. 创建表

建立数据库最重要的一项内容就是定义基表。SQL 使用 CREATE TABLE 语句定义基表，其一般格式如下：

> CREATE TABLE(表名)(<列名><数据类型>[列级完整性约束条件]
> [，<列名><数据类型>[列级完整性约束条件]]…
> [，<表级完整性约束条件>]);

其中，<表名>是所要定义的基表的名字，它可以由一个或多个属性（列）组成。

在创建表的同时通常还可以定义与该表有关的完整性约束条件，这些完整性约束条件将被存入系统的数据字典中，当用户操作表中数据时，将由 DBMS 自动检查该操作是否违背这些完整性约束条件。

如果完整性约束条件仅涉及一个属性列，则约束条件既可以定义在列级也可以定义在表级，如果该约束涉及到该表的多个属性列，则必须定义在表级上。

【例 3-1】创建一个名为 IT_EMPLOYEES 的表，它由编号 EMPLOYEE_ID、名 FIRST_NAME、姓 LAST_NAME、邮箱 EMAIL、电话号码 PHONE_NUMBER、部门编号 JOB_ID、薪资 SALARY 和部门经理编号 MANAGER_ID 八个属性组成。其中 EMPLOYEE_ID 不能为空，值是唯一的，其创建语句和运行结果如图 3.2 所示。

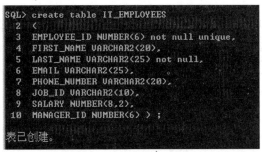

```
SQL> create table IT_EMPLOYEES
  2  (
  3  EMPLOYEE_ID NUMBER(6) not null unique,
  4  FIRST_NAME VARCHAR2(20),
  5  LAST_NAME VARCHAR2(25) not null,
  6  EMAIL VARCHAR2(25),
  7  PHONE_NUMBER VARCHAR2(20),
  8  JOB_ID VARCHAR2(10),
  9  SALARY NUMBER(8,2),
 10  MANAGER_ID NUMBER(6) ) ;

表已创建。
```

图 3.2　例 3-1 创建表示意图

系统执行 CREATE TABLE 语句后，就在数据库中建立一个新的空的"雇员"表 IT_EMPLOYEES，并将有关"雇员"表的定义及约束条件存放在数据字典中。

提 示

定义表的各个属性时需要指明其数据类型及长度。不同的数据库系统支持的数据类型不完全相同，Oracle 支持的数据类型我们将在下一章进行详细说明。

2. 创建视图

视图是从一个或几个基表（或视图）导出的表，它与基表不同，是一个虚表。数据库中只存放视图的定义，而不存放视图对应的数据，这些数据仍存放在原来的基表中。所以基表中的数据发生变化，从视图中查询出的数据也将发生变化。从这个意义上讲，视图就像一个窗口，透过它可以看到数据库中自己感兴趣的数据。

SQL 用 CREATE VIEW 语句建立视图，其一般格式为：

```
CREATE   VIEW   <视图名>[(<列名>[,<列名>]...)]
    AS<子查询>
    [WITH CHECK OPTION]
```

其中，子查询可以是不包含 ORDER BY 子句和 DISTINCT 短语的任意复杂的 SELECT 语句。WITH CHECK OPTION 表示对视图进行 UPDATE、INSERT 和 DELETE 操作时，要保证更新、插入或删除的行满足视图定义中的谓词条件（即子查询中的条件表达式）。

在输入组成视图的属性列名时，要么全部省略，要么全部指定，没有第三种选择。当省略了视图的各个属性列名时，列名称隐含在该视图子查询中的 SELECT 子句目标列中，但在下列三种情况下必须明确指定组成视图的所有列名：

- 目标列存在集函数或列表达式时，需要指定列名。
- 多表连接时存在几个同名列作为视图的字段，需要指定不同的列名。
- 某个列需要重命名。

【例 3-2】建立程序员的视图 PROG_EMPLOYEES（JOB_ID='IT_PROG'），其中隐含了视图的列名，如图 3.3（a）所示。

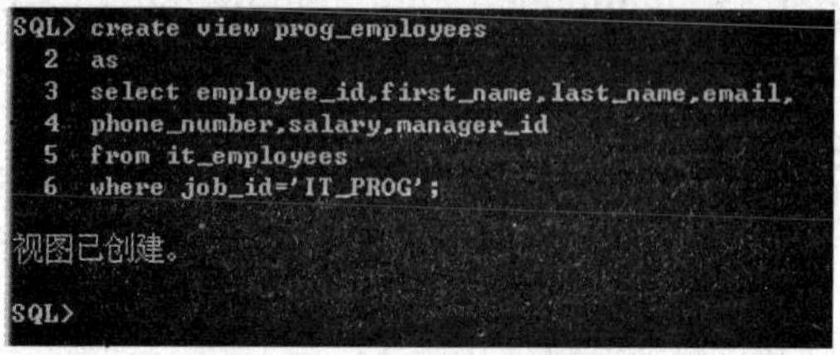

```
SQL> create view prog_employees
  2  as
  3  select employee_id,first_name,last_name,email,
  4  phone_number,salary,manager_id
  5  from it_employees
  6  where job_id='IT_PROG';

视图已创建。

SQL>
```

（a）例 3-2 创建视图示意图

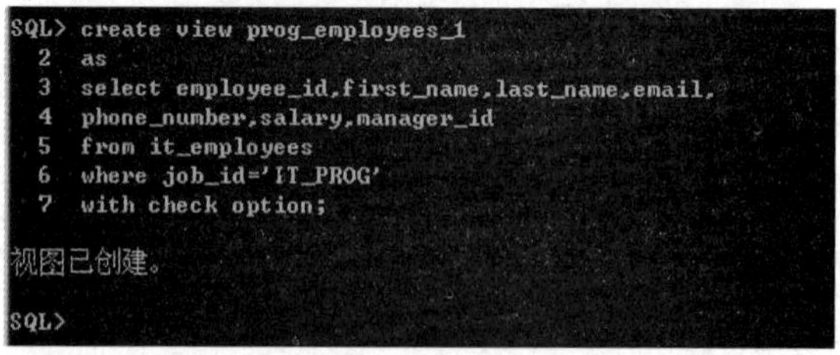

```
SQL> create view prog_employees_1
  2  as
  3  select employee_id,first_name,last_name,email,
  4  phone_number,salary,manager_id
  5  from it_employees
  6  where job_id='IT_PROG'
  7  with check option;

视图已创建。

SQL>
```

（b）例 3-2 中加上 with check option 子句

图 3.3 例 3-2 运行示意

DBMS 执行 CREATE VIEW 语句的结果只是将视图的定义存入数据字典,而并不执行其中的 SELECT 语句。只有在对视图查询时,才会按照视图的定义从基表中将数据查出。

加上了 WITH CHECK OPTION 子句的情况如图 3.3(b)所示,由于在定义 PROG_EMPLOYEES_1 视图时加上了 WITH CHECK OPTION 子句,以后对该视图进行插入、修改和删除操作时,DBMS 会自动加上条件 JOB_ID='IT_PROG'。

3. 创建索引

在 SQL 语言中,建立索引使用 CREATE INDEX 语句,其一般格式为:

```
CREATE[UNIQUE][CLUSTER]INDEX<索引名>
ON<表名>(<列名>[<次序>][, <列名>[<次序>]]…);
```

其中,UNIQUE 选项表示此索引的每一个索引值不能重复,对应唯一的数据记录。CLUSTER 选项表示要建立的索引是聚簇索引。<表名>是所要创建索引的基表的名称。索引可以建立在对应表的一列或多列上,如果是多个列,各列名之间需用逗号分隔。<次序>选项用于指定索引值的排列次序,ASC 表示升序,DESC 表示降序,默认值为 ASC。

提 示

聚簇索引即指索引项的顺序与表中记录的物理顺序相一致的索引组织。

【例 3-3】执行下面的 CREATE INDEX 语句,创建索引,如图 3.4 所示。

```
CREATE INDEX IT_LASTNAME ON IT_EMPLOYEES(LAST_NAME);
```

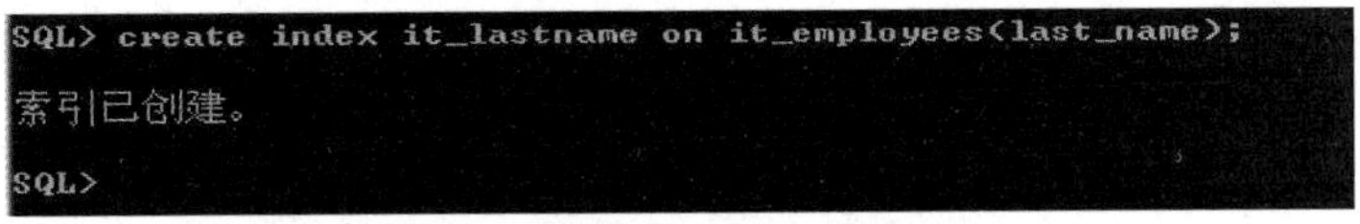

图 3.4 例 3-3 创建索引示意图

上述语句执行后将会在 IT_EMPLOYEES 表的 LAST_NAME 列上建立一个索引,而且 IT_EMPLOYEES 表中的记录将按照 LAST_NAME 值的升序存放。

用户可以在查询频率最高的列上建立聚簇索引,从而提高查询效率。由于聚簇索引是将索引和表记录放在一起存储,所以在一个基表上最多只能建立一个聚簇索引。在建立聚簇索引后,由于更新索引列数据时会导致表中记录的物理顺序的变更,系统代价较高,因此对于经常更新的列不宜建立聚簇索引。

3.2.2 DROP

当某个数据对象不再被需要,可以将它删除,SQL 用来删除数据对象的语句是DROP。

1. 删除表

当某个基表不再需要时，可以使用 DROP TABLE 语句删除它。其一般格式为：

```
DROP TABLE <表名>;
```

例如，删除 IT_EMPLOYEES 表的语句为：

```
DROP TABLE IT_EMPLOYEES;
```

删除基表定义后，表中的数据、在该表上建立的索引都将自动被删除掉。因此执行删除基表的操作时一定要谨慎。

注 意

在有的系统中，删除基表会导致在此表上建立的视图也一起被删掉，但在 Oracle 中，删除基表后建立在此表上的视图定义仍然保留在数据字典中，而当用户引用该视图时会报错。

2. 删除视图

删除视图语句的格式为：

```
DROP VIEW<视图名>;
```

视图删除后视图的定义将从数据字典中删除。但是要注意，由该视图导出的其他视图定义仍在数据字典中，不会被删除，这将导致用户在使用相关视图时会发生错误，所以删除视图时要注意视图之间的关系，需要使用 DROP VIEW 语句将这些视图全部删除。同样删除基表后，由该基表导出的所有视图并没有被删除，需要继续使用 DROP VIEW 语句一一进行删除。

【例 3-4】将前文创建的视图 PROG_EMPLOYEES 删除，如图 3.5 所示。

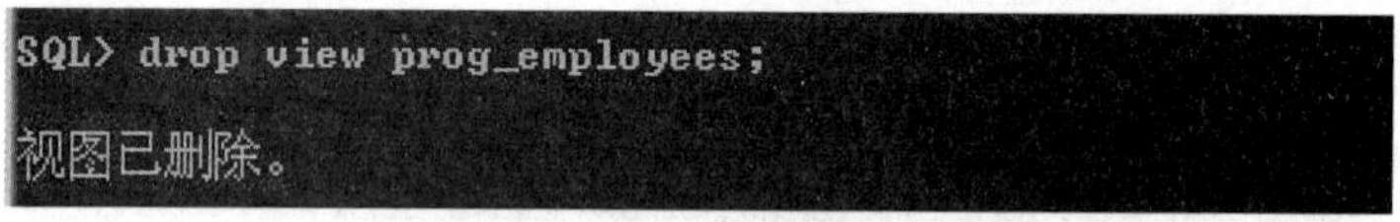

```
SQL> drop view prog_employees;
视图已删除。
```

图 3.5　例 3-4 删除视图示意图

执行此语句后，PROG_EMPLOYEES 视图的定义将从数据字典中删除。如果系统中还存在由 PROG_EMPLOYEES 视图导出的视图，该视图的定义在数据字典中仍然存在，但是该视图已无法使用。

3. 删除索引

建立索引后，将由系统对其进行维护，而不需用户干预。如果数据被频繁地增删改，系统就会花许多时间来维护该索引。在这种情况下，可以将一些不必要的索引删除掉。

在 SQL 中，删除索引使用 DROP INDEX 语句，其一般格式为：

```
DROP INDEX<索引名>;
```

例如，删除 IT_EMPLOYEES 表的 IT_LASTNAME 索引。

```
DROP   INDEX IT_LASTNAME;
```

删除索引后，系统也会从数据字典中将有关该索引的描述进行清除。

3.2.3 ALTER

随着应用环境和应用需求的变化，有时需要修改已建立好的基表，SQL 用 ALTER TABLE 语句修改基表，其一般格式为：

```
ALTER TABLE<表名>
[ADD<新列名><数据类型>[完整性约束]]
[DROP<完整性约束名>]
[MODIFY<列名><数据类型>];
```

其中，<表名>表示所要修改的基表，ADD 子句用于增加新列和新的完整性约束条件，DROP 子句用于删除指定的完整性约束条件，MODIFY 子句用于修改原有的列定义，如修改列名和数据类型。

【例 3-5】向 IT_EMPLOYEES 表中增加"雇员生日"列，其数据类型为日期型：

```
ALTER TABLE IT_EMPLOYEES ADD BIRTHDATE DATE;
```

无论基表中原来是否有数据，增加的列一律为空值。

【例 3-6】将 IT_EMPLOYEES 表的 MANAGER_ID 字段改为 8 位，其语句为：

```
ALTER TABLE IT_EMPLOYEES MODIFY MANAGER_ID NUMBER(8);
```

【例 3-7】删除 IT_EMPLOYEES 表 EMPLOYEE_ID 字段的 UNIQUE 约束，其语句为：

```
ALTER TABLE IT_EMPLOYEES DROP UNIQUE(EMPLOYEE_ID);
```

例 3-5 至例 3-7 的运行结果如图 3.6 所示。

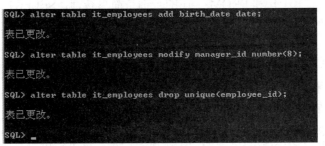

图 3.6　例 3-5 至例 3-7 中的表结构修改示意图

> **提 示**
>
> 在 SQL 中，并没有提供删除属性列的语句，用户只能通过间接的方法来实现这一功能。首先将被删除表中所要保留的列及其内容复制到一个新表中，然后删除原表，最后再将新表重命名为原表名即可。

3.3　数据查询

在 SQL 语句中，数据查询语句 SELECT 是使用频率最高、用途最广的语句。它由许多子句组成，通过这些子句可以完成选择、投影和连接等各种运算功能，得到用户所需的最终数据结果。其中，选择运算是使用 SELECT 语句的 WHERE 子句来完成的。**投影运算**是通过在 SELECT 子句中指定列名称来完成的。连接运算则表示把两个或两个以上的表中的数据连接起来，形成一个结果集合。由于设计数据库时的关系规范化和数据存储的需要，许多信息被分散存储在数据库不同的表中，但是当显示一个完整的信息时，需要将这些数据同时显示出来，这时就需要执行连接运算。其完整语法描述如下：

```
SELECT [ALL | DISTINCT] TOP n[PERCENT] WITH TIES select_list
[INTO[new table name]]
[FROM{table_name | view_name}[(optimizer_hints)]
[[, {table_name2 | view_name2}[(optimizer_hints)]
[...,table_namel6 | view_namel6}[(optimizer hints)]]]
[WHERE clause]
[GROUP BY clause]
[HAVING clause]
[ORDER BY clause]
[COMPUTE clause]
[FOR BROWSE]
```

以下将对各种查询方式和查询子句一一进行介绍。

3.3.1 简单查询

仅含有 SELECT 子句和 FROM 子句的查询是简单查询，SELECT 子句和 FROM 子句是 SELECT 语句的必选项，也就是说每个 SELECT 语句都必须包含有这两个子句。其中，SELECT 子句用于标识用户想要显示哪些列，通过指定列名或是用 "*" 号代表对应表的所有列；FROM 子句则告诉数据库管理系统从哪里寻找这些列，通过指定表名或是视图名称来描述。

下面的 SELECT 语句将显示表中所有的列和行：

```
select * from employees;
```

其中，SELECT 子句中的星号表示表中所有的列，该语句可以将指定表中的所有数据检索出来；FROM 子句中的 EMPLOYEES 表示 EMPLOYEES 表，即整条 SQL 语句的含义是把 EMPLOYEES 表中的所有数据按行显示出来。

大多数情况下，SQL 查询检索的行和列都比整个表的范围窄，用户将需要检索比单个行和列多，但又比数据库所有行和列少的数据。这就是更加复杂的 SELECT 语句的由来。

1. 使用 FROM 子句指定表

SELECT 语句的不同部分常用来指定要从数据库返回的数据。SELECT 语句使用 FROM 子句指定查询中包含的行和列所在的表。FROM 子句的语法格式如下：

```
[FROM{table_name | view_name}[(optimizer_hints)]
[[, {table_name2 | view_name2}[(optimizer_hints)]
[...,table_namel6 | view_namel6}[(optimizer_hints)]]]
```

与创建表一样，登录 SQL*Plus 用到一个用户名。在查询其他角色对应的方案中的表时，需要指定该方案的名称。例如，查询方案 HR 的 COUNTRIES 表中的所有行数据的 SQL 语句如下（该方案和表在安装 Oracle 时就自动创建了）：

```
SELECT * FROM HR.COUNTRIES;
```

可以在 FROM 子句中指定多个表，每个表使用逗号（,）与其他表名隔开，其格式如下所示：

```
SELECT * FROM HR.COUNTRIES, HR.DEPARTMENTS;
```

2. 使用 SELECT 指定列

用户可以指定查询表中的某些列而不是全部，这其实就是投影操作。这些列名紧跟在 SELECT 关键字后面，与 FROM 子句一样，每个列名用逗号隔开，其语法格式如下：

```
SELECT column_name_1, ... , colunm_name_n
    FROM table_name_l, ... ,table_name_n
```

利用 SELECT 指定列的方法可以改变列的顺序来显示查询的结果，甚至可以通过在多个地方指定同一个列来多次显示同一个列。

【例 3-8】创建表 COUNTRIES 时的列顺序为：COUNTRY_ID、COUNTRY_NAME、REGION_ID。通过 SELECT 指定列，可以改变列的顺序，查询显示结果如图 3.7 所示。

```
SELECT REGION_ID,COUNTRY_NAME FROM COUNTRIES;
```

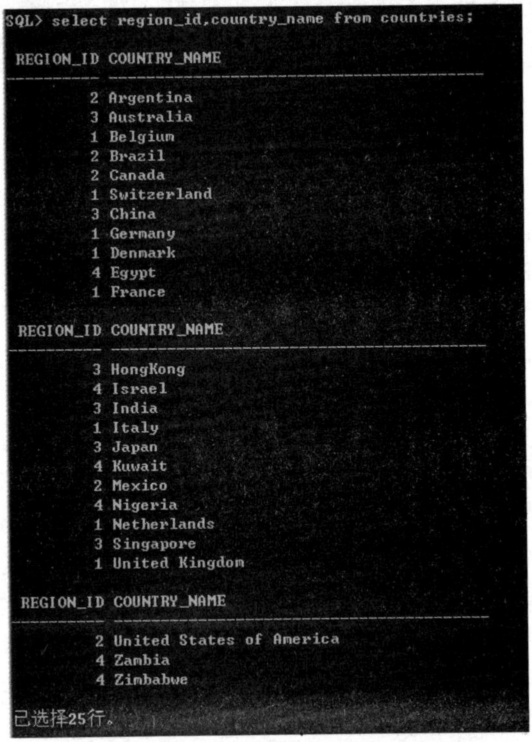

```
SQL> select region_id,country_name from countries;

 REGION_ID COUNTRY_NAME
---------- ----------------------------------------
         2 Argentina
         3 Australia
         1 Belgium
         2 Brazil
         2 Canada
         1 Switzerland
         3 China
         1 Germany
         1 Denmark
         4 Egypt
         1 France

 REGION_ID COUNTRY_NAME
---------- ----------------------------------------
         3 HongKong
         4 Israel
         3 India
         1 Italy
         3 Japan
         4 Kuwait
         2 Mexico
         4 Nigeria
         1 Netherlands
         3 Singapore
         1 United Kingdom

 REGION_ID COUNTRY_NAME
---------- ----------------------------------------
         2 United States of America
         4 Zambia
         4 Zimbabwe

已选择25行。
```

图 3.7　例 3-8 中指定列查询的示意图

3. 算术表达式

在使用 SELECT 语句时，对于数字数据和日期数据都可以使用算术表达式。在 SELECT 语句中可以使用的算术运算符包括加（+）. 减（-），乘（*）、除（/）和括号。使用算术表达式的示例如下：

【例 3-9】对 employees 表中薪金的调整，所有人员的薪金增加 10%，对应的 SQL 语句如下：

```
select employee_id,first_name,last_name,salary*(1+0.1) from employees;
```

上述查询语句的运行结果如图 3.8 所示。

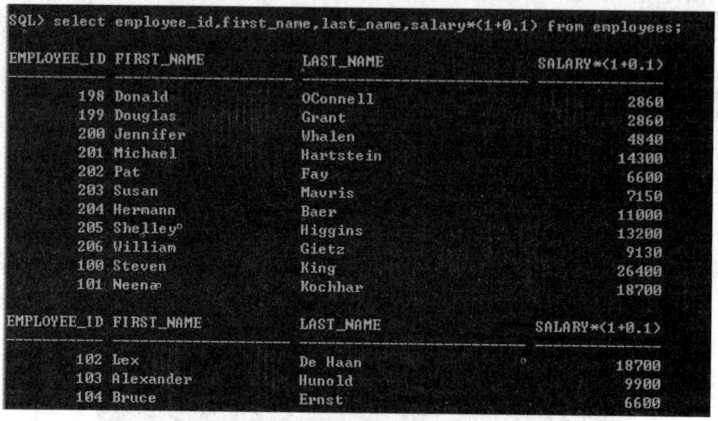

图 3.8　例 3-9 运行结果部分示意图

在【例 3-9】中，显示出了上调所有雇员的薪金 10%以后的薪金。当使用 SELECT 语句查询数据库时，其查询结果集中的数据列名默认为表中的列名。为了提高查询结果集的可读性，可以在查询结果集中为列指定标题。例如，在上面的示例中，将 SALARY 列乘以 1.1 后，计算出上调 10%后的雇员薪金。为了提高结果集的可读性，现在要为它指定一个新的列标题 NEW_SALARY：

```
select employee_id,first_name,last_name,salary*(1+0.1) new_salary from employees;
```

提 示

　若标题中包含一些特殊的字符，例如空格等，则必须使用双引号将列标题括起来。

4. DISTINCT 关键字

在默认情况下，结果集中包含检索到的所有数据行，而不管这些数据行是否重复出现。有的时候，当结果集中出现大量重复的行时，结果集会显得比较庞大，而不会带来有价值的信息，如在考勤记录表中仅显示考勤的人员而不显示考勤的时间时，人员的名字会大量重复出现。若希望删除结果集中重复的行，则需在 SELECT 子句中使用 DISTINCT 关键字。

【例 3-10】在 EMPLOYEES 表中包含一个 DEPARTMENT_ID 列。由于同一部门有多名雇员，相应地在 EMPLOYEES 表的 DEPARTMENT_ID 列中就会出现重复的值。假设现在要检索该表中出现的所有部门，但不希望有重复的部门出现，就需要在 DEPARTMENT_ID 列前面加上关键字 DISTINCT，以确保不出现重复的部门，其查询语句如下：

```
select distinct department_id from employees;
```

运行上述语句后的结果如图 3.9 所示。

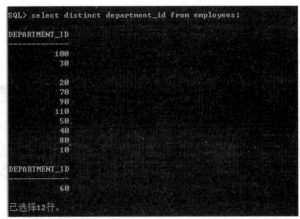

图 3.9　例 3-10 运行结果示意图

若不使用关键字 DISTINCT，则将在查询结果集中显示表中每一行的部门号，包括重复的部门编号。

3.3.2　WHERE 子句

WHERE 子句用于筛选从 FROM 子句中返回的值，完成的是选择操作。在 SELECT 语句中使用 WHERE 子句后，将对 FROM 子句指定的数据表中的行进行判断，只有满足 WHERE 子句中判断条件的行才会显示，而那些不满足 WHERE 子句判断条件的行则不包括在结果集中。在 SELECT 语句中，WHERE 子句位于 FROM 子句之后，其语法格式如下所示：

```
SELECT column_list
FROM table_name
WHERE conditional_expression
```

其中，CONDITIONAL_EXPRESSION 为查询时返回记录应满足的判断条件。

1. 条件表达式

在 CONDITIONAL_EXPRESSION 中可以用运算符来对值进行比较，可用的运算符介绍如下：

● A=B　表示若 A 与 B 的值相等，则为 TRUE。

- A>B　表示若 A 的值大于 B 的值，则为 TRUE。
- A<B　表示若 A 的值小于 B 的值，则为 TRUE。
- A!=B 或 A<>B　表示若 A 的值不等于 B 的值，则为 TRUE。
- A LIKE B　其中，LIKE 是匹配运算符。在这种判断条件中，若 A 的值匹配 B 的值，则该判断条件为 TRUE。在 LIKE 表达式中可以使用通配符。Oracle SQL 的通配符为："%" 代表 0 个、1 个或多个任意字符，"_" 代表一个任意字符。
- NOT <条件表达式>　NOT 运算符用于对结果取反。

【例 3-11】编写一个查询，判断所有 FIRST_NAME 列以"B"开头的雇员。

```
select employee_id,first name,last_name from employees
    where first_name like 'B%';
```

上述查询语句的运行结果如图 3.10 所示。

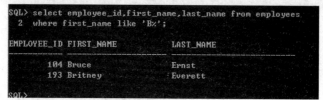

图 3.10　例 3-11 运行结果示意图

这里的"%"字符是一个通配符，例 3-11 中的 WHERE 子句相当于告诉 Oracle 查找雇员中所有 FIRST_NAME 以 B 为开头，后面可以是由 0 个、1 个或多个字符组成的雇员信息。

2. 连接运算符

在 WHERE 子句中可以使用连接运算符将各个表达式关联起来组成复合判断条件。常用的连接运算符包括：AND 和 OR。使用 AND 连接的运算符只有在 AND 左边和右边的表达式结果相同时，AND 运算符才返回 TRUE。

【例 3-12】查询出所有属于 IT 部门（DEPARTMENT_ID=60），并且薪金值大于 2000 的雇员。

```
select employee_id,first_name,last_name,salary from employees
    where department_id=60 and salary>2000;
```

上述查询语句的运行结果如图 3.11 所示。

如果使用 OR 运算符，则只要 OR 运算符左边表达式或是 OR 运算符右边表达式中有任一个结果为 TRUE，那么 OR 运算符就要返回 TRUE。

【例 3-13】在下面的查询中，将选择具有不同部门的雇员信息。

```
select employee_id,ftrst name,last_name,department_id    from employees
    where department_id=60 or department_id=30;
```

上述查询语句的运行结果如图 3.12 所示。

```
SQL> select employee_id,first_name,last_name,salary from employees
  2 where department_id = 60 and salary>2000;

EMPLOYEE_ID FIRST_NAME           LAST_NAME                    SALARY
----------- -------------------- -------------------- ------------
        103 Alexander            Hunold                         9000
        104 Bruce                Ernst                          6000
        105 David                Austin                         4800
        106 Valli                Pataballa                      4800
        107 Diana                Lorentz                        4200
```

图 3.11 例 3-12 运行结果示意图

```
SQL> select employee_id,first_name,last_name,department_id from employees
  2 where department_id = 60 or department_id = 30;

EMPLOYEE_ID FIRST_NAME           LAST_NAME            DEPARTMENT_ID
----------- -------------------- -------------------- -------------
        114 Den                  Raphaely                        30
        115 Alexander            Khoo                            30
        116 Shelli               Baida                           30
        117 Sigal                Tobias                          30
        118 Guy                  Himuro                          30
        119 Karen                Colmenares                      30
        103 Alexander            Hunold                          60
        104 Bruce                Ernst                           60
        105 David                Austin                          60
        106 Valli                Pataballa                       60
        107 Diana                Lorentz                         60

已选择11行。
```

图 3.12 例 3-13 运行结果示意图

在复合判断条件中，需要注意运算符的优先级。Oracle 会先运算优先级高的运算符，然后再运算优先级低的运算符，同级别的优先级则从左到右进行运算。这一规则符合人们日常生活中的规定。为了增加可读性，可以使用括号将各个表达式括起来。对上面的查询使用括号界定优先级后的形式如下：

```
select employee_id,first_name,last_name,department_id from employees
    where (department_id=60) or (department_id=30);
```

3. NULL 值

在数据库中，NULL 值是一个特定的术语，用来描述记录中没有定义内容的字段值，通常我们称之为空。在 Oracle 中，如果判断某个条件的值时，可能的返回值是 TRUE、FALSE 或 UNKNOWN。例如，如果查询一个列的值是否等于 20，而该列的值为 NULL，那么就是说无法判断该列是否为 20。如果列值为 NULL，则对该列进行判断时的值就会为 UNKNOWN，它可能是 20，也可能不是 20。

【例 3-14】使用 EMPLOYEES 进行 NULL 值的插入和查询：

插入一条记录：

```
insert into departments(department_id,department_name,manager_id)
    values(300,'数据库',NULL);
```

NULL 值是一个特殊的取值，使用 "=" 对 NULL 值进行查询时无法得到需要的结果：

```
select department_id,department_name,manager_id
    from departments
```

```
where manager_id = NULL;
```

提示： 从查询结果中可以看出，不能使用 manager_id = NULL 这样的判断方式。

Oracle 提供了两个 SQL 运算符，IS NULL 和 IS NOT NULL。使用这两个运算符，可以判断某列的值是否为 NULL：

```
select department_id,department_name,manager_id
    from departments
    where manager_id IS NULL;
```

上述查询语句的运行结果如图 3.13 所示。

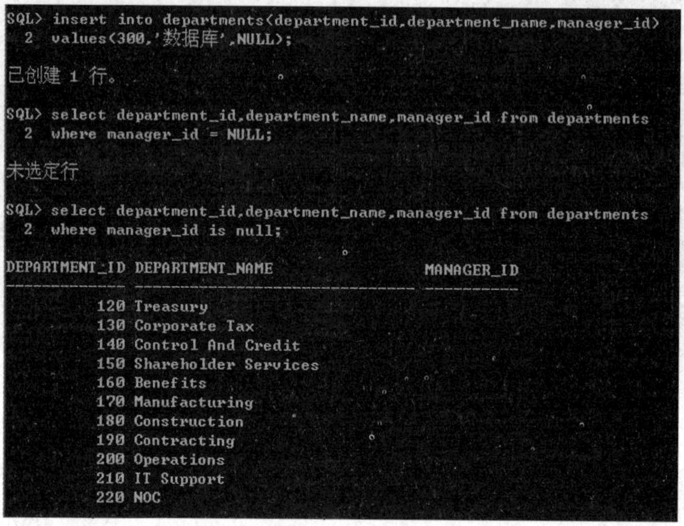

图 3.13　例 3-14 运行结果示意图

3.3.3　ORDER BY 子句

在前面介绍的数据检索技术中，只是把数据库中的数据从表中直接取出来。这时，结果集中数据的排列顺序是由数据的存储顺序决定的。但是，这种存储顺序经常不符合我们的各种查询需求。当查询一个比较大的表时，数据的显示会比较混乱。因此需要对检索到的结果集进行排序。在 SELECT 语句中，可以使用 ORDER BY 子句实现对查询结果集的排序。

使用 ORDER BY 子句的语法形式如下：

```
SELECT column_list
FROM table_name
ORDER BY[{order_by_expression[ASC|DESC])…]
```

其中，ORDER_BY_EXPESSION 表示将要排序的列名或由列组成的表达式，关键字 ASC 指定按照升序排列，这也是默认的排列顺序，而关键字 DESC 指定按照降序排列。

【例 3-15】下面的查询语句中，将使用 ORDER BY 子句对检索到的数据进行排序，该排列顺序是按照薪金从低到高的升序进行的。

```
select employee_id,first_name,last_name,salary
    from employees
    where salary>2000
    order by salary;
```

上述查询语句的运行结果如图 3.14 所示。

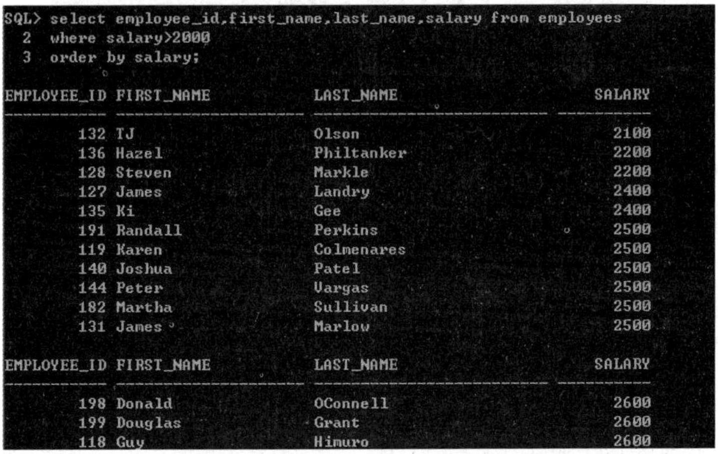

```
SQL> select employee_id,first_name,last_name,salary from employees
  2  where salary>2000
  3  order by salary;

EMPLOYEE_ID FIRST_NAME           LAST_NAME                     SALARY
----------- -------------------- ------------------------- ----------
        132 TJ                   Olson                           2100
        136 Hazel                Philtanker                      2200
        128 Steven               Markle                          2200
        127 James                Landry                          2400
        135 Ki                   Gee                             2400
        191 Randall              Perkins                         2500
        119 Karen                Colmenares                      2500
        140 Joshua               Patel                           2500
        144 Peter                Vargas                          2500
        182 Martha               Sullivan                        2500
        131 James                Marlow                          2500

EMPLOYEE_ID FIRST_NAME           LAST_NAME                     SALARY
----------- -------------------- ------------------------- ----------
        198 Donald               OConnell                        2600
        199 Douglas              Grant                           2600
        118 Guy                  Himuro                          2600
```

图 3.14　例 3-15 运行结果示意图

从查询结果中可以看出，ORDER BY 子句使用默认的排列顺序，即升序排列，可以使用关键字 ASC 显式指定。如想降序排序，可以执行如下语句；

```
select employee_id,first_name,last_name,salary
    from employees
    where salary>2000
    order by salary desc;
```

如果需要对多个列进行排序，只需要在 ORDER BY 子句后指定多个列名。这样当输出排序结果时，首先根据第一列进行排序，当第一列的值相同时，再对第二列进行比较排序。其他列以此类推。在下面的查询语句中，将首先对 JOB_ID 排序，然后再排序 SALARY。这样便可以使雇员的薪金分工种显示，并能了解各种工种中哪位雇员的薪金最高。

```
select last_name,job_id,salary
    from employees
    where salary>2000
    order by job_id,salary desc;
```

3.3.4　GROUP BY 子句

GROUP BY 子句用于在查询结果集中对记录进行分组，以汇总数据或者为整个分组显示单行的汇总信息。

【例 3-16】以下的查询中，从 EMPLOYEES 表中选择相应的列，分析 JOB_ID 的 SALARY 信息。

```
select job_id,salary from employees order by job_id;
```

上述查询语句的运行结果如图 3.15 所示。

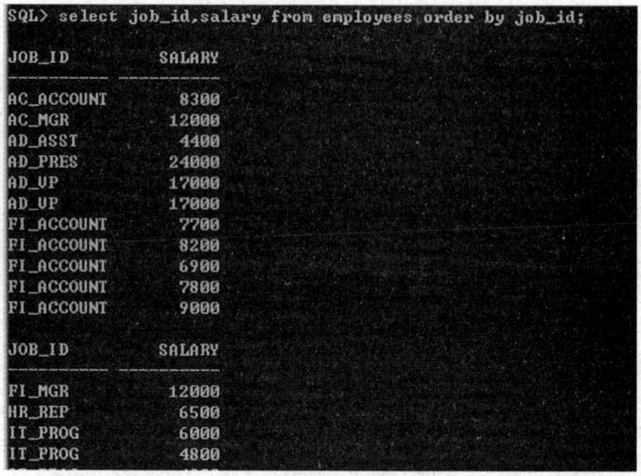

```
SQL> select job_id,salary from employees order by job_id;

JOB_ID          SALARY
---------- ----------
AC_ACCOUNT        8300
AC_MGR           12000
AD_ASST           4400
AD_PRES          24000
AD_VP            17000
AD_VP            17000
FI_ACCOUNT        7700
FI_ACCOUNT        8200
FI_ACCOUNT        6900
FI_ACCOUNT        7800
FI_ACCOUNT        9000

JOB_ID          SALARY
---------- ----------
FI_MGR           12000
HR_REP            6500
IT_PROG           6000
IT_PROG           4800
```

图 3.15　例 3-16 部分运行结果示意图

从结果中可以看出，对于每个 JOB_ID 可以有多个对应的 SALARY 值。

使用 GROUP BY 子句和统计函数，可以实现对查询结果中每一组数据进行分类统计。所以，在结果中对每组数据都有一个与之对应的统计值。在 Oracle 系统中，经常使用的统计函数如表 3.3 所示。

表 3.3　常用的统计函数

函数	描述
COUNT	返回找到的记录数
MIN	返回一个数字列或是计算列的最小值
MAX	返回一个数字列或是计算列的最大值
SUM	返回一个数字列或是计算列的总和
AVG	返回一个数字列或是计算列的平均值

【例 3-17】使用 GROUP BY 子句对薪金记录进行分组，使用 SQL 函数计算每个 JOB_ID 的平均薪金（AVG）、所有薪金的总和（SUM），以及最高薪金（MAX）和各组的行数。

```
select job_id,avg(salary),sum(salary),max(salary),count(job_id) from employees
    group by job_id;
```

上述查询语句的运行结果如图 3.16 所示。

```
SQL> select job_id,avg(salary),sum(salary),max(salary),count(job_id)
  2  from employees
  3  group by job_id;

JOB_ID     AVG(SALARY) SUM(SALARY) MAX(SALARY) COUNT(JOB_ID)
---------- ----------- ----------- ----------- -------------
AC_MGR           12000       12000       12000             1
AC_ACCOUNT        8300        8300        8300             1
IT_PROG           5760       28800        9000             5
ST_MAN            7280       36400        8200             5
AD_ASST           4400        4400        4400             1
PU_MAN           11000       11000       11000             1
SH_CLERK          3215       64300        4200            20
AD_VP            17000       34000       17000             2
FI_ACCOUNT        7920       39600        9000             5
MK_MAN           13000       13000       13000             1
PR_REP           10000       10000       10000             1

JOB_ID     AVG(SALARY) SUM(SALARY) MAX(SALARY) COUNT(JOB_ID)
---------- ----------- ----------- ----------- -------------
FI_MGR           12000       12000       12000             1
PU_CLERK          2780       13900        3100             5
SA_MAN           12200       61000       14000             5
MK_REP            6000        6000        6000             1
AD_PRES          24000       24000       24000             1
SA_REP            8350      250500       11500            30
HR_REP            6500        6500        6500             1
ST_CLERK          2785       55700        3600            20

已选择19行。
```

图 3.16 例 3-17 运行结果示意图

在使用 GROUP BY 子句时，必须满足下面的条件：

- 在 SELECT 子句的后面只可以有两类表达式：统计函数和进行分组的列名。
- 在 SELECT 子句中的列名必须是进行分组的列，除此之外添加其他的列名都是错误的，但是，GROUP BY 子句后面的列名可以不出现在 SELECT 子句中。
- 如果使用了 WHERE 子句，那么所有参加分组计算的数据必须首先满足 WHERE 子句指定的条件。
- 在默认情况下，将按照 GROUP BY 子句指定的分组列升序排列，如果需要重新排序，可以使用 ORDER BY 子句指定新的排列顺序。

【例 3-18】下面是一个错误的查询，由于在 SELECT 子句后面出现了 SALARY 列，而该列并没有出现在 GROUP BY 子句中，所以该语句是一个错误的查询。

```
select job_id,salary,avg(salary),sum(salary),max(salary),count(*)
    from employees group by job_id;
```

上述查询语句的运行结果如图 3.17 所示。

```
SQL> select job_id,salary,avg(salary),sum(salary),max(salary),count(job_id)
  2  from employees
  3  group by job_id;
select job_id,salary,avg(salary),sum(salary),max(salary),count(job_id)
              *
第 1 行出现错误:
ORA-00979: 不是 GROUP BY 表达式
```

图 3.17 例 3-18 的错误运行结果示意图

与 ORDER BY 子句相似，GROUP BY 子句也可以对多个列进行分组。在这种情况下，GROUP BY 子句将在主分组范围内进行二次分组。

【例 3-19】下面的查询是对各部门中的各个工种类型进行分组。

```
select department_id,job_id,avg(salary),sum(salary),max(salary),count(*)
    from employees group by department_id,job_id;
```

在 GROUP BY 子句中还可以使用运算符 ROLLUP 和 CUBE，这两个运算符在功能上非常类似，使用它们后，都将会在查询结果中附加一行汇总信息。

【例 3-20】在下面的示例中，GROUP BY 子句将使用 ROLLUP 运算符汇总 JOB_ID 列。

```
select job_id.avg(salary),sum(salary),max(salary). count(*)
    from employees group by rollup(job_id);
```

上述查询语句的运行结果如图 3.18 所示。

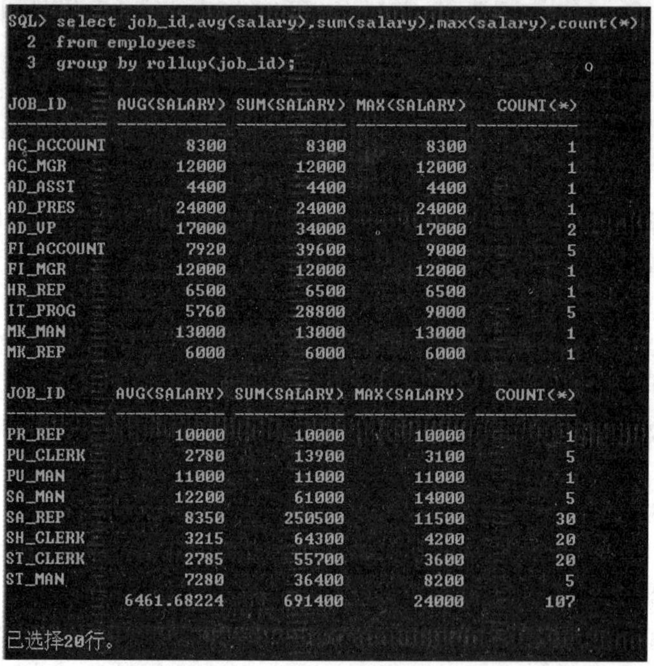

```
SQL> select job_id,avg(salary),sum(salary),max(salary),count(*)
  2  from employees
  3  group by rollup(job_id);

JOB_ID      AVG(SALARY) SUM(SALARY) MAX(SALARY)   COUNT(*)
----------- ----------- ----------- ----------- ----------
AC_ACCOUNT         8300        8300        8300          1
AC_MGR            12000       12000       12000          1
AD_ASST            4400        4400        4400          1
AD_PRES           24000       24000       24000          1
AD_VP             17000       34000       17000          2
FI_ACCOUNT         7920       39600        9000          5
FI_MGR            12000       12000       12000          1
HR_REP             6500        6500        6500          1
IT_PROG            5760       28800        9000          5
MK_MAN            13000       13000       13000          1
MK_REP             6000        6000        6000          1

JOB_ID      AVG(SALARY) SUM(SALARY) MAX(SALARY)   COUNT(*)
----------- ----------- ----------- ----------- ----------
PR_REP            10000       10000       10000          1
PU_CLERK           2780       13900        3100          5
PU_MAN            11000       11000       11000          1
SA_MAN            12200       61000       14000          5
SA_REP             8350      250500       11500         30
SH_CLERK           3215       64300        4200         20
ST_CLERK           2785       55700        3600         20
ST_MAN             7280       36400        8200          5
             6461.68224      691400       24000        107

已选择20行。
```

图 3.18　例 3-20 的运行结果示意图

从查询结果中可以看出，使用 ROLLUP 运算符后，在查询结果的最后一行列出了本次统计的汇总。

3.3.5　HAVING 子句

HAVING 子句通常与 GROUP BY 子句一起使用，在完成对分组结果统计后，可以使用 HAVING 子句对分组的结果做进一步的筛选。如果不使用 GROUP BY 子句，HAVING 子句的功能与 WHERE 子句一样。HAVING 子句和 WHERE 子句的相似之处就是都定义搜索条件，但又和 WHERE 子句不同，HAVING 子句与组有关，而 WHERE 是与单个的行有关。

如果在 SELECT 语句中使用了 GROUP BY 子句，那么 HAVING 子句将应用于 GROUP BY 子句创建的那些组。如果指定了 WHERE 子句，而没有指定 GROUP BY 子句，那么 HAVING 子句将应用 WHERE 子句的输出，并且整个输出被看作是一个组，如果在 SELECT 语句中既没有指定 WHERE 子句，也没有指定 GROUP BY 子句，那么 HAVING 子句将应用于 FROM 子句的输出，并且将其看作是一个组。

提 示

对 HAVING 子句作用的理解有一个方法，就是记住 SELECT 语句中的子句的处理顺序。在 SELECT 语句中，首先由 FROM 子句找到数据表，WHERE 子句则接收 FROM 子句输出的数据，而 HAVING 子句则接收来自 GROUP BY、WHERE 或 FROM 子句的输出。

【例 3-21】列出平均薪金值大于 10000 的统计信息。

```
select job_id,avg(salary),sum(salary),max(salary),count(*)
   from employees group by job_id having avg(salary)>10000;
```

上述查询语句的执行结果如图 3.19 所示。

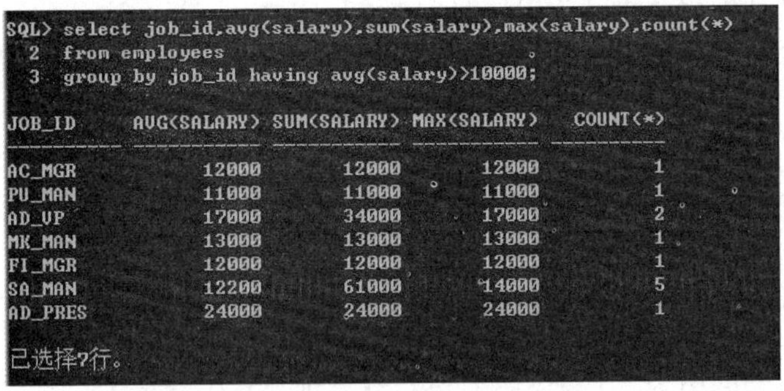

```
SQL> select job_id,avg(salary),sum(salary),max(salary),count(*)
  2  from employees
  3  group by job_id having avg(salary)>10000;

JOB_ID     AVG(SALARY) SUM(SALARY) MAX(SALARY)   COUNT(*)
---------- ----------- ----------- ----------- ----------
AC_MGR           12000       12000       12000          1
PU_MAN           11000       11000       11000          1
AD_VP            17000       34000       17000          2
MK_MAN           13000       13000       13000          1
FI_MGR           12000       12000       12000          1
SA_MAN           12200       61000       14000          5
AD_PRES          24000       24000       24000          1

已选择7行。
```

图 3.19　例 3-21 的运行结果示意图

从查询结果可以看出，SELECT 语句使用 GROUP BY 子句对 EMPLOYEES 表进行分组统计，然后再由 HAVING 子句根据统计值做进一步筛选。

通常情况下，HAVING 子句与 GROUP BY 子句一起使用，这样可以在汇总相关数据后再进一步筛选汇总的数据。

3.3.6　多表连接查询

到目前为止，大部分查询都集中在 FROM 子句仅使用一个表。但是，在设计数据库时，为了使数据库规范化，常常要把数据分别存放在不同的表中，以消除数据冗余、插入异常和删除异常。但是在查询数据时，为了获取完整的信息就要将多个表连接起来，从多个表中查询数据。例如，为了获知雇员所在部门，可以在 EMPLOYEES 表中获取部门编号 DEPARTMENT_ID，为了得到部门的名称还需要进一步查询 DEPARTMENTS

Oracle 12c **从入门到精通（第二版）**

表。下面将对实现多表查询的方法一一进行介绍。

1. 简单连接

连接查询实际上是通过表与表之间相互关联的列进行数据的查询，对于关系数据库来说，连接是查询最主要的特征。简单连接使用逗号将两个或多个表进行连接，这是最简单、也是最常用的多表查询形式。

（1）基本形式

简单连接仅是通过 SELECT 子句和 FROM 子句来连接多个表，其查询的结果是一个通过笛卡儿积生成的表。所谓笛卡儿积生成的表，就是由一个基表中的每一行与另一个基表的每一行连接在一起所生成的表，查询结果的行数是两个基表行数的积。

【例3-22】以下的查询操作将 EMPLOYEES 表和 DEPARTMENTS 表相连接，从而生成一个笛卡儿积：

```
select employee_id,last_name,department_name from employees,departments;
```

（2）条件限定

在实际需求中，由于笛卡儿积中包含了大量的冗余信息，这在一般情况下毫无意义。为了避免这种情况的出现，通常是在 SELECT 语句中提供一个连接条件，过滤掉其中无意义的数据，从而使得结果满足用户的需求。

SELECT 语句的 WHERE 子句提供了这个连接条件，可以有效避免笛卡儿积的出现。使用 WHERE 子句限定时，只有第一个表中的列与第二个表中相应列相互匹配后才会在结果集中显示，这是连接查询中最常用的形式。

【例3-23】下面的语句通过在 WHERE 子句中使用连接条件，实现了查询雇员信息，以及雇员所对应的部门信息。

```
select employee_id,last_name,department_name from employees,departments
    wherc employees.department_id=departments.department_id;
```

这次查询返回的结果就有意义了，每行数据都包含了有意义的雇员信息，以及各雇员所在的部门名称信息。

提 示

若希望进一步限定搜索条件，则可以在 WHERE 子句中增加新的限定条件。

【例3-24】增加新的限定条件，只显示工作部门为 Shipping 的雇员信息。

```
select employee_id,last_name,department_name
    from employees,departments
    where employees.department_id=departments.department_id
    and departments.department_name='Shipping';
```

上述查询语句的运行结果如图3.20所示。从多个表中提取信息时，查询所使用表之间应当存在逻辑上的联系。这种联系经常以外键的形式出现，但并不是必须以外键的形式存在。

```
SQL> select employee_id,last_name,department_name
  2  from employees,departments
  3  where employees.department_id = departments.department_id
  4  and departments.department_name = 'Shipping';

EMPLOYEE_ID LAST_NAME                  DEPARTMENT_NAME

        198 OConnell                   Shipping
        199 Grant                      Shipping
        120 Weiss                      Shipping
        121 Fripp                      Shipping
        122 Kaufling                   Shipping
        123 Vollman                    Shipping
        124 Mourgos                    Shipping
        125 Nayer                      Shipping
        126 Mikkilineni                Shipping
        127 Landry                     Shipping
        128 Markle                     Shipping

EMPLOYEE_ID LAST_NAME                  DEPARTMENT_NAME
```

图 3.20　例 3-24 的运行结果示意图

注　意

在以上示例中，连接的两个表具有同名的列时，则必须使用表名对列进行限定，以确认该列属于哪一个表。

（3）表别名

在以上示例演示中，我们发现，在多表查询时，如果多个表之间存在同名的列，则必须使用表名来限定列。但是，随着查询变得越来越复杂，语句会因为每次限定列时输入表名而变得冗长乏味。因此，SQL 提供了另一种机制——表别名。表别名是在 FROM 子句中用于各个表的"简短名称"，它们可以唯一地标识数据源。上面的查询可以采用如下方式重新编写：

```
select em.employee_id,em.last_name,dep.department_name
    from employees em,departments dep
    where em.department_id=dep.department_id
    and dep.department_name='Shipping';
```

这个具有更少 SQL 代码的查询会得到相同的结果。其中，EM 代表 EMPLOYEES，DEP 代表 DEPARTMENTS。

注　意

如果为表指定了别名，那么语句中的所有子句都必须使用别名，而不允许再使用实际的表名。

以下使用表别名的方式是错误的：

```
select employees.employee_id,employees.1astname,dep.department_name
    from employees em,departments dep
    where em.department_id=dep.departmenLid
    and dep.department_name='Shipping';
```

上述查询语句的运行结果如图 3.21 所示。

出现问题的原因是 Oracle 编译 SQL 语句时出现了问题。这里需要介绍一下 SELECT 语句中各子句执行的顺序，从而便可知道出错的真正原因。在 SELECT 语句的执行顺序中，FROM 子句最先被执行，然后就是 WHERE 子句，最后才是 SELECT 子句。当在 FROM 子句中指定表别名后，表的真实名称将被替换。同时，其他的子句只能使用表别名来限定列。在上面的示例中，由于 FROM 子句已经用表别名覆盖了表的真实名称，当执行 SELECT 子句选择显示的列时，将无法找到真实表名称 EMPLOYEES 所限定的列。

```
SQL> select employees.employee_id,last_name,dep.department_name
  2  from employees em,departments dep
  3  where em.department_id = dep.department_id;
select employees.employee_id,last_name,dep.department_name
       *
第 1 行出现错误:
ORA-00904: "EMPLOYEES"."EMPLOYEE_ID": 标识符无效
```

图 3.21　表别名使用错误示意图

2. JOIN 连接

除了使用逗号连接外，Oracle 还支持使用关键字 JOIN 连接。使用 JOIN 连接的语法格式如下：

```
FROM join_table1 join_type join_table2
[ON(join_condition)]
```

其中，JOIN_TABLE1、JOIN_TABLE2 指出参与连接操作的表名；JOIN_TYPE 指出连接类型，常用的连接包括内连接、自然连接、外连接和自连接。连接查询中的 ON（JOIN_CONDITION）指出连接条件，它由被连接表中的列和比较运算符、逻辑运算符等构成。

（1）内连接

内连接是一种常用的多表查询，一般用关键字 INNER JOIN 来表示。其中，可以省略 INNER 关键字，而只使用 JOIN 关键字表示内连接。内连接使用比较运算时，在连接表的某些列之间进行比较操作，并列出表中与连接条件相匹配的数据行。

使用内连接查询多个表时，在 FROM 子句中除了 JOIN 关键字外，还必须定义一个 ON 子句，ON 子句指定内连接操作列出与连接条件匹配的数据行，它使用比较运算符比较被连接列值。简单地说，内连接就是使用 JOIN 指定用于连接的两个表，ON 子句则指定连接表之连接条件。若进一步限制查询范围，则可以直接在后面添加 WHERE 子句。

【例 3-25】以下的查询使用内连接查询雇员信息和雇员所在的部门名称。

```
select em.employee_id,em.last_name,dep.department_name
    from employees em inner join departments dep
    on em.department_id=dep.department_id
    where em.job_id='AD_ASST';
```

上述查询语句的运行结果如图 3.22 所示。

```
SQL> select em.employee_id,em.last_name,dep.department_name
  2  from employees em inner join departments dep
  3  on em.department_id = dep.department_id
  4  where em.job_id = 'AD_ASST';

EMPLOYEE_ID LAST_NAME                DEPARTMENT_NAME

        200 Whalen                   Administration
```

图 3.22 例 3-25 的运行结果示意图

提 示

使用内连接也可以实现两个以上表的查询。

【例 3-26】使用内连接查询雇员的信息、名称以及工作名称。

```
select em em.ployee_id,em.last_name,dep.department_name,jobs.job_title
    from employees em inner join jobs
        on em.job_id=jobs.job_id
        inner join departments dep
        on em.department_id=dep.department_id
    where em.job_id='IT_PROG';
```

（2）自然连接

自然连接与内连接的功能相似，在使用自然连接查询多个表时，Oracle 会将第一个表中的那些列与第二个表中具有相同名称的列进行连接。在自然连接中，用户不需要明确指定进行连接的列，系统会自动完成这一任务。

下面的查询语句使用自然连接查询 EMPLOYEES 和 DEPARTMENTS 表：

```
select em.employee_id,em.first_name,em.last_name,dep.department_name
    from employees em natural join departments dep
    where dep.department_name='Sales';
```

自然连接在实际的应用中很少，因为它有一个限制条件，即连接的各个表之间必须具有相同名称的列，而这在实际应用中可能和应用的实际含义发生矛盾。

假设 EMPLOYEES 表和 DEPARTMENTS 表都有一个 ADDRESS 列，则在进行自然连接时，Oracle 会尝试使用 EMPLOYEES 和 DEPARTMENTS 的 ADDRESS 列连接表，这要求对应的 ADDRESS 列相同。但是在应用语义上，毫无疑问这两个 ADDRESS 列代表了完全不同的含义（一个是雇员的居住地址，一个是部门的所在地址），这样的连接毫无价值。

（3）外连接

使用内连接进行多表查询时，返回的查询结果集中仅包含符合查询条件（WHERE 搜索条件或 HAVING 条件）和连接条件的行。内连接消除了与另一个表中的任何行不匹配的行，而外连接扩展了内连接的结果集，除返回所有匹配的行外，还会返回一部分或全部不匹配的行，这主要取决于外连接的种类。

外连接分为左外连接（LEFT OUTER JOIN 或 LEFT JOIN）、右外连接（RIGHT

OUTER JOIN 或 RIGHT JOIN）和全外连接（FULL OUTER JOIN 或 FULL JOIN）三种。
与内连接不同的是，外连接不只列出与连接条件相匹配的行，还列出左表（左外连接时）、
右表（右外连接时）或两个表（全外连接时）中所有符合搜索条件的数据行。

【例 3-27】演示内连接和外连接的区别。内连接语句及其运行结果如图 3.23（a）
所示。

```
insert into employees(employee_id,last_name,email,hire_date,job_id,department_id)
    values(1000,'blaine','blaine@hotmail.com',to_date('2009-05-01', yyyy-mm-dd'),
    'IT_PROG',null);
select em.employee_id,em.last_name,dep.department_name
    from employees em inner join departments dep
    on em.department_id=dep.department_id
    where em.job_id='IT_PROG';
```

从上面的查询结果看出，即使向 EMPLOYEES 表添加了一行 JOB_ID 等于 IT_PROG
的雇员信息，在内连接中仍然不会显示该行。因为在新添加记录中 DEPARTMENT_ID
列值不存在于 DEPARTMENTS 表中。

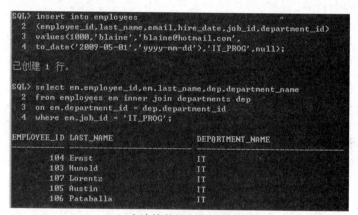

（a）内连接的运行结果示意图

（b）外连接的运行结果示意图

图 3.23 例 3-27 的运行结果示意图

外连接语句及其运行结果如图 3.23（b）所示。

```
select em employee_id,em_last_name,dep.department_name
    from employees em left outer join departments dep
    on em.department_id=dep.department_id
    where em.job_id='IT_PROG';
```

上面查询语句中的 FROM 子句，使用 LEFT OUTER JOIN 指定使用左外连接。从查询结果中可以看出，左外连接的查询结果集中不仅包含相匹配的行，还包含左表（EMPLOYEES）中所有满足 WHERE 限制的行，而不论是否与右表相匹配。

同样，当执行右外连接时，则表示将要返回连接条件右边表中的所有行，而不管左边表中各行。例如，如果想要对 EMPLOYEES 和 DEPARTMENTS 表进行查询，搜索位于特定位置的所有雇员和部门，也包括没有雇员的部门，其 SQL 语句如下：

```
select em.employee_id,em.last_name,dep.department_name
    from employees em right outer join departments dep
    on em.department_id=dep.department_id
    where dep.location_id=1700;
```

┌─ 提 示 ─────────────────────────────────────
│ 从查询结果可以看出，右外连接查找出了大量的没有雇员的部门，而在内连接和左外连接查
│ 询中则没有找到这些记录，读者可以自行验证。
└──

┌─ 注 意 ─────────────────────────────────────
│ 在左外连接和右外连接中，要特别注意两个表的位置。
└──

此外，还有一种外连接类型即完全外连接。完全外连接相当于同时执行一个左外连接和一个右外连接。完全外连接查询会返回所有满足连接条件的行。在执行完全外连接时，完全外连接的系统开销很大，因为 Oracle 实际上会执行一个完整的左连接查询和一个完整的右连接查询，然后再将结果集合并，并消除重复的记录行。

使用完全外连接查询的 SQL 语句如下：

```
select em.employee_id,em.last_name,dep.department_name
    from employees em full outer join departments dep
    on em.department_id=dep.department_id
    where dep.location_id=1700 or em.job_id='IT_PROG';
```

（4）自连接

有时候，用户可能会拥有自引用式外键。自引用式外键意味着表中的一个列可以是该表主键的一个外键。例如，EMPLOYEES 表的 MANAGER_ID 列可以是另一行的 EMPLOYEE_ID 列，因为部门经理也是雇员。通过下面的语句可以看出 MANAGER_ID 列和 EMPLOYEES_ID 列的关联：

```
select employee_id,last_name,job_id,manager_id
    from employees
```

```
order by employee_id;
```

上述查询语句的运行结果如图 3.24 所示。

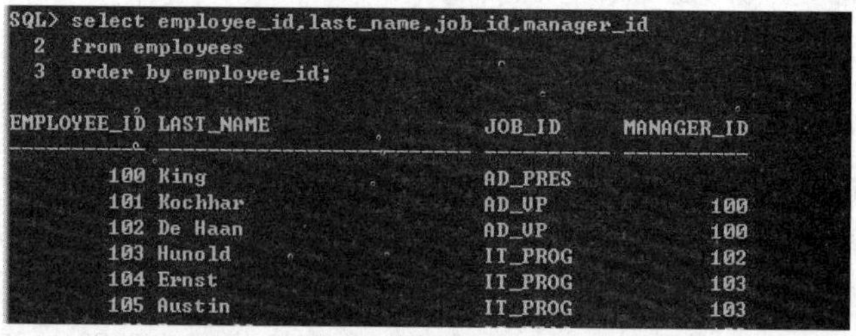

```
SQL> select employee_id,last_name,job_id,manager_id
  2  from employees
  3  order by employee_id;

EMPLOYEE_ID LAST_NAME                 JOB_ID     MANAGER_ID
----------- ------------------------- ---------- ----------
        100 King                      AD_PRES
        101 Kochhar                   AD_VP             100
        102 De Haan                   AD_VP             100
        103 Hunold                    IT_PROG           102
        104 Ernst                     IT_PROG           103
        105 Austin                    IT_PROG           103
```

图 3.24　雇员和经理之间的关系

从中可看出雇员之间的关系，如 King（100）负责管理 Kochhar（101）和 De Haan（102）；而 De Haan（102）负责管理 Hunold（103）等。

通过自连接，用户可以在查询结果的同一行中看到雇员和部门经理的信息。为了实现自连接查询，用户需要在 FROM 子句中指定两次 EMPLOYEES 表为数据源。

【例 3-28】用户通过自连接，可以在同一行中看到雇员和部门经理的信息。

```
select em1.last_name "manager",em2.last_name "employee"
    from employees eml left join employees em2
    on em1.employee_id=em2.manager_id
    order by em1.employee_id;
```

上述查询语句的运行结果如图 3.25 所示。

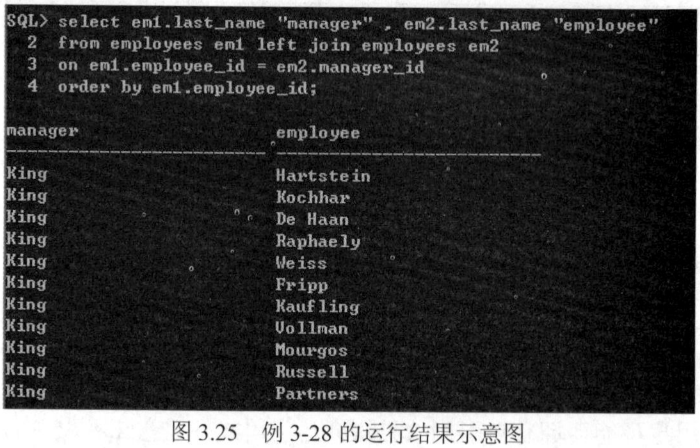

```
SQL> select em1.last_name "manager" , em2.last_name "employee"
  2  from employees em1 left join employees em2
  3  on em1.employee_id = em2.manager_id
  4  order by em1.employee_id;

manager                   employee
------------------------- -------------------------
King                      Hartstein
King                      Kochhar
King                      De Haan
King                      Raphaely
King                      Weiss
King                      Fripp
King                      Kaufling
King                      Vollman
King                      Mourgos
King                      Russell
King                      Partners
```

图 3.25　例 3-28 的运行结果示意图

自连接是在 FROM 子句中指定了两次同一个表，为了在其他子句中区分，分别为表指定了表别名。这样 Oracle 就可以将两个表看作是分离的两个数据源，并且从中获取相应的数据。

3.3.7　集合操作

集合操作就是将两个或多个 SQL 查询结果合并构成复合查询，以完成一些特殊的任务需求。集合操作主要由集合操作符实现，常用的集合操作符包括 UNION（并运算）、UNION ALL、INTERSECT（交运算）和 MINUS（差运算）。

1. UNION

UNION 运算符可以将多个查询结果集相加，形成一个结果集，其结果等同于集合运算中的并运算。即 UNION 运算符可以将第一个查询中的所有行与第二个查询中的所有行相加，并消除其中重复的行形成一个合集。

【例 3-29】下面的示例中，第一个查询将选择所有 LAST_NAME 列以 C 或者 S 开头的雇员信息，第二个查询将选择所有 LAST_NAME 列以 S 或者 T 开头的雇员信息。其结果是所有 LAST_NAME 列以 C 或者 S 或者 T 开头的雇员信息均会被列出。

```
select employee_id,last_name
    from employees
    where last_name like 'C%' or last_name like 'S%'
    union
    select employee_id,last_name
    from employees
    whefe last_name like 'S%' or last_name like 'T%';
```

上述查询语句的运行结果如图 3.26 所示。

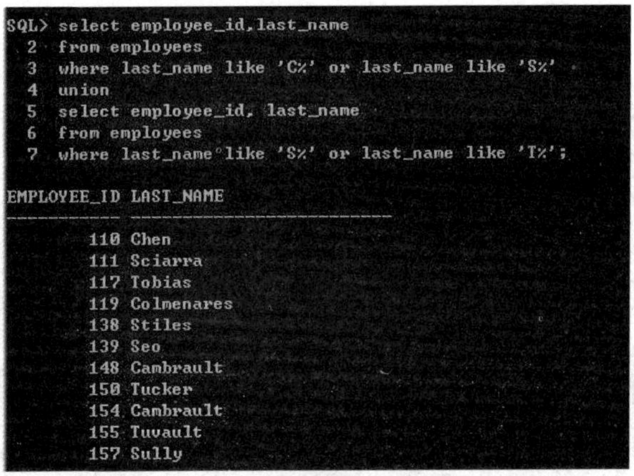

图 3.26　例 3-29 的部分运行结果示意图

注　意

UNION 运算会将合集中的重复记录滤除，这是 UNION 运算和 UNION ALL 运算唯一不同的地方。

2. UNION ALL

UNION ALL 与 UNION 语句的工作方式基本相同，不同之处是 UNION ALL 操作符形成的结果集中包含有两个子结果集中重复的行。

```
select employee_id,last_name
    from employees
    where last_name like 'C%' or last_name like 'S%'
    union all
    select employee_id,last_name
    from employees
    whefe last_name like 'S%' or last_name like 'T%';
```

3. INTERSECT

INTERSECT 操作符也用于对两个 SQL 语句所产生的结果集进行处理。不同之处是 UNION 基本上是一个 OR 运算，而 INTERSECT 比较像 AND。即 UNION 是并集运算，而 INTERSECT 是交集运算。

【例 3-30】修改例 3-29 的查询语句。使用 INTERSECT 集合操作，在查询结果集中保留 LAST_NAME 以 S 开头的雇员。

```
select employee_id,last_name
    from employees
    where last_name like 'C%' or last_name like 'S%'
    intersect
    select employee_id,last_name
    from employees
    whefe last_name like 'S%' or last_name like 'T%';
```

上述查询语句的运行结果如图 3.27 所示。

```
SQL> select employee_id,last_name
  2  from employees
  3  where last_name like 'C%' or last_name like 'S%'
  4  intersect
  5  select employee_id, last_name
  6  from employees
  7  where last_name like 'S%' or last_name like 'T%';

EMPLOYEE_ID LAST_NAME
----------- ----------
        111 Sciarra
        138 Stiles
        139 Seo
        157 Sully
        159 Smith
        161 Sewall
        171 Smith
        182 Sullivan
        184 Sarchand

已选择9行。
```

图 3.27　例 3-30 的运行结果示意图

4. MINUS

MINUS 集合运算符可以找到两个给定的集合之间的差集，也就是说该集合操作符会返回所有从第一个查询中返回的，但是没有在第二个查询中返回的记录。

【例 3-31】以下面的查询语句为例，使用运算符 MINUS 求两个查询的差集。第一个查询会返回所有 LAST_NAME 以 C 或 S 开头的雇员，而第二个查询会返回所有 LAST_NAME 以 S 和 T 开头的雇员。因此，两个查询结果集的 MINUS 操作将返回 LAST_NAME 以 C 开头的那些雇员。

```
select employee_id,last_name
    from employees
    where last_name like 'C%' or last_name like 'S%'
    minus
    select employee_id,last_name
    from employees
    whefe last_name like 'S%' or last_name like 'T%';
```

上述查询语句的运行结果如图 3.28 所示。

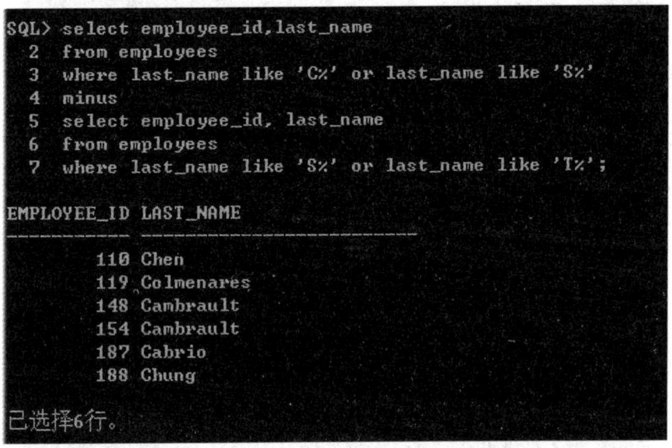

```
SQL> select employee_id,last_name
  2  from employees
  3  where last_name like 'C%' or last_name like 'S%'
  4  minus
  5  select employee_id, last_name
  6  from employees
  7  where last_name like 'S%' or last_name like 'T%';

EMPLOYEE_ID LAST_NAME
----------- -------------------------
        110 Chen
        119 Colmenares
        148 Cambrault
        154 Cambrault
        187 Cabrio
        188 Chung

已选择6行。
```

图 3.28 例 3-31 的运行结果示意图

说 明

在使用集合操作符编写复合查询时，其规则包括：第一、在构成复合查询的各个查询中，各 SELECT 语句指定的列必须在数量上和数据类型上相匹配。第二、不允许在构成复合查询的各个查询中规定 ORDER BY 子句。第三、不允许在 BLOB、LONG 这样的大数据类型对象上使用集合操作符。

3.3.8 子查询

子查询和连接查询一样，都提供了使用单个查询访问多个表中数据的方法。子查询在其他查询的基础上，提供一种进一步有效的方式来表示 WHERE 子句中的条件。子查询是一个 SELECT 语句，可以在 SELECT、INSERT、UPDATE 或 DELETE 语句中使用。

虽然大部分子查询是在 SELECT 语句的 WHERE 子句中实现，但实际上它的应用并不仅仅局限于此。例如，也可以在 SELECT 和 HAVING 子句中使用子查询。

1. IN 关键字

使用 IN 关键字可以将原表中特定列的值，与子查询返回的结果集中的值进行比较，如果某行的特定列的值存在，则在 SELECT 语句的查询结果中就包含这一行。

【例 3-32】使用子查询查看所有部门在某一地区（1700）的雇员信息。

```
select employee_id,last_name,department_id
    from employees
    where department_id in (
        select department_id
        from departments
        where location_id=1700);
```

上述查询语句的运行结果如图 3.29 所示。

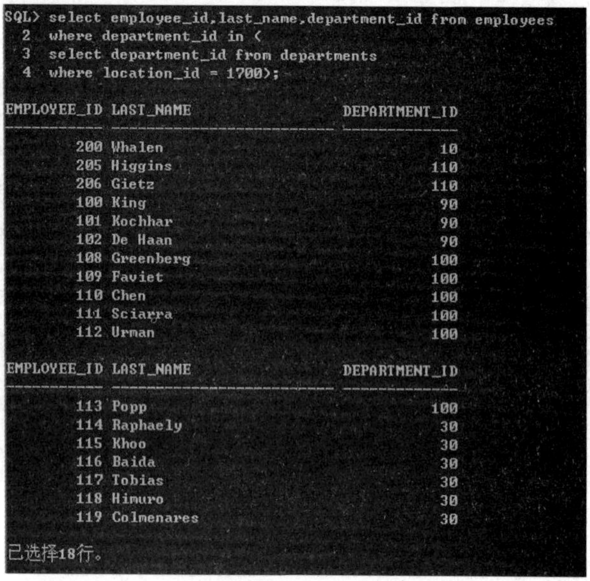

```
SQL> select employee_id,last_name,department_id from employees
  2  where department_id in (
  3  select department_id from departments
  4  where location_id = 1700);

EMPLOYEE_ID LAST_NAME                 DEPARTMENT_ID
----------- ------------------------- -------------
        200 Whalen                               10
        205 Higgins                             110
        206 Gietz                               110
        100 King                                 90
        101 Kochhar                              90
        102 De Haan                              90
        108 Greenberg                           100
        109 Faviet                              100
        110 Chen                                100
        111 Sciarra                             100
        112 Urman                               100

EMPLOYEE_ID LAST_NAME                 DEPARTMENT_ID
----------- ------------------------- -------------
        113 Popp                                100
        114 Raphaely                             30
        115 Khoo                                 30
        116 Baida                                30
        117 Tobias                               30
        118 Himuro                               30
        119 Colmenares                           30

已选择18行。
```

图 3.29　例 3-32 的运行结果示意图

该查询语句的执行顺序为：首先执行括号内的子查询，然后再执行外层查询。仔细观察括号内的子查询，可以看到该子查询的作用仅提供了外层查询 WHERE 子句所使用的限定条件。

单独执行该子查询则会将 DEPARTMENTS 表中所有 location_id 等于 1700 的部门编号全部返回：

```
select department_id from departments where location_id=1700;
```

这些返回值将由 IN 关键字用来与 EMPLOYEES 表中每一行的 DEPARTMENT_ID 列进行比较，若列值存在于这些返回值中，则外层查询会在结果集中显示该行。

在使用子查询时，子查询返回的结果必须和外层引用列的值在逻辑上具有可比较性。

2. EXISTS 关键字

在一些情况下，只需要考虑是否满足判断条件，而数据本身并不重要，这时就可以使用 EXISTS 关键字来定义子查询。EXISTS 关键字只注重子查询是否返回行，如果子查询返回一个或多个行，那么 EXISTS 便返回为 TRUE，否则为 FALSE。

要使 EXISTS 关键字有意义，则应在子查询中建立搜索条件。

以下查询语句返回的结果与例 3-32 相同：

```
select employee_id,last_name,department_id from employees em
    where exists(
        select * from departments dep
        where em.department_id=dep.department_id
        and location_id=1700);
```

在该语句中，外层的 SELECT 语句返回的每一行数据都要由子查询来评估。如果 EXISTS 关键字中指定的条件为真，查询结果就包含这一行；否则该行被丢弃。因此，整个查询的结果取决于内层的子查询。

由于 EXISTS 关键字的返回值取决于查询是否会返回行，而不取决于这些行的内容，因此对子查询来说，输出列表无关紧要，可以使用 "*" 代替。

3. 比较运算符

如果可以确认子查询返回的结果只包含一个单值，那么可以直接使用比较运算符连接子查询。经常使用的比较运算符包括等于（=）、不等于（<>）、小于（<）、大于（>）、小于等于（<=）和大于等于（>=）。

【例 3-33】查询 EMPLOYEES 表，将薪金大于本职位平均薪金的雇员信息显示出来。

```
select employee_id,last_name,job_id,salary
    from employees
    where job_id='PU_MAN' and
        salary>=(select avg(salary) from employees
        where job_id=' PU_MAN ');
```

上述查询语句的运行结果如图 3.30 所示。

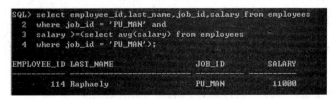

图 3.30　例 3-33 的运行结果示意图

注 意

在使用比较运算符连接子查询时，必须保证子查询的返回结果只包含一个值，否则整个查询语句将失败。

提 示

子查询的使用相对来说比较复杂，但同时也是最灵活、最强大的一种查询方式，需要多多进行练习，熟练掌握。

3.4 数据操纵

SQL 的数据操纵功能通过数据操纵语言（Data Manipulation Language，DML）实现，用于改变数据库中的数据。数据更新包括插入、删除和修改三种操作，对应 INSERT、DELETE 和 UPDATE 三条语句。在 Oracle 12c 中，DML 除了包括 INSERT、UPDATE 和 DELETE 语句之外，还包括 TRUNCATE、CALL、EXPLAIN PLAN、LOCK TABLE 和 MERGE 等语句。在本节中将对 INSERT、UPDATE、DELETE、TRUNCATE 等常用语句进行介绍。

3.4.1 INSERT 语句

INSERT 语句用于完成各种向数据表中插入数据的功能，可根据对列赋值一次插入一条记录，也可以根据 SELECT 查询子句获得的结果记录集批量插入指定数据表。

1. 一般 INSERT 语句

INSERT 语句主要用于向表中插入数据。INSERT 语句的语法如下：

```
INSERT INTO [user.]table [@db_link] [(column1[,column2]...)]
VALUES (express1[,express2]...)
```

其中，table 表示要插入的表名；db_link 表示数据库链接名；column1、column2 表示表的列名；VALUES 表示给出要插入的值列表。

在 INSERT 语句的使用方式中，最为常用的是在 INSERT INTO 子句中指定添加数据的列，并在 VALUES 子句中为各个列提供一个值。

【例 3-34】用 INSERT 语句向 JOBS 表添加一条记录，其结果如图 3.31 所示。

```
insert into jobs(job_id,job_title,min_salary,max_salary)
    values('IT_TEST',测试员',3000.00,8000.00)
```

图 3.31 例 3-34 的运行结果示意图

在向表的所有列添加数据时，也可以省略 INSERT INTO 子句后的列表清单，但使用这种方法时，必须根据表中定义的列的顺序，为所有的列提供数据。可以使用 DESC 命令查看表中列的定义顺序。

【例 3-35】使用 DESC 命令查看 JOBS 表中各列的定义次序，然后省略列表清单向表中添加一行记录，其结果如图 3.32 所示。

```
desc jobs
    insert into jobs values('IT_DBA','数据库管理员',5000.00,15000.00);
```

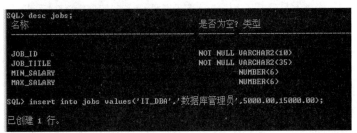

图 3.32　例 3-35 的运行结果示意图

如果上面示例的 VALUES 子句少指定了一个列的值，则在执行时就会收到如下的错误信息：

```
ORA-00947：没有足够的值
```

注 意

如果没有按正确的顺序提供各列的插入值，那么插入操作可能失败；也可能插入成功，但在表中则添加了一条错误的数据，这种情况造成的危害更大。因此，推荐使用明确指定插入数据的列名的方式进行 INSERT，它可以有效地避免上述两种错误的发生。

从上例的 DESC 命令的显示结果可以看出，JOB_ID 和 JOB_TITLE 列不能为 NULL，而 MIN_SALARY 和 MAX_SALARY 列则可以接受 NULL 值。也就是说，JOB_ID 和 JOB_TITLE 列被定义了 NOT NULL 约束，在添加数据时，必须为这两个列提供数据，而其余的两个列不受此限制。

【例 3-36】建立没有 MAX_SALARY 值的记录，其结果如图 3.33 所示。

```
insert into jobs(job_id,job_title,min_salary)   values('PP_MAN','产品经理',5000.00);
```

图 3.33　例 3-36 的运行结果示意图

如果某个列不允许 NULL 值存在，而用户没有为该列提供数据，则会因为违反相应的约束而插入失败。事实上，为了数据的完整性，在定义表的时候常常会添加许多完整性约束。例如在 JOBS 表中，为了保证表中每条记录的唯一性，为 JOB_ID 列定义了主键约束。再次尝试将上例运行一次，则因为违反主键约束而失败，运行结果如图 3.34 所示。

```
insert into jobs(job_id,job_title,min_salary) values('PP_MAN','产品经理',5000.00):
```

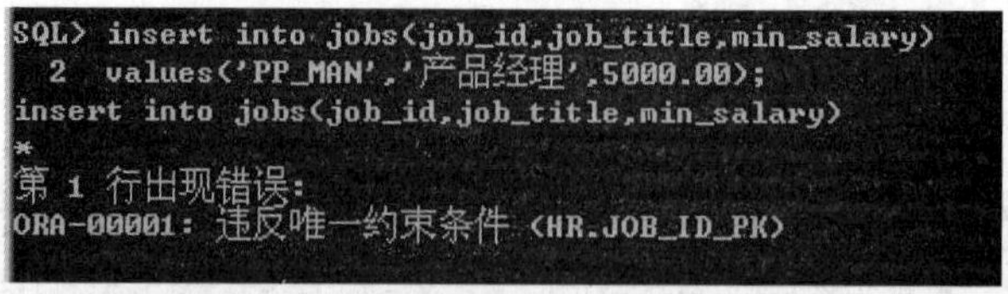

图 3.34　由于表的完整性约束插入失败

关于为表定义的完整性约束，将在后面的章节中介绍，这里需要记住的是在向表添加记录时，添加的数据必须符合为表定义的所有完整性约束。

2. 批量 INSERT

SQL 提供了一种成批添加数据的方法，即使用 SELECT 语句替换 VALUES 语句，由 SELECT 语句提供添加的数据，语法如下：

```
INSERT INTO [user.]table [@db_link] [(column1[,column2]...)] Subquery
```

其中，Subquery 是子查询语句，可以是任何合法的 SELECT 语句，其所选列的个数和类型应该与前边的 column 相对应。

【例 3-37】例 3-1 中我们建立了一个名为 IT_EMPLOYEES 的表，下面的示例将从 EMPLOYEES 表提取 department_id 等于"IT"的雇员信息，并保存到 IT_EMPLOYEES 中。

```
insert into IT_EMPLOYEES(
    employee_id,first_name,last_name,email,
    phone_number,job_id,salary,manager_id)
select em.employee_id,em.first_name,em.1ast_name,em.email,
        em.phone_number,em.job_id,em.salary,em.manager_id
    from employees em,departments dep
    where em.department_id=dep.department_id
    and dep.department_name='IT';
```

上述语句的运行结果如图 3.35 所示。

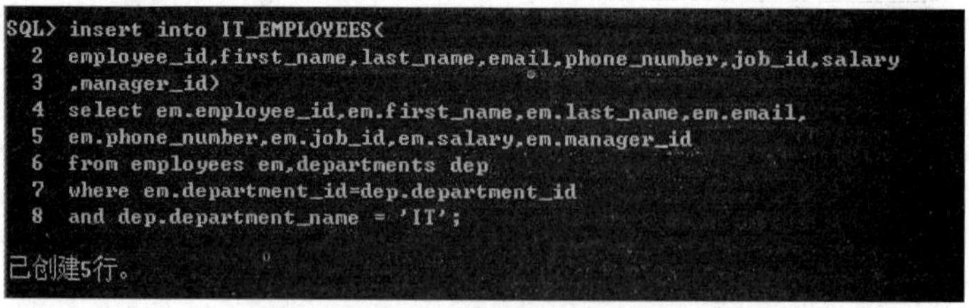

图 3.35　例 3-37 的运行结果示意图

从上面的运行结果可以看出，使用 INSERT 和 SELECT 的组合语句一次性为新创建的表添加了 5 行记录。

> **注 意**
>
> 在使用 INSERT 和 SELECT 的组合语句成批添加数据时，INSERT INTO 指定的列名可以与 SELECT 指定的列名不同，但是其数据类型必须相匹配，即 SELECT 返回的数据必须满足表中列的约束。

3.4.2 UPDATE 语句

当需要修改表中一列或多列的值时，可以使用 UPDATE 语句。使用 UPDATE 语句可以指定要修改的列和修改后的新值，再配合 WHERE 子句可以限定被修改的行。使用 UPDATE 语句修改数据的语法形式如下：

```
UPDATE table_name
SET {column1=express1[,column2=express2]
(column1[,column2])=(select query)}
[WHERE condition]
```

其中，各选项含义如下：

- UPDATE 子句用于指定要修改的表名称。需要后跟一个或多个要修改的表名称，这部分是必不可少的。
- SET 子句用于设置要更新的列以及各列的新值。需要后跟一个或多个要修改的表列，这也是必不可少的。
- WHERE 后跟更新限定条件，为可选项。

【例 3-38】使用 UPDATE 语句为所有程序员提高 15%的薪金，其运行结果如图 3.36 所示。

```
update employees
    set salary = salary * 1.15
    where job_id='IT_PROG';
```

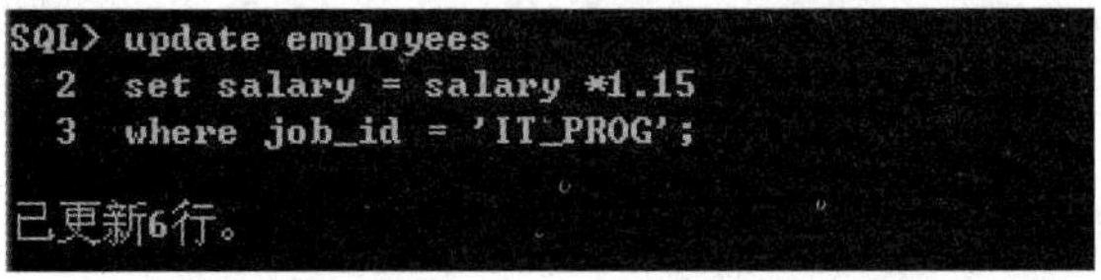

图 3.36　例 3-38 的运行结果示意图

以上使用 WHERE 子句限定更新薪金的人员为程序员（job_id='IT_PROG'），如果在使用 UPDATE 语句修改表时，未使用 WHERE 子句限定修改的行，则会更新整个表。

同 INSERT 语句一样，可以使用 SELECT 语句的查询结果来实现更新数据。

【例 3-39】使用 UPDATE 语句更新编号为 104 的雇员薪金，调整后的薪金为 IT 程序员的平均薪金。

```
update employees
    set salary=
```

```
       (select avg(salary)
            from employees
            where job_id='IT_PROG')
       where employee_id=104;
```

运行上述语句后的结果如图 3.37 所示。

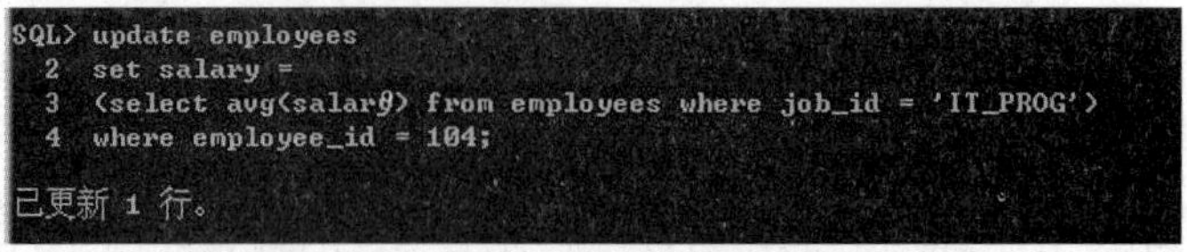

```
SQL> update employees
  2  set salary =
  3  (select avg(salary) from employees where job_id = 'IT_PROG')
  4  where employee_id = 104;

已更新 1 行。
```

图 3.37　例 3-39 的运行结果示意图

注　意

在使用 SELECT 语句提供新值时，必须保证 SELECT 语句返回单一的值。否则将会出现错误。

3.4.3　DELETE 语句

数据库向用户提供了添加数据的功能，那么一定也会向用户提供删除数据的功能。从数据库中删除记录可以使用 DELETE 语句来完成。就如同 UPDATE 语句一样，用户也需要规定从中删除记录的表，以及限定表中哪些行将被删除。

```
DALETE FROM table_name
[WHERE condition]
```

其中，关键字 DELETE FROM 后必须要跟准备从中删除数据的表名。

【例 3-40】一个简单的示例，从 IT_EMPLOYEES 表中删除一条记录。

```
delete from it_employees where employee_id=107;
```

上述删除语句的运行结果如图 3.38 所示。

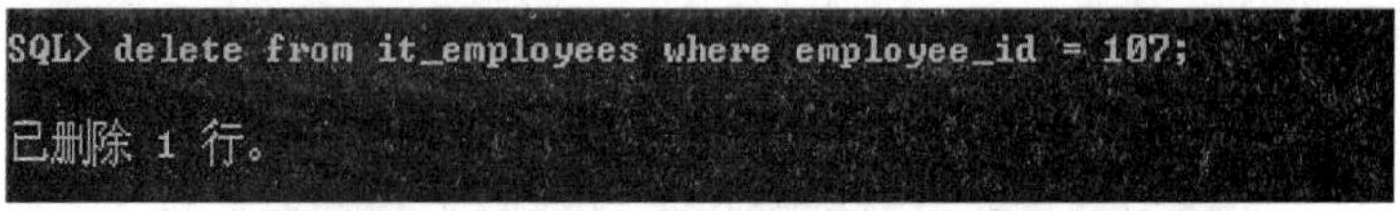

```
SQL> delete from it_employees where employee_id = 107;

已删除 1 行。
```

图 3.38　例 3-40 的运行结果示意图

提　示

建议使用 DELETE 语句一定要带上 WHERE 子句，否则将会把表中所有数据全部删除。

3.4.4　TRUNCATE 语句

如果用户确定要删除表中所有的记录，则建议使用 TRUNCATE 语句。使用 TRUNCATE 语句删除数据时，通常要比 DELETE 语句快许多。因为使用 TRUNCATE 语句删除数据时，它不会产生回滚信息，因此 TRUNCATE 操作也不能被撤销。

【例 3-41】使用 TRUNCATE 语句删除 IT_EMPLOYEES 表中所有的记录。

```
truncate table it_employees;
    select employee_id,last_name from it_employees;
```

运行上述语句后的结果如图 3.39 所示。

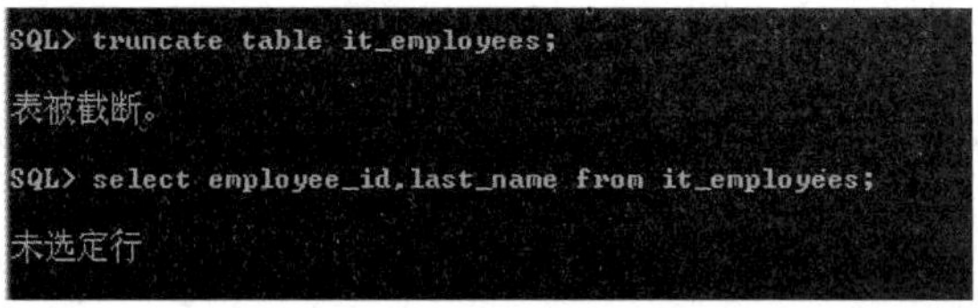

图 3.39　例 3-41 的运行结果示意图

在 TRUNCATE 语句中还可以使用关键字 REUSE STORAGE，表示删除记录后仍然保存记录占用的空间；与此相反，也可以使用 DROP STORAGE 关键字，表示删除记录后立即回收记录占用的空间。TRUNCATE 语句默认使用 DROP STORAGE 关键字。使用关键字 REUSE STORAGE 保留删除记录后的空间的 TRUNCATE 语句如下：

```
truncate table it_employees reuse stoage;
```

> **提示**
>
> 若使用 DELETE FROM TABLE_NAME 语句，则整个表中的所有记录都将被删除，只剩下一个表格的定义，在这一点上，语句作用的效果和 TRUNCATE TABLE TABLE_NAME 的效果相同。但是 DELETE 语句可以用 ROLLBACK 来恢复数据，而 TRUNCATE 语句则不能。

3.5　数据控制

SQL 定义完整性约束条件的功能主要体现在 CREATE TABLE 语句和 ALTER TABLE 语句中，可以在这些语句中定义主键、取值唯一的列、不允许空值的列、外键（参照完整性）及其他一些约束条件。在 SQL 中，数据控制功能包括事务管理功能和数据保护功能，即数据库的恢复、并发控制、数据库的安全性和完整性控制等。本节将主要介绍 SQL 的安全性控制功能，由于某个用户对某类数据具有何种操作权力是个需求问题而不是技术问题，数据库管理系统的功能是保证这些决定的执行。因此，DBMS 必须具备以下功能：

- 将授权的决定告知系统，这是由 SQL 的 GRANT 和 REVOKE 语句来完成的。
- 将授权的结果存入数据字典。
- 当用户提出操作请求时，根据授权情况进行检查，以决定是否执行操作请求。

3.5.1　GRANT 语句

SQL 语言用 GRANT 语句向用户授予操作权限，GRANT 语句的一般格式为：

```
GRANT <权限>[, <权限>]...
```

```
[ON<对象类型><对象名>]
TO<用户>[, <用户>]…
[WITH GRANT OPTION]
```

提 示

上述语句的语义即将指定操作对象的指定操作权限授予指定的用户。

　　对于不同类型的操作对象有不同的操作权限，对属性列和视图的操作权限包括查询（SELECT）、插入（INSERT）、修改（UPDATE）、删除（DELETE）以及这 4 种权限的总和（ALL PRIVILEGES）。对基表的操作权限包括查询、插入、修改、删除、修改表（ALTER）和建立索引（INDEX）以及这六种权限的总和。对数据库可以有建立表（CREATETAB）的权限，该权限属于 DBA，可由 DBA 授予普通用户，普通用户拥有此权限后可以建立基表，基表的所有者（Owner）拥有对该表的一切操作权限。

　　常见的操作权限如表 3.4 所示。

表 3.4　不同对象类型允许的操作权限

对象	对象类型	操作权限
属性列	TABLE	SELECT、INSERT、UPDATE、DELETE、ALL PRIVILEGES
视图	TABLE	SELECT、INSERT、UPDATE、DELETE、ALL PRIVILEGES
基表	TABLE	SELECT、INSERT、UPDATE、DELETE、ALTER、INDEX、ALL PRIVILEGES
数据库	DATABASE	CREATETAB

　　接受权限的用户可以是一个或多个具体用户，也可以是 PUBLIC，即全体用户。如果指定了 WITH GRANT OPTION 子句，则获得某种权限的用户还可以把这种权限再授予其他的用户。如果没有指定 WITH GRANT OPTION 子句，则获得某种权限的用户只能使用该权限，但不能传播该权限。

　　以下将通过几个例子来说明 GRANT 语句的使用，由于以下例子中的用户 User1 至 User8 均为用户示意，故不再给出结果示意图，读者可自行创建用户演练。

　　【例 3-42】把查询 IT_EMPLOYEES 表的权限授予用户 User1。

```
GRANT SELECT
    ON TABLE IT_EMPLOYEES
    TO User1;
```

　　【例 3-43】把对 IT_EMPLOYEES 表和 JOBS 表的全部操作权限授予用户 User2 和 User3。

```
GRANT ALL PRIVILEGES
    ON TABLE IT_EMPLOYEES,JOBS
    TO User2,User3;
```

　　【例 3-44】把对表 DEPARTMENTS 的查询权限授予所有用户。

```
GRANT SELECT
    ON TABLE DEPARTMENTS
    TO PUBLIC;
```

【例 3-45】把查询 IT_EMPLOYEES 表和修改雇员编号的权限授予用户 User4。

```
GRANT UPDATE(EMPLOYEE_ID),SELECT
    ON TABLE IT_EMPLOYEES TO User4;
```

这里实际上要授予 User4 用户的是对基表 IT_EMPLOYEES 的 SELECT 权限和对属性列 EMPLOYEE_ID 的 UPDATE 权限。授予关于属性列的权限时必须明确指出属性列名。

【例 3-46】把对表 DEPARTMENTS 的 INSERT 权限授予 User5 用户，并允许将此权限再授予其他用户。

```
GRANT INSERT
    ON TABLE DEPARTMENTS
    TO User5 WITH GRANT OPTION;
```

执行此 SQL 语句后，User5 不仅拥有了对表 DEPARTMENTS 的 INSERT 权限，还可以传播此权限，即由 User5 用户使用上述 GRANT 命令给其他用户授权。

【例 3-47】User5 将此权限授予 User6。

```
GRANT INSERT
    ON TABLE DEPARTMENTS
    TO User6 WITH GRANT OPTION;
```

【例 3-48】User6 将此权限授予 User7。

```
GRANT INSERT
    ON TABLE DEPARTMENTS
    TO User7;
```

因为 User6 未给 User7 传播的权限，因此 User7 不能再传播此权限。

【例 3-49】DBA 把在数据库 DB_EMPLOYEES 中建立表的权限授予用户 User8。

```
GRANT CREATETAB
    ON DATABASE DB_EMPLOYEES
    TO User8;
```

由上面的例子可以看到，GRANT 语句可以一次向一个用户授权，如例 3-42 所示，这是最简单的一种授权操作；也可以一次向多个用户授权，如例 3-43、例 3-44 等所示；还可以一次传播多个同类对象的权限，如例 3-43 所示；甚至一次可以完成对基表、视图和属性列这些不同对象的授权，如例 3-45 所示。

注意

授予关于 DATABASE 的权限必须与授予关于 TABLE 的权限分开，这是因为对象类型不同。

3.5.2 REVOKE 语句

授予的权限可以由 DBA 或其他授权者用 REVOKE 语句收回，REVOKE 语句的一般格式为：

```
REVOKE<权限>[,<权限>]...
[ON   <对象类型><对象名>]
FROM<用户> [,<用户>]...;
```

【例 3-50】把用户 User4 修改雇员编号的权限收回。

```
REVOKE UPDATE(EMPLOYEE_ID)
    ON TABLE IT_EMPLOYEES
    FROM User4;
```

【例 3-51】收回所有用户对表 DEPARTMENTS 的查询权限。

```
REVOKE SELECT
    ON TABLE DEPARTMENTS
    FROM PUBLIC;
```

【例 3-52】把用户 User5 对 DEPARTMENTS 表的 INSERT 权限收回。

```
REVOKE INSERT
    ON TABLE DEPARTMENTS
    FROM User5;
```

在例 3-47 中，User5 将对 DEPARTMENTS 表的 INSERT 权限授予了 User6，而 User6 又将其授予了 User7。执行例 3-52 的 REVOKE 语句后，DBMS 在收回 User5 对 DEPARTMENTS 表的 INSERT 权限的同时，还会自动收回 User6 和 User7 对 DEPARTMENTS 表的 INSERT 权限。也就是说，收回权限的操作会级联下去。但如果 User6 或 User7 还从其他用户处获得对 DEPARTMENTS 表的 INSERT 权限，则他们仍具有此权限，系统只收回直接或间接从 User5 处获得的权限。

可见，SQL 提供了非常灵活的授权机制，DBA 拥有对数据库中所有对象的所有权限，并可以根据应用的需要将不同的权限授予不同的用户。用户对自己建立的基表和视图拥有全部的操作权限，并且可以用 GRANT 语句把其中某些权限授予其他用户。被授权的用户如果有"继续授权"的许可，还可以把获得的权限再授予其他用户。所有授予出去的权力在必要时又都可以用 REVOKE 语句收回。

3.6 Oracle 常用函数

在 SQL 乃至 SQL 编程中，经常会使用 DBMS 提供的函数来完成用户所需要的功能。针对不同的 DBMS 系统，所提供的函数都不尽相同，本小节将对 Oracle 中的一些常用函数进行介绍，如字符类函数、数学类函数、日期类函数、转换类函数、聚集类函数以及其他函数等。

以下主要通过对字符类函数的详细说明来使读者对 Oracle 函数建立一个印象，其他类的函数通过列表的形式给出，读者可以自行演练。

3.6.1 字符类函数

字符类函数是专门用于字符处理的函数，处理的对象可以是字符串常数，也可以是字符类型的列。常用的字符函数如下所示。

1. ASCII(<c1>)

该函数用于返回c1第一个字母的ASCII码，其中cl是字符串。它的逆函数是CHR()。

【例3-53】ASCII函数示例。

```
select ASCII('A')  BIG_A, ASCII('a') SMALL_A FROM dual;
```

上述查询语句的运行结果如图3.40所示。

图3.40　例3-53的运行结果示意图

2. CHR(<i>)

该函数用于返回i对应的ASCII码，其中i是一个数字。

【例3-54】CHR函数示例。

```
select CHR(65),CHR(97) FROM dual;
```

上述查询语句的运行结果如图3.41所示。

图3.41　例3-54的运行结果示意图

3. CONCAT(cl,c2)

该函数将c2连接到c1的后面，如果cl为null，将返回c2；如果c2为null，则返回c1；如果c1、c2都为null，则返回null。其中，c1、c2均为字符串，它和操作符"||"返回的结果相同。

【例3-55】CONCAT函数示例。

```
select concat('Oracle ','12c') name from dual;
```

上述查询语句的运行结果如图3.42所示。

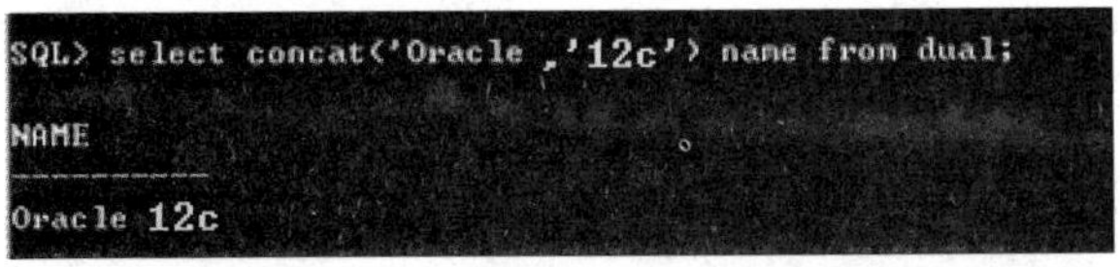

![SQL> select concat('Oracle ,'12c') name from dual; NAME Oracle 12c]

图3.42　例3-55的运行结果示意图

4. INITCAP(c1)

该函数将 c1 中每个单词的第一个字母大写，其他字母小写返回。单词由空格、控制字符、标点符号限制。其中 c1 为字符串。

【例 3-56】INITCAP 函数示例。

```
select INITCAP('oracle universal installer') name from dual;
```

上述查询语句的运行结果如图 3.43 所示。

图 3.43　例 3-56 的运行结果示意图

5. INSTR(cl,[c2,<i>[,j]])

该函数用于返回 c2 在 c1 中第 j 次出现的位置，搜索从 c1 的第 i 个字符开始。当没有发现需要的字符时返回 0，如果 i 为负数，那么搜索将从右到左进行，但是位置还是按从左到右来计算，i 和 j 的默认值为 1。其中，c1、c2 均为字符串，i、j 为整数。

【例 3-57】INSTR 函数示例 1。

```
select INSTR('Moisossoppo','o',3,3) from dual;
```

【例 3-58】INSTR 函数示例 2。

```
select INSTR('Moisossoppo','o',-2,3)from dual;
```

> **提示**
>
> INSTRB(cl,[c2,<i>[,j]])与 INSTR()函数一样，只是其返回的是字节，对于单字节，INSTRB()等于 INSTR()。

上述查询语句的运行结果如图 3.44 所示。

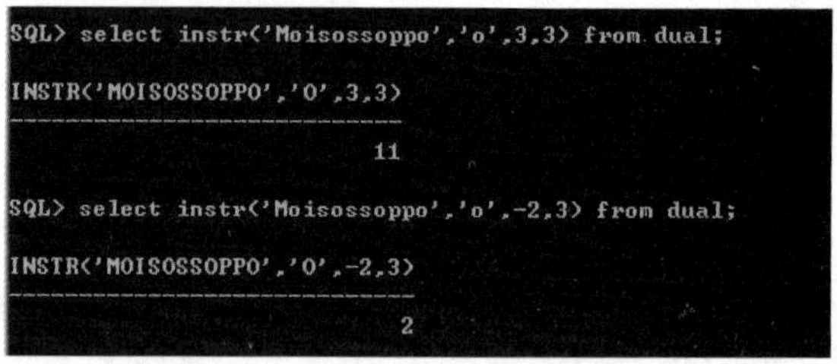

图 3.44　例 3-57、例 3-58 的运行结果示意图

6. LENGTH(c1)

该函数用于返回 c1 的长度，如果 c1 为 null，那么将返回 null 值。其中 c1 为字符串。

【例 3-59】LENGTH 函数示例。

```
select LENGTH('Oracle 12c') name from dual;
```

上述查询语句的运行结果如图 3.45 所示。

图 3.45   例 3-59 的运行结果示意图

7. LOWER(c1)

该函数用于返回 c1 的小写字母,经常出现在 WHERE 子句中。

【例 3-60】LOWER 函数示例。

select LOWER(job_id) ,job_title from JOBS WHERE LOWER(job_id) LIKE 'it%';

上述查询语句的运行结果如图 3.46 所示。

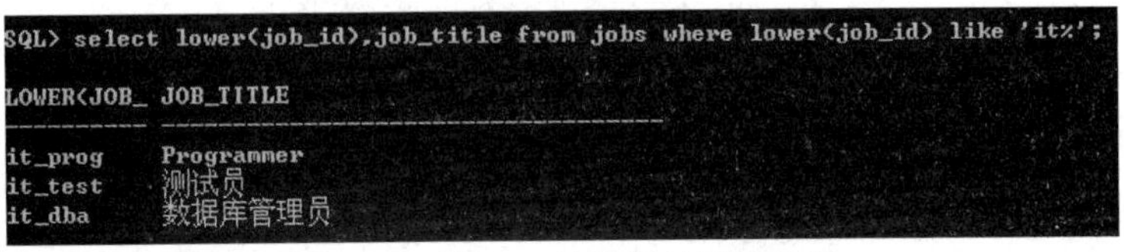

图 3.46   例 3-60 的运行结果示意图

8. LTRIM(cl,c2)

该函数表示将 c1 中最左边的字符去掉,使其第一个字符不在 c2 中,如果没有 c2,那么 c1 就不会改变。

【例 3-61】LTRIM 函数示例。

select LTRIM('Moisossoppo','Mois')from dual;

上述查询语句的运行结果如图 3.47 所示。

```
SQL> select ltrim('Moisossoppo','Mois') from dual;

LTR
---
ppo
```

图 3.47   例 3-61 的运行结果示意图

9. REPLACE(c1,c2[,c3])

该函数用 c3 代替出现在 cl 中的 c2 后返回,其中 cl、c2、c3 都是字符串。

【例 3-62】REPLACE 函数示例。

select REPLACE('feelblue','blue','yellow') from dual;

上述查询语句的运行结果如图 3.48 所示。

```
SQL> select replace('feelblue','blue','yellow') from dual;

REPLACE('F
----------
feelyellow
```

图 3.48   例 3-62 的运行结果示意图

10. SUBSTR(c1,<i>[,j])

该函数表示从 c1 的第 i 位开始返回长度为 j 的子字符串，如果 j 为空，则直到串的尾部。其中，c1 为一字符串，i、j 为整数。

【例 3-63】SUBSTR 函数示例。

```
select SUBSTR('Message',1,4)from dual;
```

上述查询语句的运行结果如图 3.49 所示。

图 3.49　例 3-63 的运行结果示意图

提　示

函数 SUBSTRB(c1,<i>[,j])与 SUBSTR 大致相同，只是 i,j 是以字节计算。此外，函数 TRIM(c1) 用于将 c1 的前后空格删除，函数 UPPER(c1)用于返回 c1 的大写字母。

3.6.2　数学类函数

数学函数操作数字数据，执行数学和算术运算。所有函数都有数字参数并返回数字值。需要注意的是所有三角函数的操作数和值都是弧度而不是角度。同时，在 Oracle 中并没有提供内建的弧度和角度的转换函数。

数学类函数的介绍如表 3.5 所示。

表 3.5　数学类函数介绍

函数	意义
ABS(n)	用于返回 n 的绝对值
ACOS(n)	反余弦函数，用于返回-1～1 之间的数，n 表示弧度
ASIN(n)	反正弦函数，用于返回-1～1 之间的数，n 表示弧度
ATAN(n)	反正切函数，用于返回 n 的反正切值，n 表示弧度
CEIL(n)	用于返回大于或等于 n 的最小整数
COS(n)	用于返回 n 的余弦值，n 为弧度
COSH(n)	用于返回 n 的双曲余弦值，n 为数字
EXP(n)	用于返回 e 的 n 次幂，e=2.71828183
FLOOR(n)	用于返回小于等于 n 的最大整数
LN(n)	用于返回 n 的自然对数，n 必须大于 0
LOG(n1,n2)	用于返回以 n1 为底 n2 的对数

续表

函数	意义
MOD(n1,n2)	用于返回 n1 除以 n2 的余数
POWER(n1,n2)	用于返回 n1 的 n2 次方
ROUND(n1,n2)	用于返回舍入小数点右边 n2 位的 n1 的值，n2 的默认值为 0，这会返回小数点最接近的整数，如果 n2 为负数就舍入到小数点左边相应的位上，n2 必须是整数
SIGN()	若 n 为负数，则返回-1，若 n 为正数，则返回 1，若 n=0，则返回 0
SIN(n)	用于返回 n 的正弦值，n 为弧度
SINH(n)	用于返回 n 的双曲正弦值，n 为弧度
SQRT(n)	用于返回 n 的平方根，n 为弧度
TAN(n)	用于返回 n 的正切值，n 为弧度
TANH(n)	用于返回 n 的双曲正切值，n 为弧度
TRUNC(n1,n2)	用于返回截尾到 n2 位小数的 n1 的值，n2 默认设置为 0，当 n2 为默认设置时会将 n1 截尾为整数，如果 n2 为负值，就截尾在小数点左边相应的位上

3.6.3 日期类函数

日期函数操作 DATE 数据类型，绝大多数都有 DATE 数据类型的参数，且其返回值也大都为 DATE 数据类型。

日期类函数的介绍如表 3.6 所示。

表 3.6 日期类函数

函数	意义
ADD_MONTHS(d,<i>)	返回日期 d 加上 i 个月后的结果。其中，i 为任意整数。若 i 是一个小数，则数据库将隐式地将其转换成整数，并截去小数点后面的部分
LAST_DAY(d)	返回包含日期 d 月份的最后一天
MONTHS_BETWEEN(d1,d2)	返回 d1 和 d2 之间月的数目，若 d1 和 d2 的日期都相同，或者都是该月的最后一天，则返回一个整数，否则返回的结果将包含一个分数
NEW_TIME(d1,tz1,tz2)	其中，d1 是一个日期数据类型，当时区 tz1 中的日期和时间是 d1 时，返回时区 tz2 中的日期和时间。tz1 和 tz2 是字符串
SYSDATE	返回当前日期和时间，该函数没有参数

3.6.4 转换类函数

转换函数用于操作多数据类型，在数据类型之间进行转换。在使用 SQL 语句进行数据操作时，经常使用到这一类函数。

转换类函数的介绍如表 3.7 所示。

表 3.7　转换类函数

函数	意义
CHARTORWID(c1)	该函数将 c1 转换为 RWID 数据类型，其中 c1 是一个字符串
CONVERT(c1,dset[,sset])	该函数将字符串 c 由 sset 字符集转换为 dset 字符集，sset 的默认设置为数据库的字符集，其中 c1 为字符串，dset、sset 是两个字符集
ROWIDTOCHAR()	该函数将 ROWID 数据类型转换为 CHAR 数据类型
TO_CHAR(x[,fmt[nlsparm,]])	该函数将 x 转换为字符串
TO_DATE(c1[,fmt[nlsparm,]])	函数将字符串 c1 转换成 DATE 数据类型，其中 c1 表示字符串，fmt 表示一种特殊格式的字符串。即返回按照 fmt 格式显示的 c1，nlsparm 表示返回的月份和日期所使用的语言
TO_MULTI_BYTE(c1)	该函数将 c1 的单字节字符转换成多字节字符，其中 c1 表示一个字符串
TO_NUMBER(c1[,fmt[nlsparm,]])	函数将返回 c1 代表的数字，返回值将按照 fmt 指定的格式显示。其中，c1 表示字符串；fmt 表示一个特殊格式的字符串；nlsparm 表示语言
TO_SINGLE_BYTE(c1)	将字符串 c1 中的多字节字符转换成等价的单字节字符。该函数仅当数据库字符集同时包含单字节和多字节字符时才使用

3.6.5　聚集类函数

聚集类函数也称为集合函数，返回基于多个行的单一结果，行的准确数量无法确定，除非查询被执行并且所有的结果都被包含在内。与单行函数不同的是，在解析时所有的行都是已知的。由于这种差别使聚集类函数与单行函数在要求和行为上有微小的差异。

Oracle 提供了丰富的聚集类函数。这些函数可以在 SELECT 或 SELECT 的 HAVING 子句中使用，当用于 SELECT 子句时常常与 GROUP BY 一起使用。

聚集类函数的介绍如表 3.8 所示。

表 3.8　聚集类函数

函数	意义
AVG(x[{DISTINCT|ALL}])	用于返回数值的平均值。默认设置为 ALL
COUNT(x[{DISTINCT|ALL}])	用于返回查询中行的数目，默认设置是 ALL，表示返回所有的行
MAX(x[{DISTINCT|ALL}])	用于返回选择列表项目的最大值，若 x 是字符串数据类型，则它返回一个 VARCHAR2 数据类型；若 x 是一个 DATE 数据类型，则返回一个日期；若 x 是 NUMERIC 数据类型，则返回一个数字。注意 DISTINCT 和 ALL 不起作用，因为最大值与这两种设置是相同的

续表

函数	意义
MIN(x[{DISTINCT|ALL}])	用于返回选择列表项目的最小值
STDDEV(x[{DISTINCT]ALL}])	用于返回选择的列表项目的标准差，所谓标准差是方差的平方根
SUM(x[{DISTINCT|ALL})	用于返回选择列表项目的数值的总和
VARIANCE(x[{DISTINCT|ALL}])	用于返回选择列表项目的统计方差

注 意

　　在 Oracle 基于数据仓库的经营分析系统中，还使用了大量的专门用于分析的分析函数，本文中不再进行介绍。

第4章

Oracle PL/SQL 及编程

　　SQL 只是访问、操作数据库的语言，而并不是一种程序设计语言，因此不能用于程序开发。PL/SQL（Procedural Language/SQL）是 Oracle 在标准 SQL 上进行过程性扩展后形成的程序设计语言，是 Oracle 数据库特有的、支持应用开发的语言。

4.1　PL/SQL 简介

　　PL/SQL 是深入掌握和应用 Oracle 数据库的基础，它在 Oracle 数据库应用系统开发中具有重要作用，在允许运行 Oracle 的任何操作系统平台上均可运行 PL/SQL 程序。

4.1.1　PL/SQL 的基本结构

　　和所有过程化语言一样，PL/SQL 也是一种模块式结构的语言，其大体结构如下：

```
DECLARE
    --声明一些变量、常量、用户定义的数据类型以及游标等
    --这一部分可选，如不需要可以不写
BEGIN
    --主程序体，在这可以加入各种合法语句
EXCEPTION
    --异常处理程序，当程序中出现错误时执行这一部分
END;   --主程序体结束
```

从上面这个结构可以看出，它包含 3 个基本部分：声明部分（Declarative Section）、执行部分（Executable Section）和异常处理部分（Exception Section）。其中，只有执行

部分是必须的，其他两个部分都是可选的。需要强调的是，该结构最后的分号是必须的。

如果没有声明部分，结构就以 BEGIN 关键字开头，如果没有异常处理部分，关键字 EXCEPTION 将被省略，END 关键字后面紧跟着一个分号结束该块的定义，这样，仅包含执行部分的结构定义如下所示：

```
BEGIN
    /*执行部分*/
END;
```

如果一个块带有声明和执行部分，但是没有异常处理部分，其定义如下：

```
DECLARE
    /*声明部分*/
BEGIN
    /*执行部分*/
END;
```

4.1.2 PL/SQL 注释

注释（Comment）增强了程序的阅读性，使得程序更易于理解。这些注释在进行编译时被 PL/SQL 编译器忽略。注释有单行注释和多行注释两种，这与许多高级语言的注释风格是一样的。

1. 单行注释

单行注释由两个连字符开始，一直到行尾（回车符标志着注释的结束）。假设有如下 PL/SQL 块：

```
DECLARE
V_Department CHAR(3);
V_Course NUMBER;
BEGIN
INSERT INTO classes    (department,course)
    VALUES(V_Department,V_Course);
END;
```

用户可以加上单行注释，使得此块更加容易理解。

【例 4-1】单行注释说明见程序清单 4.1。

程序清单 4.1：comments1.sql

```
DECLARE
V_Department CHAR(3);                    --保存三个字符的变量
                                        --系代码
V_Course NUMBER;                        --保存课程号的变量
BEGIN

    INSERT INTO classes(department,course)    --插入一条记录
        VALUES    (V_Department,V_Course);
END;
```

2. 多行注释

多行注释由/*开头，由*/结尾，这和 C 语言是一样的。

【例 4-2】多行注释说明见程序清单 4.2。

程序清单 4.2：comments2.sql

```
DECLARE
v_Department CHAR(3);          /*保存三个字符的变量，系代码*/
V_course NUMBER   ;            /*保存课程号的变量。/
BEGIN
/*插入一条记录*/
INSERT INTO classes   (department,course)
    VALUES(V_Department,V_Course);
END;
```

4.1.3 PL/SQL 字符集

任何一门语言都有其完整的字符集和关键词集合，本节对 Oracle 的所有合法字符集进行介绍，并详细阐述 Oracle 中的各种分界符。

1. 合法字符集

所有的 PL/SQL 程序都是由一些字符序列编写而成的，这些字符序列中的字符取自 PL/SQL 语言所允许使用的字符集。该字符集包括：

- 大写和小写字母，A~Z 和 a~z。
- 数字 0~9。
- 非显示的字符、制表符、空格和回车。
- 数学符号+，-，*，/，<，>，=。
- 间隔符，包括()，{}，[]，?，!，;，:，'，"，@，#，%，$，^，&等。

以上字符集中的所有符号并且只有这些符号可以在 PL/SQL 程序中使用。类似于SOL，除了由引号引起来的字符串以外，PL/SQL 不区分字母的大小写。标准 PL/SQL 字符集是 ASCII 字符集的一部分。ASCII 是一个单字节字符集，这就是说每个字符可以表示为一个字节的数据，该性质将字符总数限制在最多为 256 个。

2. 分界符

分界符（Delimiter）是对 PL/SQL 有特殊意义的符号（单字符或者字符序列）。它们用来将标识符相互分割开。表 4.1 列出了在 PL/SQL 中可以使用的分界符。

表 4.1 PL/SQL 分界符

符号	意义	符号	意义
+	加法操作符	< >	不等于操作符
-	减法操作符	!=	不等于操作符
*	乘法操作符	~=	不等于操作符
/	除法操作符	^=	不等于操作符
=	等于操作符	<=	小于等于操作符
>	大于操作符	>=	大于等于操作符
<	小于操作符	:=	赋值操作符
(	起始表达式分界符	=>	链接操作符
)	终结表达式操作符	..	范围操作符
;	语句终结符	||	串连接操作符
%	属性指示符	<<	起始标签分界符
,	项目分隔符	>>	终结标签分界符
@	数据库链接指示符	--	单行注释指示符
/	字符串分界符	/*和*/	多行注释起始符; 多行注释终止符
:	绑定变量指示符	\<space\>	空格
**	指数操作符	\<tab\>	制表符

4.1.4 PL/SQL 数据类型

PL/SQL 定义的数据类型很多，在这里只讨论编写 PL/SQL 程序时最经常使用的数据类型，掌握这些简单的数据类型有助于编写一些复杂的程序。下面将对常用数据类型进行介绍。

1. 数字类型

数字类型变量存储整数或者实数。它包含 NUMBER、PLS_INTEGER 和 BINARY_INTEGER 三种基本类型。其中，NUMBER 类型的变量可以存储整数或浮点数，而 BINARY_INTEGER 或 PLS_INTEGER 类型的变量只存储整数。

NUMBER(P,S)是一种格式化的数字，其中 P 是精度，S 是刻度范围。精度是数值中所有有效数字的个数，而刻度范围是小数点右边数字位的个数。精度和刻度范围都是可选的，但是如果指定了刻度范围，那么也必须指定精度。

　　"子类型"（Subtype）是类型的一个候选名，它是可选的，可以使用它来限制子类型变量的合法取值。有多种与 NUMBER 等价的子类型，实际上，它们是重命名的 NUMBER 数据类型。有时候可能出于可阅读性的考虑或者为了与来自其他数据库的数据类型相兼容会使用候选名。这些等价的类型包括 DEC、DECIMAL、DOUBLE PRECISION、INTEGER、INT、NUMERIC、REAL、SMALLINT、BINARY_INTEGER、PLS_INTEGER

　　2. 字符类型

　　字符类型变量用来存储字符串或者字符数据。其类型包括 VARCHAR2、CHAR、LONG、NCHAR 和 NVARCHAR2（后两种类型在 PL/SQL8.0 以后才可以使用）。

　　VARCHAR2 类型和数据库类型中的 VARCHAR2 类似，可以存储变长字符串，声明语法为：

```
VARCHAR2(MaxLength);
```

　　其中，MaxLength 是字符串的最大长度，必须在定义中给出，因为系统没有默认的最大长度。MaxLength 最大可以是 32767 字节，这一点与数据库类型的 VARCHAR2 有所不同，数据库类型的 VARCHAR2 的最大长度是 4000 字节，所以一个长度大于 4000 字节的 PL/SQL 类型 VARCHAR2 变量不可以赋值给数据库中的一个 VARCHAR2 变量，而只能赋给 LONG 类型的数据库变量。

┌─ 说 明 ─────────────────────────────────
　　数据库变量和 PL/SQL 的变量是两个不同的概念。在创建表时的变量都是数据库变量。如 CREATE TABLE a(name VARCHAR2(30)); 这里的 name 就是数据库变量，VARCHAR2 就是数据库变量类型。
└──────────────────────────────────────

　　CHAR 类型表示定长字符串。声明语法为：

```
CHAR(MaxLength);
```

　　MaxLength 也是最大长度，以字节为单位，最大为 32767 个字节。与 VARCHAR2 不同，MaxLength 可以不指定，默认为 1。如果赋给 CHAR 类型的值不足 MaxLength，则在其后面用空格补全，这也是不同于 VARCHAR2 的地方。注意，数据库类型中的 CHAR 只有 2000 字节，所以如果 PL/SQL 中 CHAR 类型的变量长度大于 2000 个字节，则不能赋给数据库中的 CHAR。

　　LONG 类型变量是一个可变的字符串，最大长度是 32760 字节。LONG 变量与 VARCHAR2 变量类似。数据库类型的 LONG 长度最大可达 2 GB，所以几乎任何字符串变量都可以赋值给它。

3. 日期类型

日期类型中只有一种类型——DATE，用来存储日期和时间信息，包括世纪、年、月、天、小时、分钟和秒。DATE 变量的存储空间是 7 个字节，每个部分占用一个字节。

4. 布尔类型

布尔类型中的唯一类型是 BOOLEAN，主要用于控制程序流程。一个布尔类型变量的值可以是 TRUE、FALSE 或 NULL。

5. type 定义的数据类型

上面介绍了几种常用的数据类型，下面来介绍一下如何定义数据类型，它类似 C 语言中的结构类型。

定义数据类型的语句格式如下：

```
type<数据类型名>is<数据类型>;
```

在 Oracle 中允许用户定义两种数据类型，它们是 RECORD（记录类型）和 TABLE（表类型）。

【例 4-3】使用 type 定义 teacher_record 记录变量：

```
type teacher_record is RECORD
(
    TID NUMBER(5)NOT NULL:=0,
    NAME VARCHAR2(50),
    TITLE VARCHAR2(50),
    SEX CHAR(1)
);
```

该 RECORD 定义后，在以后的使用中就可以定义基于 teacher_record 的记录变量。

【例 4-4】定义一个 teacher_record 类型的记录变量 ateacher。

```
ateacher teacher_record;
```

引用这个记录变量时要指明内部变量，如 ateacher.tid 或 ateacher.name。

另外，PL/SQL 还提供了%TYPE 和%ROWTYPE 两种特殊的变量，用于声明与表的列相匹配的变量和用户定义数据类型，前一个表示单属性的数据类型，后一个表示整个属性列表的结构，即元组的类型。

【例 4-5】将上述例 4-3 中的 teacher_record 定义成：

```
type teacher_record is RECORD
(
    TID TEACHERS. TID%TYPE NOT NULL:=0,
    NAME TEACHERS. NAME%TYPE,
    TITLE TEACHERS. TITLE%TYPE,
```

```
SEX TEACHERS.SEX%TYPE
);
```

也可以定义一个与表 TEACHERS 的结构类型一致的记录变量，如下所示：

```
teacher_record TEACHERS%ROWTYPE;
```

4.1.5　PL/SQL 变量和常量

在 PL/SQL 程序运行时，需要定义一些变量来存放一些数据。PL/SQL 中的常量和变量定义介绍如下。

1. 定义常量

定义常量的语句格式如下：

```
<常量名>constant<数据类型>:=<值>;
```

其中，关键字 constant 表示是在定义常量。常量一旦定义，在以后的使用中其值将不再改变。一些固定的大小为了防止有人改变，最好定义成常量。例如：

```
Pass_Score constant INTEGER:=60;
```

> **提 示**
>
> 上述语句定义了一个及格线的常量 Pass_Score，它的类型为整型，值为 60。

2. 定义变量

定义变量的语句格式如下：

```
<变量名><数据类型>[(宽度):=<初始值>];
```

可见，变量定义时没有关键字，但要指定数据类型，宽度和初始值可以定义也可以不定义，根据需要灵活使用。例如：

```
address VARCHAR2(30);
```

上述语句定义了一个有关住址的变量，它是变长字符型，最大长度为 30 个字符。此例中并没有指定初始值。

3. 变量初始化

许多语言没有规定未经过初始化的变量中应该存放什么内容。因此在运行时刻，未初始化的变量就可能包含随机的或者未知的取值。在一种语言中，允许使用未初始化变量并不是一种很好的编程风格。一般而言，如果变量的取值可以被确定，那么最好为其初始化一个数值。

但是，PL/SQL 定义了一个未初始化变量应该存放的内容，被赋值为 NULL。NULL 意味着"未定义或未知的取值"。换句话讲，NULL 可以被默认地赋值给任何未经过初始化的变量。这是 PL/SQL 的一个独到之处。许多程序设计语言没有定义未初始化变量的取值。

4.1.6　PL/SQL 语句控制结构

结构控制语句是所有过程性程序语言的关键，因为只有能够进行结构控制才能灵活地实现各种操作和功能，PL/SQL 也不例外，其主要控制语句如表 4.2 所示。

表 4.2 PL/SQL 控制语句列表

控制语句	意义说明
if...then	判断 if 正确则执行 then
if...then...else	判断 if 正确则执行 then，否则执行 else
if...then...elsif	嵌套式判断
case	有逻辑地从数值中做出选择
loop...exit...end	循环控制，用判断语句执行 exit
loop...exit when...end	同上，当 when 为真时执行 exit
while...loop...end	当 while 为真时循环
for...in...loop...end	已知循环次数的循环
goto	无条件转向控制

1．选择结构

所谓选择结构，就是指程序根据具体条件表达式来执行一组命令的结构。

（1）IF 语句

选择结构的语法和高级语言的 IF...THEN...ELSE 很类似，命令格式如下：

```
IF{条件表达式 1)THEN
      {语句序列 1;}
[ELSIF(条件表达式 2)THEN
      {语句序列 2;)]
[ELSE
      {语句序列 3;)]
END IF;
```

需要注意的是，上述命令格式中 ELSIF 的拼写里只有一个 E，不是 ELSEIF，并且没有空格。可以把这个语法分为 3 种情况来理解。

第一种情况：IF...THEN 语句

当 IF 后面的判断为真时执行 THEN 后面的语句，否则跳过这一控制语句。

【例 4-6】IF...THEN 语句示例：

```
IF   NO=98020 THEN        --此处 NO 值通过游标得到，有关游标后面将讲到
     INSERT INTO temp_table values(NAME,BIRTHDAY);
     END IF;
```

第二种情况：IF...THEN...ELSE 语句

前一部分和上面一样，只是当 IF 判断不为真时执行 ELSE 后面的语句。

【例 4-7】IF...THEN...ELSE 语句示例。

```
IF NO=98020 THEN           --如果 NO 值为 98020 则执行下面语句
    INSERT INTO found_table values(NAME,BIRTHDAY);
```

```
ELSE                          --否则执行下面语句
    INSERT INTO notfound_table values(NAME,BIRTHDAY);
END IF;
```

第三种情况：IF...THEN...ELSIF 语句

这是一个嵌套判断控制语句，基本原理和前面一样，只不过它更加复杂。

【例 4-8】IF...THEN...ELSIF 语句示例。

```
IF score>90 THEN                --如果 score 大于 90 则执行下面语句
    Score :=score - 5 ;
    ELSIF score<60   THEN        --否则，如果 score 小于 60 则执行下面语句
    Score := score + 5;
    END IF;
```

（2）CASE 语句

CASE 结构是 Oracle 9i 后新增加的结构，它使得逻辑控制结构变得简单。类似 C 语言中的 SWITCH 语句，CASE 语句的命令格式如下：

```
CASE    检测表达式
WHEN    表达式 1   THEN   语句序列 1
WHEN    表达式 2   THEN   语句序列 2
...
WHEN    表达式 n   THEN   语句序列 n
[ELSE   其他语句序列]
END;
```

其中，CASE 语句中的 ELSE 子句是可选的。如果检测表达式的值与下面任何一个表达式的值都不匹配时，PL/SQL 会产生预定义错误 CASE_NOT_FOUND。

注 意

CASE 语句中表达式 1 到表达式 n 的类型必须同检测表达式的类型相符。一旦选定的语句序列被执行，控制就会立即转到 CASE 语句之后的语句。

【例 4-9】根据学生的考试等级获得对应分数范围。

```
DECLARE
    v_grade VARCHAR2(20):='及格';
    v_score VARCHAR2(50);
BEGIN
    v_score := CASE   v_grade
        WHEN    '不及格'   THEN   '成绩 < 60'
        WHEN    '及格'     THEN   '60 <= 成绩 < 70'
        WHEN    '中等'     THEN   '70 <= 成绩 < 80'
        WHEN    '良好'     THEN   '80 <= 成绩 < 90'
        WHEN    '优秀'     THEN   '90 <= 成绩 <= 100'
    ELSE    '输入有误'
    END;
    dbms_output.put_line(v_score);
END;
```

以 SYSTEM 身份在 SQL*Plus 中执行的结果如图 4.1 所示。

```
SQL> DECLARE
  2    v_grade varchar2(20):='及格';
  3    v_score VARCHAR2(50);
  4  BEGIN
  5    v_score := CASE  v_grade
  6    WHEN  '不及格'   THEN  '成绩 < 60'
  7    WHEN  '及格'     THEN  '60 <= 成绩 < 70'
  8    WHEN  '中等'     THEN  '70 <= 成绩 < 80'
  9    WHEN  '良好'     THEN  '80 <= 成绩 < 90'
 10    WHEN  '优秀'     THEN  '90 <= 成绩 <= 100'
 11    ELSE    '输入有误'
 12    END;
 13    dbms_output.put_line(v_score);
 14  END;
 15  /
60 <= 成绩 < 70

PL/SQL 过程已成功完成。

SQL>
```

图 4.1 根据学生的考试等级获得对应分数范围

提示

IF...THEN...ELSE 语句也可以完成类似的功能，但是使用 CASE 语句可以使程序阅读起来更容易、更清晰。

---

2. NULL 结构

在 IF 结构中，只有相关的条件为真时，相应的语句才执行，如果条件为 FALSE 或者 NULL 时，语句都不会执行。特别是当条件为 NULL 时，常常会对程序的流程和输出有比较大的影响。请对比以下两个例子。

【例 4-10】NULL 值示例语句 1。

```
DECLARE
    V_NUMBER1 NUMBER;
    V_NUMBER2 NUMBER;
    V_Result VARCHAR2(7);
BEGIN
    IF v_NUMBER1<v_NUMBER2 THEN
        V_Result :='YES';
    ELSE
        V_Result:='NO';
    END IF;
END;
```

【例 4-11】NULL 值示例语句 2。

```
DECLARE
    V_NUMBER1 NUMBER;
    V_NUMBER2 NUMBER;
    V_Result VARCHAR2(7);
BEGIN
    IF v_NUMBER1>v_NUMBER2 THEN
        V_Result :='NO';
```

```
        ELSE
            V_Result: ='YES';
        END IF;
    END;
```

从直观上看，这两段代码的功能完全一样，只不过把判断的顺序颠倒了一下而已。但是如果仔细分析，会发现这两段代码在一定的条件下还是有区别的。如 V_NUMBER1 的值是 1，V_NUMBER2 的值是 NULL，情况如何呢？对例 4-10 来说，（1<NULL）返回 NULL，所以 IF 条件不满足，进入 ELSE 条件，V_Result 的值变成 NO。在例 4-11 中，同样也执行 ELSE 的语句，V_Result 被赋值 YES。同样的输入，得到了不同的输出，所以这两段代码的行为是不同的。

要想解决这个问题，需要在程序块中添加 NULL 检查，如例 4-12、例 4-13 所示。

【例 4-12】添加了 NULL 检查的示例语句 1。

```
DECLARE
    V_NUMBER1 NUMBER;
    V_NUMBER2 NUMBER;
    V_Result VARCHAR2(7);
BEGIN
    IF v_NUMBER1 IS NULL OR V_NUMBER2 IS NULL THEN
        V Result:='Unknown';
    ELSIF v_NUMBER1<v_NUMBER2 THEN
        V_Result :='YES';
    ELSE
        V_Result:='NO';
    END IF;
END;
```

【例 4-13】添加了 NULL 检查的示例语句 2。

```
DECLARE
    V_NUMBER1 NUMBER;
    V_NUMBER2 NUMBER;
    V_Result VARCHAR2(7);
BEGIN
    IF v_NUMBER1 IS NULL OR V_NUMBER2 IS NULL THEN
        V Result:='Unknown';
    ELSIF v_NUMBER1>v_NUMBER2 THEN
        V_Result :='NO';
    ELSE
        V_Result:='YES';
    END IF;
END;
```

3. 循环结构

所谓循环结构，即指程序按照指定的逻辑条件循环执行一组命令的结构。

（1）LOOP...EXIT...END 语句

这是一个循环控制语句，关键字 LOOP 和 END 表示循环执行的语句范围，EXIT 关键字表示退出循环，它常常在一个 IF 判断语句中。

【例 4-14】LOOP...EXIT...END 语句示例。

```
control_var:=0;                      --初始化 control_var 为 0
    LOOP                             --开始循环
      IF control_var>5 THEN         --如果 control_var 的值大于 5 则退出循环
            EXIT;
      END if;
      control_var:=control_var+1;   --改变 control_var 的值
END LOOP;
```

（2）LOOP...EXIT WHEN...END 语句

该语句表示当 WHEN 后面判断为真时退出循环。还是以例 4-14 语句功能为例，这次用 WHEN 来实现。

【例 4-15】LOOP...EXIT WHEN...END 语句示例。

```
control_var:=0;                      --初始化 control_var 变量为 0
LOOP                                 --开始循环
    EXIT WHEN control_var>5          --如果 control_var 值大于 5 则退出循环
    control_var:=control var+1 ;     --改变 control_var 值
END LOOP;                            --循环尾
```

（3）WHILE...LOOP...END 语句

该语句也是控制循环，不过是先判断再进入循环，而不是像例 4-14、例 4-15 的语句中，先进入循环再判断退出条件。

【例 4-16】WHILE...LOOP...END 语句示例。

```
control_var:=0 ;
WHILE control_var<=5 LOOP           --如果变量小于或等于 5 则循环
    control_var:=control_var+1;
END LOOP;
```

（4）FOR...IN...LOOP...END 语句

这是个预知循环次数的循环控制语句。还是以上面的例 4-16 为例，其实它是循环了 6 次，故例 4-16 可改用 FOR...IN...LOOP...END 语句来实现。

【例 4-17】FOR...IN...LOOP...END 语句示例。

```
FOR control_var IN 0．．5 LOOP            --control_var 从 0 到 5 进行循环
    Null;                               --因为 for 语句自动给 control_var 加 1，故这里是一个空操作
END LOOP;
```

在上述程序段中，Null 为空操作语句，它表示什么也不做，在程序中用来标识此处可以加执行语句，起到一种记号的作用。

（5）GOTO 语句

GOTO 语句的语法是：

```
GOTO label;
```

这是个无条件转向语句。当执行 GOTO 语句时，控制程序会立即转到由标签 label 标识的语句。其中，label 是在 PL/SQL 中定义的标号。标签是用双箭头括号[1]（<<，>>）括起来的。

【例 4-18】GOTO 语句示例。

```
…  --程序其他部分
<< goto_mark>>                        --定义了一个转向标签 goto_mark
…  --程序其他部分
IF   no>98050  THEN
            GOTO goto_mark;          --如果条件成立则转向 goto_mark 继续执行
…  --程序其他部分
```

在使用 GOTO 语句时务必需要小心。不必要的 GOTO 语句会使程序代码复杂化，容易出错，而且难以理解和维护。事实上，几乎所有使用 GOTO 的语句都可以使用其他的 PL/SQL 控制结构（如循环或条件结构）来重新进行编写。

4.1.7   PL/SQL 表达式

表达式不能独立构成语句，其结果是一个值，如果不给这个值安排一个存放的位置，则表达式本身毫无意义。通常，表达式作为赋值语句的一部分出现在赋值运算符的右边，或者作为函数的参数等。

例如，123*23-24+33 就是一个表达式，是由运算符串连起来的一组数，按照运算符的意义运算会得到一个运算结果，这就是表达式的值。

"操作数"是运算符的参数。根据所拥有的参数个数，PL/SQL 运算符可分为一元运算符（一个参数）和二元运算符（两个参数）。表达式按照操作对象的不同，也可以分为字符表达式和布尔表达式两种。

1. 字符表达式

唯一的字符运算符就是串连接运算符 "||"，它的作用是把几个字符串连在一起，如表达式：'Hello'||'World'||'!'的值等于 'Hello World!'。

2. 布尔表达式

PL/SQL 控制结构都涉及布尔表达式。布尔表达式是一个判断为真还是为假的条件，它的值只有 TRUE、FALSE 或 NULL，如以下表达式：

```
(x>y);
NULL;
(4>5)0R(-1<O);
```

有 3 个布尔运算符：AND、OR 和 NOT，与高级语言中的逻辑运算符一样，它们的操作对象是布尔变量或者表达式。如：

```
A   AND B OR 1 NOT C
```

其中，A、B、C 都是布尔变量或者表达式。表达式 TRUE AND NULL 的值为 NULL，因为不知道第二个操作数是否为 TRUE。

布尔表达式中的算术运算符如表 4.3 所示。

表4.3　布尔表达式中的算术运算符

操作符	意义	操作符	意义
=	等于	!=	不等于
<	小于	>	大于
<=	小于等于	>=	大于等于

此外，BETWEEN 操作符划定一个范围，在范围内则为真，否则为假。如：

1 between 0 and 100　　　--表达式的值为真

IN 操作符判断某一元素是否属于某个集合，如：

'Scott' IN ('Mike','John','Mary')为假

4.2　PL/SQL 的游标

SQL 是面向集合的，其结果一般是集合量（多条记录），而 PL/SQL 的变量一般是标量，其一组变量一次只能存放一条记录。所以仅仅使用变量并不能完全满足 SQL 语句向应用程序输出数据的要求。因为查询结果的记录数是不确定的，事先不知道要声明几个变量。为此，在 PL/SQL 中引入了游标（Cursor）的概念来协调这两种不同的处理方式。

4.2.1　基本原理

在 PL/SQL 一个块中执行 SELECT、INSERT、UPDATE 和 DELETE 语句时，Oracle 会在内存中为其分配上下文区（Context Area），即一个缓冲区。游标是指向该区的一个指针，或是命名的一个工作区（Work Area），或是一种结构化数据类型。它为应用程序提供了一种对具有多行数据查询结果集中的每一行数据分别进行处理的方法，是设计嵌入式 SQL 语句的应用程序的常用编程方式。

游标分为显式游标和隐式游标两种。显式游标是由用户声明和操作的一种游标；隐式游标是 Oracle 为所有数据操纵语句（包括只返回单行数据的查询语句）自动声明和操作的一种游标。在每个用户会话中，可以同时打开多个游标，其数量由数据库初始化参数文件中的 OPEN CURSORS 参数定义。

> **提示**
> 游标在 PL/SQL 中作为对数据库操作的必备部分应该熟练掌握，灵活地使用游标才能深刻地领会程序控制数据库操作的内涵。

4.2.2　显式游标

显式游标的处理包括声明游标、打开游标、提取游标、关闭游标 4 个步骤，其操作

过程如图 4.2 所示。

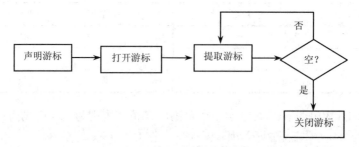

图 4.2　显式游标的操作过程

游标声明需要在块的声明部分进行，其他的 3 个步骤都在执行部分或异常处理中。

1．声明游标

对游标的声明定义了游标的名字并将该游标和一个 SELECT 语句相关联。显式游标声明在 DECLARE 中，语法为：

```
CURSOR<游标名>   IS   SELECT<语句>;
```

其中，<游标名>是游标的名字，SELECT<语句>是将要处理的查询。

游标的名字遵循通常用于 PL/SQL 标识符的作用域和可见性法则。因为游标名是一个 PL/SQL 标识符，所以它必须在被引用以前声明。任何 SELECT 语句都是合法的，包括连接和带有 UNION 或 MINUS 子句的语句。

游标声明时可以在 WHERE 子句中引用 PL/SQL 变量。这些变量被认为是联编变量 bindVARIABLE，即已经被分配空间并映射到绝对地址的变量。由于可以使用通常的作用域法则，因此这些变量必须在声明游标的位置处是可见的。

【例 4-19】声明游标举例。

```
DECLARE
teacher_id NUMBER(5);              --定义 4 个变量来存放 TEACHERS 表中的内容
teacher_name VARCHAR2(50);
teacher_title VARCHAR2(50);
teacher_sex char(1);
CURSOR teacher_cur   IS            --定义游标 teacher_cur
    SELECT TID,TNAME,TITLE,SEX
    FROM TEACHERS
    WHERE TID<117;                 --选出号码小于 117 的老师
```

需要注意的是，在游标定义中的 SELECT<语句>不包含 INTO 子句。INTO 子句是 FETCH 语句（提取游标）的一部分。

2．打开游标

打开游标的语法是：

```
OPEN   <游标名>;
```

其中，<游标名>标识了一个已经被声明的游标。

打开游标就是执行定义的 SELECT 语句。执行完毕，查询结果装入内存，游标停在查询结果的首部，注意并不是第一行。当打开一个游标时，会完成以下几件事情。

- 检查联编变量的取值。
- 根据联编变量的取值，确定活动集。
- 活动集的指针指向第一行。

【例 4-20】打开游标举例。

```
DECLARE
    teacher_id NUMBER(5);              --定义 4 个变量来存放 TEACHERS 表中的内容
    teacher_name VARCHAR2(50);
    teacher_title VARCHAR2(50);
    teacher_sex char(1);
CURSOR teacher_cur IS                  --定义游标 teacher_cur
    SELECT TID,TNAME,TITLE,SEX
    FROM    TEACHERS
    WHERE TID<117;                     --选出号码小于 117 的老师
BEGIN
    OPEN teacher_cur;                  --打开游标
```

注 意

打开一个已经被打开的游标是合法的。在第二次执行 OPEN 语句以前，PL/SQL 将在重新打开该游标之前隐式地执行一条 CLOSE 语句。也可以同时打开多个游标。

3. 提取游标

打开游标后的工作就是取值了，取值语句是 FETCH，它的用法有两种形式，如下所示：

```
FETCH<游标名>INTO<变量列表>;
FETCH<游标名> INTO PL/SQL 记录;
```

其中，<游标名>标识了已经被声明的并且被打开的游标，<变量列表>是已经被声明的 PL/SQL 变量的列表（变量之间用逗号隔开），而 PL/SQL 记录是已经被声明的 PL/SQL 记录。在这两种情形中，INTO 子句中的变量的类型都必须与查询的选择列表的类型相兼容，否则将拒绝执行。

【例 4-21】提取游标举例。

```
DECLARE
    teacher_id NUMBER(5);              --定义 4 个变量来存放 TEACHERS 表中的内容
    teacher_name VARCHAR2(50);
    teacher_title VARCHAR2(50);
    teacher_sex char(1);
    CURSOR teacher_cur IS             --定义游标 teacher_cur
        SELECT TID, TNAME,TITLE,SEX
    FROM    TEACHERS
    WHERE TID<117;                     --选出号码小于 117 的老师
```

```
BEGIN
    OPEN teacher_cur;               --打开游标
    FETCH teacher_cur INTO teacher_id,teacher_name,teather_title,teacher_sex;
                                    --将第一行数据放入变量中，游标后移
```

FETCH 语句每执行一次，游标向后移动一行，直到结束（游标只能逐个向后移动，而不能跳跃移动或是向前移动）。

4．关闭游标

当所有的活动集都被检索以后，游标就应该被关闭。PL/SQL 程序将被告知对于游标的处理已经结束，与游标相关联的资源可以被释放了。这些资源包括用来存储活动集的存储空间，以及用来存储活动集的临时空间。

关闭游标的语法为：

```
CLOSE<游标名>;
```

其中，<游标名>给出了原来被打开的游标。一旦关闭了游标，也就关闭了 SELECT 操作，释放了所占用的内存区。这时再从游标提取数据就是非法的，会产生下面的 Oracle 错误：

```
ORA-1001：Invalid   CURSOR        --非法游标
```

或

```
ORA-1002：FETCH out Of sequence    --超出界限
```

类似地，关闭一个已经被关闭的游标也是非法的，这也会触发 ORA-1001 错误。

【例 4-22】对游标的各种操作的完整示例。

```
DECLARE
    teacher_id NUMBER(5);          --定义 4 个变量来存放 TEACHERS 表中的内容
    teacher_name VARCHAR2(50);
    teacher_title VARCHAR2(50);
    teacher_sex char(1);
    CURSOR teacher_cur IS          --定义游标 teacher_cur
        SELECT TID,TNAME,TITLE,SEX
        FROM TEACHERS
        WHERE TID<117;             --选出号码小于 117 的老师
BEGIN
OPEN teacher_cur;                  --打开游标
    FETCH teacher_cur INTO teacher_id,teacher_name,teacher_title, teacher_sex;
    --将第一行数据放入变量中，游标后移
    LOOP
        EXIT WHEN NOT teacher_cur%FOUND;    --如果游标到尾则结束
        IF teacher_sex='M' THEN
                        --将性别为男的行放入男老师表 MALE_TEACHERS 中
            INSERT INTO   MALE_TEACHERS(TID,TNAME,TITLE)
                VALUES(teacher_id,teacher_name,teacher_title);
        ELSE            --将性别为女的行放入女老师表 FEMALE_TEACHERS 中
            INSERT INTO   FEMALE_TEACHERS(TID,TNAME,TITLE)
                VALUES(teacher_id, teacher_name,teacher_title);
```

```
        END IF;
    FETCH teacher_cur   INTO    teacher_id, teacher_name, teacher_title,
        teacher_Sex;
    END LOOP;
    CLOSE teacher_cur;              --关闭游标
END;
```

以 CourseAdmin 身份在 SQL*Plus 执行的结果，如图 4.3 所示。

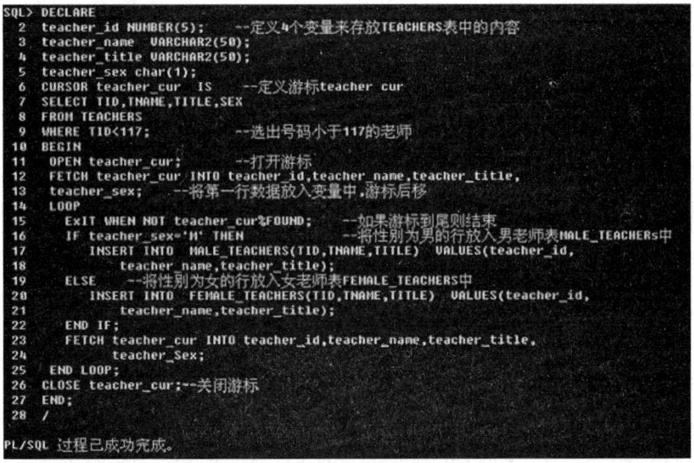

图 4.3　运行一个定义、打开、提取和关闭游标的过程

　　上述执行的 PL/SQL 过程已经把数据分别插入到了男老师表和女老师表中。然后查询男老师表 MALE_TEACHERS 和女老师表 FEMALE_TEACHERS 的内容。

```
SELECT * FROM MALE_TEACHERS ;
SELECT * FROM FEMALE TEACHERS;
```

以 COURSEADMIN 身份在 SQL*Plus 执行的结果，如图 4.4 所示。

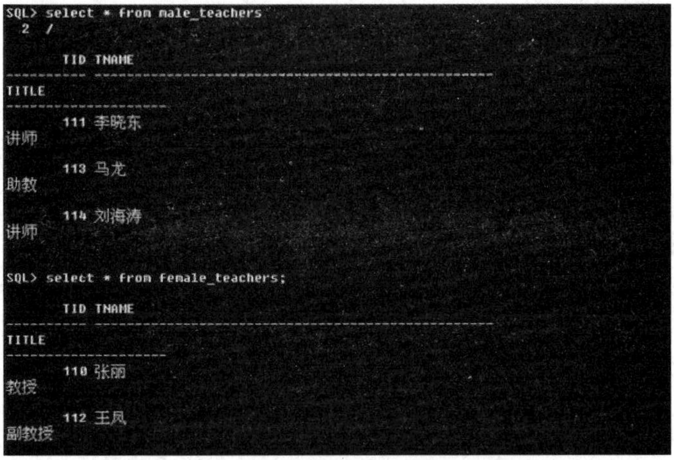

图 4.4　获得男教师表和女教师表查询结果

使用显式游标时，需注意以下事项：

- 使用前须用%ISOPEN 检查其打开状态，只有此值为 TRUE 的游标才可使用，否则要先将游标打开。
- 在使用游标过程中，每次都要用%FOUND 或%NOTFOUND 属性检查是否返回成功，即是否还有要操作的行。
- 将游标中行取至变量组中时，对应变量个数和数据类型必须完全一致。
- 使用完游标必须将其关闭，以释放相应内存资源。

用游标也能实现修改和删除操作，但必须在游标定义时指定 FOR 子句后面的编辑类，如 DELETE 或 UPDATE。

【例 4-23】下面的过程把编号为 113 的老师的职称修改为'Professor'。

```
DECLARE
     type teacher_record is RECORD
     (
          TID NUMBER(5)NOT NULL:=0,
          NAME VARCHAR2(50),
          TITLE VARCHAR2(50),
          SEX CHAR(1)
     );
     CURSOR teacher_cur IS
          SELECT TID, TNAME,TITLE,SEX
          FROM TEACHERS
          WHERE TID<117;      --选出号码小于 117 的老师
BEGIN
     FOR teacher_record in teacher_cur LOOP
     IF teacher_record.TID=113 THEN
          UPDATE TEACHERS   SET TITLE='Professor';
     END IF;
     END LOOP;
END;
```

4.2.3　隐式游标

如果在 PL/SQL 程序中用 SELECT 语句进行操作，则隐式地使用了游标，也就是隐式游标，这种游标无需定义，也不需打开和关闭。

【例 4-24】隐式游标使用举例。

```
BEGIN
     SELECT TID,TNAME, TITLE,SEX INTO teacher_id, teacher_name,
          teacher_title,teacher_sex   FROM TEACHERS
          WHERE TID=113;
END;
```

对每个隐式游标来说，必须要有一个 INTO 子句，因此使用隐式游标的 SELECT 语句必须只选中一行数据或只产生一行数据。

4.2.4 游标属性

无论是显式游标还是隐式游标，均有%ISOPEN，%FOUND，%NOTFOLJND 和%ROWCOUNT 四种属性。它们描述与游标操作相关的 DML 语句的执行情况。游标属性只能用在 PL/SQL 的流程控制语句内，而不能用在 SQL 语句内。下面将对游标的属性进行介绍。

1. 是否找到游标（%FOUND）

该属性表示当前游标是否指向有效一行，若是则为 TRUE，否则为 FALSE。检查此属性可以判断是否结束游标使用。

【例 4-25】%FOUND 示例。

```
OPEN teacher_cur; --打开游标;
FETCH teacher_cur INTO teacher_id,teacher_name,teacher_title,teacher Sex;
                --将第一行数据放入变量中，游标后移
LOOP
    EXIT WHEN NOT teacher_cur%FOUND;   --使用了%FOUND 属性
END LOOP;
```

在隐式游标中此属性的引用方法是 SQL%FOUND。

【例 4-26】SQL%FOUND 示例。

```
DELETE FROM TEACHERS
    WHERE TID=teacher_id;         --teacher id 为一个有值变量
IF SQL%FOUND THEN                 --如果删除成功则写入 SUCCESS 表中该行号码
    INSERT INTO SUCCESS VALUES(TID);
ELSE                             --不成功则写入 FAIL 表中该行号码
    INSERT INTO FAIL VALUES(TID);
END IF;
```

2. 是否没找到游标（%NOTFOUND）

该属性与%FOUND 属性相类似，但其值正好相反。

【例 4-27】%NOTFOUND 示例。

```
OPEN teacher_cur;     --打开游标
FETCH teacher_cur INTO teacher_id, teacher_name, teacher_title,teacher_sex;
                --将第一行数据放入变量中，游标后移
LOOP
        EXIT WHEN teacher_cur%NOTFOUND;   --使用了%NOTFOUND 属性
END LOOP;
```

在隐式游标中此属性的引用方法是 SQL%NOTFOUND。

【例 4-28】SQL%NOTFOUND 示例。

```
DELETE   FROM TEACHERS
    WHERE TID=teacher_id;           --teacher_id 为一个有值变量
IF SQL%NOTFOUND THEN                --删除不成功则写入 FAIL 表中该行号码
```

```
        INSERT INTO FAIL VALUES(TID);
ELSE                              --删除成功则写入 SUCCESS 表中该行号码
        INSERT INTO SUCCESS VALUES(TID);
END IF;
```

3. 游标行数（%ROWCOUNT）

该属性记录了游标抽取过的记录行数，也可以理解为当前游标所在的行号。这个属性在循环判断中也很有效，使得不必抽取所有记录行就可以中断游标操作。

【例 4-29】%ROWCOUNT 示例。

```
LOOP
    FETCH teacher_cur INTO teacher_id,teacher_name,teacher_title,teacher_sex;
    EXIT WHEN teacher_cur%ROWCOUNT=10;   --只抽取 10 条记录
    ...
END LOOP;
```

还可以用 FOR 语句控制游标的循环，系统隐含地定义了一个数据类型为 %ROWCOUNT 的记录，作为循环计数器，并将隐式地打开和关闭游标。

【例 4-30】FOR 语句中%ROWCOUNT 示例。

```
FOR teacher_record in teacher_cur LOOP
                    --teacher_record 为记录名，它隐含地打开游标 teacher_cur
        INSERT INTO TEMP TEACHERS(TID,TNAME,TITLE,SEX)
        VALUES(teacher_record.TID,teacher_record.TNAME,
        teacher_record.TITLE,teacher_record.SEX);
END LOOP;
```

在隐式游标中此属性的引用方法是 SQL%ROWCOUNT，表示最新处理过的 SQL 语句影响的记录数。

4. 是否打开游标（%ISOPEN）

该属性表示游标是否处于打开状态。在实际应用中，使用一个游标前，第一步往往是先检查它的%ISOPEN 属性，看其是否已打开，若没有，要打开游标再向下操作。这也是防止运行过程中出错的必备一步。

【例 4-31】%ISOPEN 示例。

```
IF   teacher_cur%ISOPEN   THEN
    FETCH teacher_cur INTO teacher_id,teacher_name,teacher_title,teacher_sex;
ELSE
    OPEN teacher_cur;
END IF;
```

在隐式游标中此属性的引用方式是 SQL%ISOPEN，其属性总为 FALSE，因此在隐式游标使用中不用打开和关闭游标，也不用检查其打开状态。

5. 参数化游标

在定义游标时，可以带上参数，使得在使用游标时，根据参数不同所选中的数据行也不同，达到动态使用的目的。下面给出了一个参数化游标使用的例子。

【例 4-32】参数化游标示例。

```
ACCEPT my_tid prompt 'Please input the tid:'
DECLARE
--定义游标时带上参数 CURSOR_id
    CURSOR teacher_cur(CURSOR_id NUMBER) IS
        SELECT TNAME,TITLE,SEX
        FROM    TEACHERS
        WHERE TID=CURSOR_id;              --使用参数
BEGIN
    OPEN teacher_cur(my_tid);            --带上实参量
    LOOP
        FETCH teacher_cur INTO teacher_name,teacher_title,teacher_sex;
        EXIT WHEN teacher_cur%NOTFOUND;
        ...
    END LOOP;
    CLOSE teacher_cur;
END;
```

4.2.5 游标变量

如同常量和变量的区别一样，前面所讲的游标都是与一个 SQL 语句相关联，并且在编译该块的时候此语句已经是可知的，是静态的，而游标变量可以在运行时与不同的语句关联，是动态的。游标变量被用于处理多行的查询结果集。在同一个 PL/SQL 块中，游标变量不同于特定的查询绑定，而是在打开游标时才确定所对应的查询。因此，游标变量可以依次对应多个查询。

使用游标变量之前，必须先声明，然后在运行时必须为其分配存储空间，因为游标变量是 REF 类型的变量，类似于高级语言中的指针。

1. 声明游标变量

游标变量是一种引用类型。当程序运行时，它们可以指向不同的存储单元。如果要使用引用类型，首先要声明该变量，然后相应的存储单元必须要被分配。PL/SQL 中的引用类型通过下述的语法进行声明：

```
REF type
```

其中，type 是已经被定义的类型。REF 关键字指明新的类型必须是一个指向经过定义的类型的指针。因此，游标可以使用的类型就是 REF CURSOR。

定义一个游标变量类型的完整语法如下：

```
TYPE<类型名>IS REF CURSOR
RETURN<返回类型>;
```

其中，<类型名>是新的引用类型的名字，而<返回类型>是一个记录类型，它指明了最终由游标变量返回的选择列表的类型。

游标变量的返回类型必须是一个记录类型。它可以被显式声明为一个用户定义的记录，或者隐式使用%ROWTYPE进行声明。在定义了引用类型以后，就可以声明该变量了。

下面的声明部分给出了用于游标变量的不同声明。

```
DECLARE
    TYPE t_StudentsRef IS REF CURSOR      --定义使用%ROWTYPE
      RETURN STUDENTS%ROWTYPE;
    TYPE t_AbstractstudentsRecord IS RECORD(     --定义新的记录类型
             sname STUDENTS.sname%TYPE,
          sex STUDENTS.sex%TYPE);
    v_AbstractStudentsRecord t_AbstractStudentsRecord;
    TYPE t_AbstractStudentsRef IS REF CURSOR --使用记录类型的游标变量
    RETURN t_AbstractStudentsRecord;
    TYPE t_NamesRef2 IS REF CURSOR      --另一类型定义
    RETURN v_AbstractStudentsRecord%TYPE;
    v_StudentCV t_StudentsRef;    --声明上述类型的游标变量
    v_AbstractStudentCV t_AbstractStudentsRef;
```

上例中介绍的游标变量是受限的，它的返回类型只能是特定类型。而在PL/SQL中，还有一种非受限游标变量，它在声明的时候没有 RETURN 子句。一个非受限游标变量可以为任何查询打开。

【例4-33】定义游标变量。

```
DECLARE
                     --定义非受限游标变量
TYPE t_FlexibleRef IS REF CURSOR;
                     --游标变量
    V_CURSORVar t_FlexibleRef;
```

2. 打开游标变量

如果要将一个游标变量与一个特定的 SELECT 语句相关联，需要使用 OPEN FOR 语句，其语法是：

```
OPEN<游标变量>FOR<SELECT 语句>;
```

如果游标变量是受限的，则SELECT语句的返回类型必须与游标所限定的记录类型匹配，如果不匹配，Oracle会返回错误 ORA_6504。

【例4-34】游标变量的打开示例。

```
DECLARE
    TYPE t_SdudentsRef   IS   REF CURSOR   --定义使用%ROWTYPE
    RETURN STUDENTS%ROWTYPE;
    V_StudentSCV    t_SdudentSRef;
BEGIN
        OPEN v_StudentSCV   FOR
            SELECT   * FROM STUDENTS;
END;
```

3. 关闭游标变量

游标变量的关闭和静态游标的关闭类似，都是使用 CLOSE 语句，这会释放查询所使用的空间。但关闭已经关闭的游标变量是非法的。

4.3 过程

迄今为止，所创建的 PL/SQL 程序都是匿名的，其缺点是在每次执行的时候都要被重新编译，并且没有存储在数据库中，因此不能被其他 PL/SQL 块使用。Oracle 允许在数据库的内部创建并存储编译过的 PL/SQL 程序，以便随时调出使用。该类程序包括过程、函数、包和触发器。我们可以以将商业逻辑、企业规则等写成过程或函数保存到数据库中，通过名称进行调用，以便更好地共享和使用。

本节将对过程、函数、包和触发器等内容进行逐一介绍。

4.3.1 创建过程

过程用来完成一系列的操作，它的创建语法如下：

```
CREATE[OR REPLACE]PROCEDURE<过程名>
    (<参数 1>,[方式 l]<数据类型 1>,
    <参数 2>,[方式 2]<数据类型 2>
...)
IS|AS
PL/SQL 过程体;
```

【例 4-35】过程创建示例。如果要动态观察 TEACHERS 表中不同性别的人数，可以建立一个过程 count_num 来统计同一性别的人数。

```
SET SERVEROUTPUT ON FORMAT WRAPPED
CREATE OR REPLACE PROCEDURE count_num
    (in_sex in TEACHERS.SEX%TYPE    --输入参数
    )
AS
            out_num NUMBER;
BEGIN
    IF in_sex='M' THEN
            SELECT count(SEX) INTO out_num
            FROM TEACHERS
            WHERE SEX='M';
            dbms_output.put_line('NUMBER of Male Teachers:'|| out_num);
    ELSE
            SELECT count(SEX) INTO out_num
            FROM TEACHERS
            WHERE SEX='F';
            dbms_output.put_line('NUMBER of Female Teachers:' || out_num);
    END IF;
END count_num;
```

以 COURSEADMIN 身份在 SQL*Plus 执行的结果如图 4.5 所示。

```
SQL> CREATE OR REPLACE PROCEDURE count_num
  2  (in_sex in TEACHERS.SEX%TYPE   --输入参数
  3  )
  4  AS
  5      out_num NUMBER;
  6  BEGIN
  7      IF in_sex='m'THEN
  8      SELECT count(SEX)INTO out_num
  9      FROM TEACHERS
 10      WHERE SEX='m';
 11      dbms_output.put_line('NUMBER of Male Teachers:'|| out_num);
 12      ELSE
 13      SELECT count(SEX) INTO out_num
 14      FROM TEACHERS
 15      WHERE SEX='f';
 16      dbms_output.put_line('NUMBER of Female Teachers:' || out_num);
 17      END IF;
 18  END count_num;
 19  /

过程已创建。

SQL> |
```

图 4.5　创建过程 count_num

此过程带有一个参数 in_sex，它将要查询的性别传给过程。

4.3.2　调用过程

调用过程的命令是 EXECUTE。如执行上述过程 count_num 来查看男女教师的数量。

EXECUTE count_num('M');

EXECUTE count_num('F');

以 COURSEADMIN 身份在 SQL*Plus 执行的结果，如图 4.6 所示。

```
SQL> Execute count_num('M');
NUMBER of Male Teachers:3

PL/SQL 过程已成功完成。

SQL> Execute count_num('F');
NUMBER of Female Teachers:2

PL/SQL 过程已成功完成。

SQL>
```

图 4.6　执行过程 count_num

从运行结果可以看出，男性教师的数量为 3，女性教师的数量为 2。

4.3.3　删除过程

当一个过程不再需要时，要将此过程从内存中删除，以释放相应的内存空间，可以使用下面的语句：

DROP PROCEDURE count_num;

以 COURSEADMIN 身份在 SQL*Plus 执行的结果，如图 4.7 所示。

图 4.7 删除过程 count_num

当一个过程已经过时，想重新定义时，不必先删除再创建，只需在 CREATE 语句后面加上 OR REPLACE 关键字即可。如：

```
CREATE OR REPLACE PROCEDURE count_num;
```

4.3.4 过程的参数类型及传递

过程的参数有 3 种类型，分别如下：

1. in 参数类型

这是个输入类型的参数，表示这个参数值输入给过程，供过程使用。

【例 4-36】in_sex 参数示例。下面的过程将 in_num 参数作为输入返回 out_num。

```
CREATE OR REPLACE PROCEDURE double --完成将一个数加倍
(
        in_num in NUMBER,              --输入型参数
        out_num out NUMBER
)
AS
BEGIN
        out_num:=in_num*2;
END double;
```

2. out 参数类型

这是个输出类型的参数，表示这个参数在过程中被赋值，可以传给过程体以外的部分或环境。

【例 4-37】out_num 参数示例。下面这一过程是将 out_num 参数作为输出。

```
CREATE OR REPLACE PROCEDURE double    --完成将一个数加倍
(
         in_num in NUMBER,
         out_num out NUMBER                --输出型参数
)
AS
BEGIN
        out_num:=in_num*2;
END double;
```

3. in out 参数类型

这种类型的参数其实是综合了上述两种参数类型，既向过程体传值，也在过程体中被赋值而传向过程体外。

【例4-38】in_out_num 参数示例。在下面过程中 in_out_num 参数既是输入又是输出。

```
CREATE OR REPLACE PROCEDURE double        --完成将一个数加倍
(
        in_out_num in out NUMBER;                 --in out 类型参数
)
AS
BEGIN
        in_out_num = in_out_num * 2;
END double;
```

4.4 函数

函数一般用于计算和返回一个值，可以将经常需要进行的计算写成函数。函数的调用是表达式的一部分，而过程的调用是一条 PL/SQL 语句。

函数与过程在创建的形式上有些相似，也是编译后放在内存中供用户使用，只不过调用时函数要用表达式，而不像过程只需调用过程名。另外，函数必须有一个返回值，而过程则没有。

4.4.1 创建函数

创建函数的语法格式如下：

```
CREATE        [OR REPLACE] FUNCTION<>
                (<参数 1>,[方式 1]<数据类型 1>,<参数 2>,[方式 2]<数据类型 2>…)
RETURN<表达式>
IS |AS
PL/SQL 程序体          -- 其中必须要有一个 RETURN 子句
```

其中，RETURN 在声明部分需要定义一个返回参数的类型，而在函数体中必须有一个 RETURN 语句。其中<表达式>就是要函数返回的值。当该语句执行时，如果表达式的类型与定义不符，该表达式将被转换为函数定义子句 RETURN 中指定的类型。同时，控制将立即返回到调用环境。但是，函数中可以有一个以上的返回语句。如果函数结束时还没有遇到返回语句，就会发生错误。

通常，函数只有 in 类型的参数。

【例4-39】使用函数完成返回给定性别的教师数量。

```
CREATE OR REPLACE FUNCTION count_num
(
  in_sex in TEACHERS.SEX%TYPE
)
      return NUMBER
AS
        out_num NUMBER;
BEGIN
```

```
        IF in_sex = 'M'   THEN
        SELECT count(SEX)   INTO out_num
        FROM TEACHERS
        WHERE SEX = 'M';
    ELSE
        SELECT count(SEX) INTO out_num
        FROM TEACHERS
        WHERE SEX = 'F';
    END IF;
    RETURN(out_num);
END count_num;
```

以 COURSEADMIN 身份在 SQL*Plus 执行的结果如图 4.8 所示。

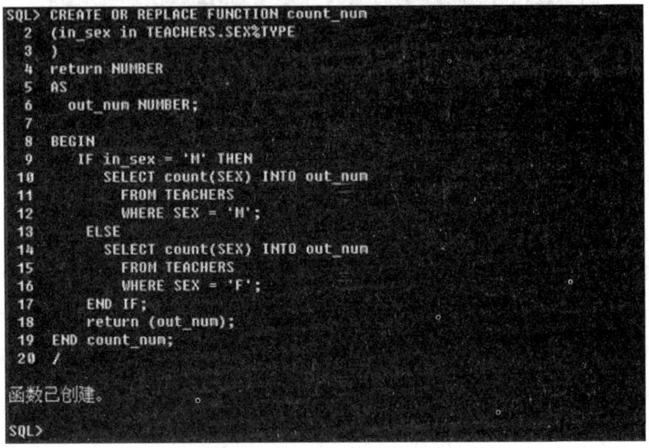

```
SQL> CREATE OR REPLACE FUNCTION count_num
(in_sex in TEACHERS.SEX%TYPE
)
return NUMBER
AS
  out_num NUMBER;

BEGIN
   IF in_sex = 'M' THEN
      SELECT count(SEX) INTO out_num
        FROM TEACHERS
        WHERE SEX = 'M';
    ELSE
      SELECT count(SEX) INTO out_num
        FROM TEACHERS
        WHERE SEX = 'F';
    END IF;
    return (out_num);
END count_num;
/

函数已创建。

SQL>
```

图 4.8　创建函数 count_num

提 示

此函数带有一个参数 in_sex，它将要查询的性别传给函数，其返回值把统计结果 out_num 返回给调用者。

4.4.2　调用函数

调用函数时可以用全局变量接收其返回值。如：

```
SQL>VARIABLE man_num NUMBER
SQL>VARIABLE woman_num NUMBER
SQL>EXECUTE man_num:=count_num('m')
SQL>EXECUTE woman_num:=count_num('f')
```

同样，我们可以在程序块中调用它。

【例 4-40】程序中调用函数示例。

```
DECLARE
        m_num NUMBER;
```

```
            f_num NUMBER;
    BEGIN
            m_num := count_num('M');
            f_num := count_num('F');
        END;
```

以 COURSEADMIN 身份在 SQL*Plus 执行的结果如图 4-9 所示。

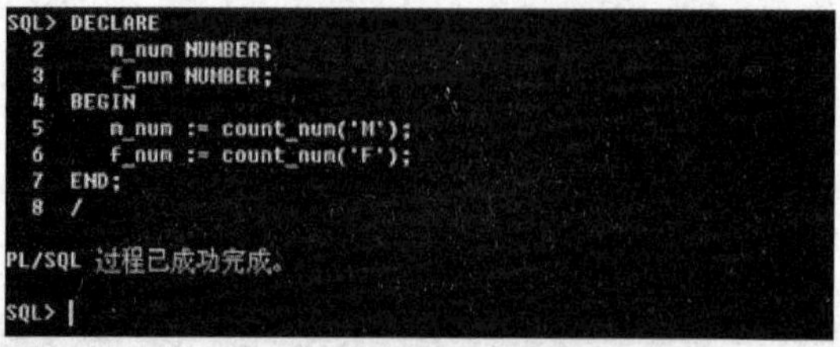

图 4-9　调用函数执行结果

4.4.3　删除函数

当一个函数不再使用时，要从系统中删除它。例如：

```
DROP FUNCTION count_num;
```

当一个函数已经过时，想重新定义时，也不必先删除再创建，同样只需在 CREATE 语句后面加上 OR REPLACE 关键字即可，如下所示：

```
CREATE OR REPLACE FUNCTION count_num;
```

4.5　包

包（Package）也称程序包，用于将逻辑相关的 PL/SQL 块或元素（变量、常量、自定义数据类型、异常、过程、函数、游标）等组织在一起，作为一个完整的单元存储在数据库中，用名称来标识程序包。它具有面向对象的程序设计语言的特点，是对 PL/SQL 块或元素的封装。包类似于面向对象中的类，其中变量相当于类的成员变量，而过程和函数就相当于类中的方法。

4.5.1　基本原理

包有两个独立的部分：说明部分和包体部分。这两部分独立地存储在数据字典中。说明部分是包与应用程序之间的接口，只是过程、函数、游标等的名称或首部。包体部分才是这些过程、函数、游标等的具体实现。包体部分在开始构建应用程序框架时可暂不需要。一般而言，可以先独立地进行过程和函数的编写，当其较为完善后，再逐步地将其按照逻辑相关性进行打包。

在编写程序包时，应该将公用的、通用的过程和函数编写进去，以便再次共享使用，

Oracle 也提供了许多程序包可供使用。为了减少重新编译调用包的应用程序的可能性，应该尽可能地减少包说明部分的内容，因为对包体的更新不会导致重新编译包的应用程序，而对说明部分的更新则需要重新编译每一个调用包的应用程序。

4.5.2 创建包

程序包由包说明部分和包体两部分组成，包说明部分相当于一个包的头，它对包的所有部件进行一个简单声明，这些部件可以被外界应用程序访问，其中的过程、函数、变量、常量和游标都是公共的，可在应用程序执行过程中调用。

1. 包说明部分

包说明部分的创建格式如下：

```
CREATE PACKAGE<包名>
IS
变量、常量及数据类型定义;
游标定义头部;
函数、过程的定义和参数列表以及返回类型;
END<包名>;
```

【例 4-41】创建一个包说明部分。

```
CREATE PACKAGE my_package
IS
    man_num NUMBER;           --定义了两个全局变量
    woman_num NUMBER;
    CURSOR teacher_cur;        --定义了一个游标
    CREATE FUNCTION F_count_num(in_sex in TEACHERS.SEX%TYPE)
    RETURN NUMBER;            --定义了一个函数
    CREATE PROCEDURE P_count_num
    (in_sex in TEACHERS.SEX%TYPE,out_num out NUMBER); --定义了一个过程
END my package;
```

2. 包体部分

包体部分是包的说明部分中的游标、函数及过程的具体定义。其创建格式如下：

```
CREATE PACKAGE BODY<包名>
AS
游标、函数、过程的具体定义;
END<包名>;
```

【例 4-42】对于例 4-41 中的包说明部分，对应包体的定义如下：

```
CREATE PACKAGE BODY my_package
    AS
    CURSOR teacher_cur IS        --游标具体定义
        SELECT TID , TNAME , TITLE , SEX
        FROM   TEACHERS
        WHERE TID<117;
    FUNCTION F_count_num         --函数具体定义
```

```
         (in_Sex in TEACHERS.SEX%TYPE)
     RETURN NUMBER
     AS
          out_num NUMBER;
     BEGIN
          IF in_sex='m' THEN
               SELECT count(SEX)INTO out_num
               FROM TEACHERS
               WHERE SEX='m';
          ELSE
               SELECT count(SEX)INTO out_num
               FROM TEACHERS
               WHERE SEX='f';
          END IF;
          RETURN(out_num);
     END F_count_num;
     PROCEDURE P_count_num          --过程具体定义
               (in_sex in TEACHERS.SEX%TYPE, out_num out NUMBER)
      AS
      BEGIN
          IF in_sex='m' THEN
               SELECT count(SEX) INTO out_num
               FROM TEACHERS
               WHERE SEX='m';
          ELSE
               SELECT count(SEX) INTO out_num
               FROM TEACHERS
               WHERE SEX='f';
          END IF;
      END P_count_num;
  END my_package;                   --包体定义结束
```

提示

如果在包体的过程或函数定义中有变量声明，则包外不能使用这些私有变量。

4.5.3 调用包

包的调用方式为：

```
包名. 变量名(常量名)
包名. 游标名
包名. 函数名(过程名)
```

一旦包创建之后，便可以随时调用其中的内容。

【例4-43】对已定义好的包的调用示例。

```
SQL>VARIABLE man_num NUMBER
```

```
SQL>EXECUTE man_num：=my_package.F_count_num('M')
```

4.5.4 删除包

与函数和过程一样，当一个包不再使用时，要从内存中删除它。例如：

```
DROP PACKAGE my_package;
```

当一个包已经过时，想重新定义时，也不必先删除再创建，同样只需在 CREATE 语句后面加上 OR REPLACE 关键字即可，如：

```
CREATE OR REPLACE PACKAGE my_package;
```

4.6 触发器

触发器是大型关系数据库都会提供的一项技术，触发器通常用来完成由数据库的完整性约束难以完成的复杂业务规则的约束，或用来监视对数据库的各种操作，实现审计的功能。

4.6.1 触发器的基本原理

触发器类似于过程、函数，其包括声明部分和异常处理部分，并且都有名称、都被存储在数据库中。但与普通的过程、函数不同的是：函数需要用户显式地调用才执行，而触发器则是当某些事件发生时，由 Oracle 自动执行，触发器的执行对用户来说是透明的。

1. 触发器类型

触发器的类型包括如下三种：

- DML 触发器：对表或视图执行 DML 操作时触发。
- INSTEAD OF 触发器：只定义在视图上用来替换实际的操作语句。
- 系统触发器：在对数据库系统进行操作（如 DDL 语句、启动或关闭数据库等系统事件）时触发。

2. 相关概念

（1）触发事件

引起触发器被触发的事件，如 DML 语句（如 INSERT、UPDATE、DELETE 语句对表或视图执行数据处理操作）、DDL 语句（如 CREATE、ALTER、DROP 语句在数据库中创建、修改、删除模式对象）、数据库系统事件（如系统启动或退出、异常错误）、用户事件（如登录或退出数据库）。

（2）触发条件

触发条件是由 WHEN 子句指定的一个逻辑表达式。只有当该表达式的值为 TRUE 时，遇到触发事件才会自动执行触发器，使其执行触发操作，否则即便遇到触发事件也不会执行触发器。

（3）触发对象

触发对象包括表、视图、模式、数据库。只有在这些对象上发生了符合触发条件的触发事件，才会执行触发操作。

（4）触发操作

触发器所要执行的 PL/SQL 程序，即执行部分。

（5）触发时机

触发时机指定触发器的触发时间。如果指定为 BEFORE，则表示在执行 DML 操作前触发，以便防止某些错误操作发生或实现某些业务规则；如果指定为 AFTER，则表示在 DML 操作之后触发，以便记录该操作或做些事后处理。

（6）条件谓词

当在触发器中包含了多个触发事件（INSERT、UPDATE、DELETE）的组合时，为了分别针对不同的事件进行不同的处理，需要使用 Oracle 提供的如下条件谓词。

INSERTING：当触发事件是 INSERT 时，取值为 TRUE，否则为 FALSE，

UPDATING[(column_1, column_2, ...,column_n)]：当触发事件是 UPDATE 时，如果修改了 column_x 列，则取值为 TRUE，否则为 FALSE，其中 column_x 是可选的。

DELETING：当触发事件是 DELETE 时，取值为 TRUE，否则为 FALSE。

（7）触发子类型

触发子类型分为行触发（row）和语句触发（statement）。行触发即对每一行操作时都要触发，而语句触发只对这种操作触发一次。一般进行 SQL 语句操作时都应是行触发，只有对整个表作安全检查（即防止非法操作）时才用语句触发。如果省略此项，默认为语句触发。

此外，触发器中还有两个相关值，分别对应被触发的行中的旧表值和新表值，用 old 和 new 来表示。

4.6.2　创建触发器

创建触发器的语句是 CREATE TRIGGER，其语法格式如下：

```
CREATE OR REPLACE TRIGGER<触发器名>
触发条件
触发体
```

【例 4-44】创建触发器 my_trigger 示例。

```
CREATE TRIGGER my_trigger              --定义一个触发器 my_trigger
     BEFORE INSERT or UPDATE of TID,TNAME on TEACHERS
     FOR each row
     WHEN(new.TNAME='David')           --这一部分是触发条件
DECLARE                                --下面这一部分是触发体
     teacher_id TEACHERS.TID%TYPE;
     INSERT_EXIST_TEACHER EXCEPTION;
```

```
BEGIN
    SELECT TID INTO teacher_id
    FROM TEACHERS
    WHERE TNAME=new.TNAME;
    RAISE INSERT_EXIST_TEACHER;
    EXCEPTION                    --异常处理也可用在这里
    WHEN INSERT_EXIST_TEACHER THEN
    INSERT INTO ERROR(TID,ERR)
    VALUES(teacher_id,'the teacher already exists!');
END my_triqqer;
```

4.6.3 执行触发器

当某些事件发生时，由 Oracle 自动执行触发器。对一张表上的触发器最好加以限制，否则会因为触发器过多而加重负载，影响性能。另外，最好将一张表的触发事件编写在一个触发体中，这也可以大大改善性能。

【例 4-45】把与表 TEACHERS 有关的所有触发事件都放在触发器 my_trigger1 中。

```
CREATE TRIGGER my_trigger1
    AFTER INSERT or UPDATE or DELETE on TEACHERS
    FOR each row;
DECLARE
    info CHAR(10);
BEGIN
    IF inserting THEN          --如果进行插入操作
        info:='INSERT';
    ELSIF updating THEN        --如果进行修改操作
        info:='Update';
    ELSE                       --如果进行删除操作
        info:='Delete';
    END IF;
    INSERT INTO SQL_INFO VALUES(info); --记录这次操作信息
END my_trigger1;
```

4.6.4 删除触发器

当一个触发器不再使用时，要从内存中删除它。例如：

```
DROP TRIGGER my_trigger;
```

当一个触发器已经过时，想重新定义时，不必先删除再创建，同样只需在 CREATE 语句后面加上 OR REPLACE 关键字即可。如：

```
CREATE OR REPLACE TRIGGER my_trigger;
```

第 5 章

熟悉 SQL*Plus 环境

　　SQL*Plus 是一个被系统管理员（DBA）和开发人员广泛使用的功能强大而且很直接的 Oracle 工具，并且也是一个通用的在各种平台上几乎都完全一致的工具。SQL*Plus 可以执行输入的 SQL 语句和包含 SQL 语句的文件和 PL/SQL 语句，通过 SQL*Plus 可以与数据库进行"对话"。

5.1　进入和退出 SQL*Plus 环境

　　SQL*Plus 是 Oracle 数据库服务器最主要的接口，它提供了一个功能强大但易于使用的查询、定义和控制数据的环境。SQL*Plus 提供了 Oracle SQL 和 PL/SQL 的完整实现，以及一组丰富的扩展功能。Oracle 数据库优秀的可伸缩性结合 SQL*Plus 的关系对象技术，允许使用 Oracle 的集成系统解决方案开发复杂的数据类型和对象。

　　SQL*Plus 是 Oracle 数据库的主要 SQL 运行环境。下面介绍 SQL*Plus 环境的进入与退出知识。

5.1.1　启动 SQL*Plus

　　启动 SQL*Plus 有如下两种方式：

　　（1）从菜单命令中启动

Step 1　在 Windows 8 系统下从"开始"屏幕选择"SQL Plus"或者按 Win+Q 组合键在"应用"中搜索"SQL Plus"，"如图"5.1（a）所示，或者直接按 Win 键在

"开始"里面去找，如图 5.1（b）所示。

（a）按 Win+Q 组合键在"应用"中搜索"SQL Plus"

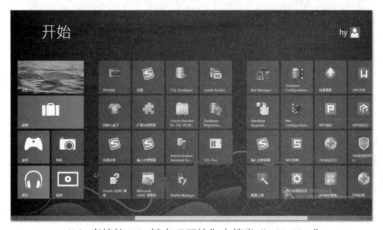

（b）直接按 Win 键在"开始"中搜索"SQL Plus"

图 5.1　搜索"SQL Plus"

Step **2**　出现 SQL Plus 界面，如图 5.2 所示。

Step **3**　输入用户名和口令，如果要求输入身份，就开始与数据库服务器连接，接连成功后出现提示符"SQL>"表明 SQL*Plus 已经启动，如图 5.3 所示。在此，我们输入用户名 sys，密码 oracle。

> **提示**
>
> 　用户可以在"请输入用户名："后输入 username/password[@connect_identifier]来直接登录连接到数据库，也可以分开输入用户名和口令。

图 5.2　SQL Plus 界面

图 5.3　启动 SQL*Plus

（2）从 Windows 的"运行"窗口中启动

Step 1　Windows 8 的"开始"中已经没有"运行"，但是可以直接按 Win+R 组合键打开"运行"对话框，如图 5.4 所示。

图 5.4　"运行"对话框

Step 2　在对话框中输入：sqlplus "sys/oracle as sysdba"，单击"确定"即可启动，如图 5.5 所示。

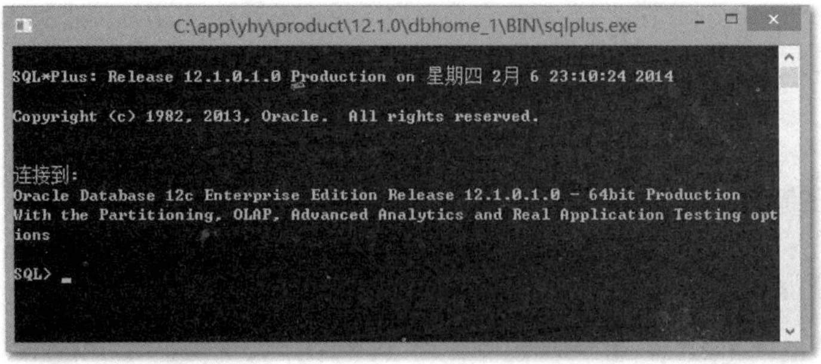

C:\app\yhy\product\12.1.0\dbhome_1\BIN\sqlplus.exe
SQL*Plus: Release 12.1.0.1.0 Production on 星期四 2月 6 23:10:24 2014
Copyright (c) 1982, 2013, Oracle. All rights reserved.
连接到:
Oracle Database 12c Enterprise Edition Release 12.1.0.1.0 - 64bit Production
With the Partitioning, OLAP, Advanced Analytics and Real Application Testing opt
ions
SQL>

图 5.5　“运行”里启动 SQL*Plus

5.1.2　创建 SQL*Plus 快捷方式

为了避免每次启动都需要输入用户名、口令和连接字符串，可以通过快捷方式来启动、登录并连接到数据库。需要注意的是，使用快捷方式易暴露用户名、口令。创建 SQL*Plus 快捷方式的步骤如下：

Step 1　在路径 C:\app\yhy\product\12.1.0\dbhome_1\BIN 中找到 sqlplus.exe。

Step 2　单击鼠标右键，在弹出菜单中选择“创建快捷方式”命令，同意将快捷方式放在桌面上。

Step 3　在桌面上，右击创建好的“sqlplus 快捷方式”图标，在弹出菜单中选择“属性”命令。

Step 4　打开“sqlplus 快捷方式属性”对话框，在“快捷方式”选项卡的“目标”文本框中添加如下样式的参数：C:\app\yhy\product\12.1.0\dbhome_1\BIN\sqlplus.exe “sys/oracle as sysdba”，如图 5.6 所示。

sqlplus - 快捷方式 属性
兼容性
安全
详细信息
常规
快捷方式
选项
字体
布局
颜色
sqlplus - 快捷方式
目标类型:
应用程序
目标位置:
BIN
目标(T):
ome_1\BIN\sqlplus.exe "sys/oracle as sysdba"
起始位置(S):
C:\app\yhy\product\12.1.0\dbhome_1\BIN
快捷键(K):
无
运行方式(R):
常规窗口
备注(O):
打开文件位置(F)
更改图标(C)...
高级(D)...
确定
取消
应用(A)

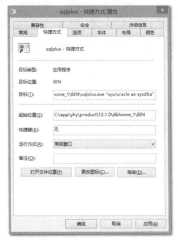

图 5.6　“sqlplus 快捷方式属性”对话框

Step 5 单击"确定"按钮。以后双击桌面上"sqlplus 快捷方式"图标，便能以 sys 用户启动、登录并连接到 Oracle 数据库了，如图 5.7 所示。

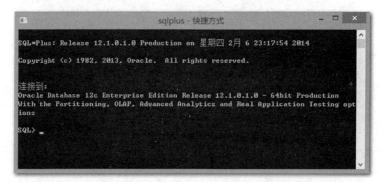

图 5.7　用快捷方式启动、登录并连接数据库

5.1.3　退出 SQL*Plus 环境

当不再使用 SQL*Plus 时，只需要在提示符"SQL>"后面输入 exit 或者 quit 命令后按回车键，即可退出 SQL*Plus 环境，如图 5.8 所示。

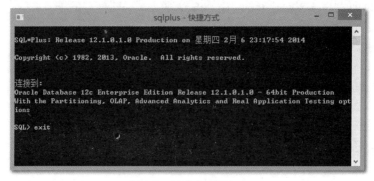

图 5.8　退出 SQL*Plus

5.2　SQL*Plus 编辑器的编辑命令

使用 SQL*Plus 可以方便地编辑和管理编程的过程，其中包括编辑命令、保存命令、加入注释、运行命令、编写交互命令、使用绑定变量、跟踪语句等。

5.2.1　编辑命令

在使用 SQL*Plus 的编辑命令时可以使用斜杠（"/"）加回车命令使最后输入的 SQL

语句再次被运行。

SQL*Plus 有自己内嵌的命令行编辑器，它允许在 SQL*Plus 中编辑已经保存在缓冲区中的语句。SQL*Plus 的行编辑命令如表 5.1 所示。

表 5.1　SQL*Plus 的行编辑命令

命令	说明
A[PPEND] text	在行的结尾添加文本
C[HANGE] /old/new	将当前行中的 old 替换成 new
C[HANGE] /text	从当前行删除 text
CL[EAR] BUFF[ER]	删除缓冲区中的所有行
DEL	删除当前行
DEL n	删除第 n 行
DEL m n	删除 m 行到 n 行，n 可以是 LAST
I[NPUT] text	在当前行后面添加一新行，内容是 text
L[IST]	列出当前行
L[IST] n 或只输入 n	列出第 n 行，并将其设置成当前行，n 可以是 LAST
L[IST] m n	列出第 m 行到第 n 行
L[IST] *	列出所有行

在 SQL*Plus 中有一个命令，允许定义直接在 SQL*Plus 中使用的编辑器，其格式为：

```
define_editor=editor_name
```

其中，editor_name 是用户选择的编辑器的名称。在 UNIX 系统中，该编辑器可以是"vi"，在虚拟内存系统（Virtual Memory System，VMS）中可以是"edt"，在 Windows 操作系统中编辑器是"notepad"。为了使用以上用户自定义的编辑器，输入命令"edit"或者缩写"ed"，Oracle 将使用用户在"define_editor"命令中定义的编辑器。例如，在 Windows XP 操作系统下，启动 SQL*Plus 后执行"ed"命令，将打开"记事本"程序，缓冲区中的 SQL 语句就自动出现在编辑器中了。

5.2.2　保存命令

在 SQL*Plus 中，可以将一个或多个 SQL 命令、PL/SQL 块和 SQL*Plus 命令存储在命令文件中，其方式包括 SAVE 命令、INPUT 命令、EDIT 命令三种。

（1）SAVE 命令

格式：SAVE file_name

使用 SAVE 命令可以直接将缓冲区中的 SQL 语句保存到当前路径或指定路径下指定的文件中，扩展名是.SQL，说明是一个 SQL 查询文件。

（2）INPUT 命令

可以将 INPUT 和 SAVE 命令结合使用，使用 INPUT 命令将 SQL*Plus 命令输入到缓冲区中，然后使用 SAVE 命令保存到文件中。

（3）EDIT 命令

可以直接使用 EDIT 命令创建文件。

5.2.3 加入注释

在代码中加入注释能够提高可读性，在 SQL*Plus 中用于加入注释的方式包括 REMARK 命令、/*...*/、--三种。

（1）使用 REMARK 命令

使用 REMARK 命令在一个命令文件的一行上加注释。例如：

```
REMARK creatreport.sql
```

（2）使用/*...*/

使用 SQL 注释分隔符/*...*/可以对一个命令文件的一行或多行加注释。例如：

```
/* only female */
WHERE SEX='FEMALE'
```

（3）使用--

使用 ANSI/ISO 样式注释"--"对单行进行注释。例如：

```
-- 清除屏幕
CLEAR SCREEN
```

5.2.4 运行命令

运行 SQL 命令和 PL/SQL 块有三种方式，分别为命令行方式、SQL 缓冲区方式、命令文件方式。

（1）命令行方式

在命令后面加分号（;）作为终止符来运行 SQL 命令的方式。

（2）SQL 缓冲区方式

SQL*Plus 提供了 RUN 命令和斜杠（/）命令来以缓冲区方式执行 SQL 命令。其中，RUN 命令的格式为：

```
R[un]
```

RUN 命令列出并执行当前存储在缓冲区中的 SQL 命令或 PL/SQL 块，它可以显示缓冲区的命令并返回查询的结果，并使缓冲区中的最后一行成为当前行。

斜杠（/）命令类似于 RUN 命令，它执行存储在缓冲区中的 SQL 命令或 PL/SQL 块，但不显示缓冲区的内容，也不会使缓冲区的最后一行成为当前行。

（3）命令文件方式

以命令文件方式运行一个 SQL 命令或 SQL*Plus 命令或 PL/SQL 块，有两种方式：

START 命令和@命令。其中，START 命令的格式为：

```
START file_name[.sql] [arg1 arg2]
```

SQL*Plus 在当前路径下查找具有在 START 命令中指定的文件名和扩展名的文件。如果没有找到，将在 SQLPATH 环境变量定义的目录中查找。参数部分（[arg1 arg2]）代表用户希望传递给命令文件中的参数值，必须是如下格式：&1、&2（或者&&1、&&2）。如果输入一个或多个参数，SQL*Plus 使用这些值替换命令文件中的参数。

@命令与 START 命令的功能相似，唯一的区别是@命令既可在 SQL*Plus 会话内部运行，又可在启动 SQL*Plus 时的命令行级别运行，而 START 命令只能在 SQL*Plus 会话内部运行。

> **提 示**
>
> 此外，使用 EXECUTE 命令能够直接在 SQL*Plus 提示符下执行单条 PL/SQL 语句，而不需要从缓冲区或命令文件中执行。

5.2.5 编写交互命令

SQL*Plus 可以使用户编写交互命令，设置命令文件。

（1）定义用户变量

用户可以使用 DEFINE 命令定义用户变量（User variables），可以在命令文件中重复使用，也可以在标题中定义用户变量。例如：

```
DEFINE NEWSTU=ZHANGSAN
```

> **提 示**
>
> 用户可以使用不带任何参数的 DEFINE 命令列出所有的变量定义。

（2）在命令中替代值

替代变量是在用户变量名前加入一个或两个&符号的变量。当 SQL*Plus 遇到一个替代变量时，SQL*Plus 执行命令，好像它包含替代变量的值一样。

【例5-1】如果变量 SORTCOL 包含值 TEA_ID，变量 MYTABLE 包含值 TEA_VIEW，SQL*Plus 执行如下命令：

```
SELECT &SORTCOL, SALARY
FROM &MYTABLE
WHERE SALARY>15000;
```

上面的查询语句等价于：

```
SELECT TEA_ID, SALARY
FROM TEA_VIEW
WHERE SALARY>15000;
```

用户可以在除了 SQL 和 SQL*Plus 命令语句中的第一个关键字之外的地方使用替代变量。

（3）使用 START 命令提供值

在编写 SQL*Plus 命令时，也可以使用 START 命令将命令文件的参数值传给替代变量，即将&符号置于命令文件数字的前面，替换替代变量。当每次运行该命令文件时，START 使用第一个值替换&1，使用第二个值替换&2，依此类推。

【例 5-2】命令文件 MYFILE.sql 中有下面一段命令：

```
SELECT * FROM TEA_VIEW
WHERE TEA_ID='&1'
AND SALARY='&2';
```

执行如下的 START 命令：

```
START MYFILE CLEARK 2000
```

SQL*Plus 将使用 CLEARK 替换&1，用 2000 替换&2。

（4）与用户通信

在 SQL*Plus 中，可以使用 PROMPT、ACCEPT、PAUSE 命令与最终用户进行通信，发送消息到屏幕，并接受最终用户的输入。其具体功能介绍如下：

● PROMPT 用于在屏幕上显示定义的消息，提示用户操作。

● ACCEPT 用于提示用户输入值，并将输入的值存储在定义的变量中，可以控制输入的数据类型。

● 如果希望用户读取屏幕上的提示信息后，按键再继续让用户输入，可以使用 SQL*Plus 提供的 PAUSE 命令。

【例 5-3】PROMPT、ACCEPT、PAUSE 命令使用举例。

```
SQL>CLEAR BUFFER
Buffer 已清除
SQL>INPUT
1 PROMPT Please input a valid class
2 PAUSE Press Enter to continue
2 ACCEPT CLASSNO NUMBER PROMPT 'Class no:'
```

5.2.6 使用绑定变量

绑定变量是在 SQL*Plus 中创建的变量，然后在 PL/SQL 和 SQL 中引用，就像在 PL/SQL 子程序中声明的变量一样。我们可以使用绑定变量存储返回的代码，调试 PL/SQL 子程序。

使用 VARIABLE 命令在 SQL*Plus 中创建绑定变量，如：

```
VARIABLE ret_val NUMBER
```

该命令创建了一个绑定变量 ret_val，数据类型是 NUMBER。

在 PL/SQL 中通过输入冒号（:）引用绑定变量，如：

```
:ret_val :=1;
```

当需要在 SQL*Plus 中改变绑定变量的值时，须进入 PL/SQL，如：

```
SQL>VARIABLE ret_val NUMBER
```

```
SQL>BEGIN
    2 :ret_val=8;
    3 END;
    4 /        PL/SQL 过程已成功完成。
```

如果需要在 SQL*Plus 中显示绑定变量，可以使用 PRINT 命令，如：

```
SQL>PRINT RET_VAL
   Ret_VAL
  --------------
          8
```

SQL*Plus 也提供了 REFCURSOR 命令来绑定变量，使 SQL*Plus 能够提取和格式化 PL/SQL 块中包含的 SELECT 语句返回的结果。

【例5-4】下面举例说明如何创建、引用和显示 REFCURSOR 绑定变量。

Step 1 声明 REFCURSOR 数据类型的本地绑定变量：

```
VARIABLE tea_info REFCURSOR
```

Step 2 进入在 OPEN...FOR SELECT 语句的绑定变量，该语句将打开一个游标，执行查询：

```
BEGIN
OPEN :tea_info FOR SELECT TEA_ID,SALARY FROM TEA_VIEW WHERE JOB_ID='PROFESSOR';
END;
/
```

Step 3 SELECT 语句的结果就显示在 SQL*Plus 中：

```
PRINT tea_info
TEA_ID          SALARY
---------------- -----------------
1001     2000
1002     2300
1003     2800
1004     3000
```

REFCURSOR 绑定变量可以用于存储过程中的 PL/SQL 块的游标变量，使用户能够将 SELECT 语句存储在数据库中，被 SQL*Plus 引用。

【例5-5】下面举例说明如何在存储过程中使用 REFCURSOR 绑定变量：

Step 1 定义类型：

```
CREATE OR REPLACE PACKAGE cv_type AS TYPE TeaInfoType is REFCURSOR RETURN tea%ROWTYPE;
END cv_type;
/
```

Step 2 创建存储过程：

```
CREATE OR REPLACE PROCEDURE TeaInfo_rpt
(tea_cv IN OUT cv_types.TeaInfoType) AS
BEGIN
OPEN tea_cv FOR SELECT TEA_ID,SALARY FORM TEA_VIEW WHERE JOB_ID='PROFESSOR';
END;
```

Step 3 执行带有 SQL*Plus 绑定变量的过程：

```
VARIABLE odcv REFCURSOR
EXECUTE TeaInfo_rpt(:odcv)
```

然后打印绑定变量：

```
PRINT odcv
TEA_ID          SALARY
---------------- -----------------

1001      2000
1002      2300
1003      2800
1004      3000
```

该过程可以使用相同或不同的 REFCURSOR 绑定变量执行多次：

```
VARIABLE pcv REFCURSOR
EXECUTE TeaInfo_rpt(:pcv)
```

输入下面命令：

```
PRINT pcv
```

得到结果为：

```
TEA_ID          SALARY
---------------- -----------------

1001      2000
1002      2300
1003      2800
1004      3000
```

Step 4 在存储的函数中使用绑定变量。在存储的函数中使用 REFCURSOR 变量，首先创建一个包含 OPEN...FOR SELECT 语句的存储函数：

```
CREATE OR REPLACE FUNCTION TeaInfo_fn RETURN cv_types.TeaInfo IS
result cv_types.TeaInfoType;
BEGIN
OPEN resultset FOR SELECT TEA_ID,SALARY FROM TEA_VIEW WHERE JOB_ID='PROFESSOR';
RETURN(resultset);
END;
```

执行该函数：

```
VARIABLE rc REFCURSOR
EXECUTE :rc := TeaInfo_fn
```

输出绑定结果：

```
PRINT rc
```

得到结果为：

```
TEA_ID          SALARY
---------------- -----------------

1001      2000
1002      2300
1003      2800
```

1004   3000

该函数可以使用相同的绑定变量，也可以使用不同的绑定变量执行多次。

5.2.7　跟踪语句

可以通过 SQL 优化器和语句执行统计自动获得执行路径的报告，该报告在成功执行 SQL DML 以后生成，对于监视和调整这些语句的性能是非常重要的。

（1）控制报告

可以设置 AUTOTRACE 系统变量控制报告。

- SET AUTOTRACE OFF：不生成 AUTOTRACE 报告，是默认情况。
- SET AUTOTRACE ON EXPLAIN：AUTOTRACE 报告只显示优化器执行路径的报告。
- SET AUTOTRACE ON STATISTICS：AUTOTRACE 显示 SQL 语句执行统计。
- SET AUTOTRACE ON：AUTOTRACE 报告优化器执行路径和 SQL 语句执行统计。
- SET AUTOTRACE TRACEONLY：与 SET AUTOTRACE ON 类似，但压缩了用户查询输入的打印。

为了使用这些特性，必须先在方案中创建 PLAN_TABLE 表，然后将 PLUSTRACE 角色赋予用户，这需要 DBA 授权。其具体操作过程如下：

Step 1　在 SQL*Plus 会话中执行以下命令创建 PLAN_TABLE 表：

```
CONNECT HR/HR
C:\ORACLE_HOME\RDBMS\ADMIN\UTLXPLAN.SQL
```

显示结果为：

表已创建

Step 2　在 SQL*Plus 会话中使用下面命令创建 PLUSTRACE 角色,将该角色授予 DBA：

```
CONNECT PLUSTRACE/PLUSTRACE AS SYSDBA
C:\ORACLE_HOME\RDBMS\ADMIN\UTLXPLAN.SQL
```

显示结果：

```
SQL>drop role plustrace;
SQL>create role plustrace;
SQL>grant select on v_$teaname to plustrace;
SQL>grant plustrace to dba with admin option;
```

Step 3　执行下面命令将 PLUSTRACE 角色授权给 HR 用户：

```
CONNECT / AS SYSDBA
GRANT PLUSTRACE TO HR;
```

（2）执行计划

执行计划显示了 SQL 优化器执行查询的路径，执行计划的每行都包含一个序列号，SQL*Plus 显示了该操作的序列号。执行计划如表 5.2 所示。

表 5.2　执行计划

列名	说明
ID_PLUS_EXP	显示每个执行步骤的行号
PARENT_ID_PLUS_EXP	显示每步和它的父级间的关系
PLAN_PLUS_EXP	显示报告的每个步骤
OBJECT_NODE_PLUS_EXP	显示数据库连接和并行查询服务器

列的格式可以用 COLUMN 命令修改，也可以用 EXPLAIN PLAN 命令生成执行计划输出。

当语句执行时，请求服务器资源，服务器就会生成统计信息，统计的客户就是 SQL*Plus。Oracle Net 指的是 SQL*Plus 与服务器之间的进程通信。用户不能改变统计报告的格式。

5.3　设置 SQL*Plus 环境

SQL*Plus 默认命令提示符的操作界面的屏幕背景是黑色的，文字是灰色的，窗口大小是 80（宽）×25（高）。"sqlplus-快捷方式属性"对话框默认的四个选项卡如图 5.9（a）~（d）所示。

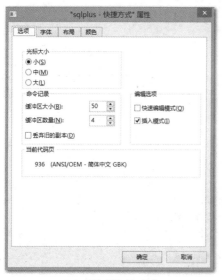

（a）"选项"选项卡

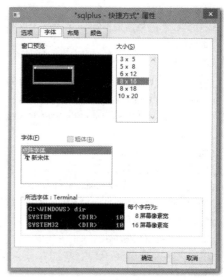

（b）"字体"选项卡

图 5.9　"sqlplus-快捷方式属性"对话框

（c）"布局"选项卡

（d）"颜色"选项卡

图 5.9   "sqlplus-快捷方式属性"对话框（续图）

现在把 "SQL*Plus 属性" 的屏幕背景改成白色、文字改成黑色、窗口大小改为 120（宽）×30（高），其操作步骤如下：

Step 1 右击标题栏，在弹出的快捷菜单中选择"属性"，出现"sqlplus-快捷方式属性"对话框。

Step 2 在"颜色"选项卡的左上方，先选择"屏幕背景"选项，然后在中间的颜色块中选择白色，如图 5.10（a）所示；再选择"屏幕文字"，在中间的颜色块中选择黑色，如图 5.10（b）所示。

（a）屏幕背景改为白色

（b）屏幕文字改为黑色

图 5.10   "sqlplus-快捷方式属性"对话框

Step 3　在"布局"选项卡的"窗口大小"栏，将"宽度"改为 120，"高度"改为 30，如图 5.11 所示。

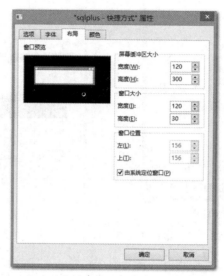

图 5.11　修改"窗口大小"的宽度为 120，高度为 30

提 示

做上述修改后，"屏幕缓冲区大小"中的宽度和高度也会随之改为 120 和 30。

Step 4　单击"确定"按钮，关闭"sqlplus-快捷方式属性"对话框，返回命令提示符的操作界面。此时，屏幕背景变成白色，文字变成黑色，而且窗口的宽度由原来的 80 变为了 120，高度也由原来的 25 变为了 30，如图 5.12 所示。

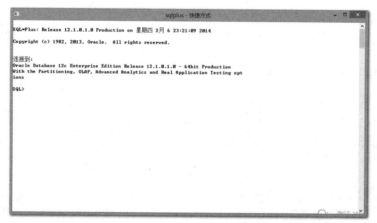

图 5.12　修改后的 SQL*Plus 命令提示符操作界面

SQL*Plus 有一组系统变量，可以用来设置或自定义 SQL*Plus 的操作环境。如设置每行最多显示多少个字符、每页最多显示多少行、是否自动提交、是否允许服务器输出、某个输出列的标题和格式、输出页的标题和脚注等。这是 SQL*Plus 最灵活的地方，只要不关闭当前的 SQL*Plus 程序，无论是切换到哪个用户，环境的设置都是相同的。

在 Oracle 数据库中，用于维护 SQL*Plus 系统变量的命令包括 SHOW 和 SET。

5.3.1　SHOW 命令

SHOW 命令可以用来显示当前 SQL*Plus 环境中的系统变量，还可以显示错误信息、初始化参数、当前用户等信息。该命令的格式是：

```
SHO[w]option
```

其中，option 包含的选项有：system_variable,ALL,BTI[TLE],ERR[ORS][{FUNCTION| PROCEDURE| PACKAGE | PACKAGE BODY | TRIGGER|VIEW|TYPE|TYPE BODY} [schema.]name],PARAMETERS [parameter_name],REL[EASE],REPF[OOTER], REPH[EADER], SGA,SPOO[L],SQLCODE,TT[ITL E],USER。

SHOW 命令的基本功能如表 5.3 所示。

表 5.3　SHOW 命令的基本功能

命令	说明
SHOW system_variable	显示系统变量 system_variable 的值
SHOW all	显示当前所有系统变量的值
SHOW errors	显示在创建函数、存储过程、触发器、包等对象时的错误信息。当创建一个函数、存储过程等出错时，就可以用该命令查看在哪个地方出错与相应的出错信息，以便修改后再次进行编译
SHOW parameters[parameter_name]	显示初始化参数的值
SHOW release	显示数据库的版本
SHOW SGA	显示 SGA 的大小。只有具有 DBA 权限的用户才能使用该选项
SHOW sqlcode	显示数据库操作之后的状态代码
SHOW user	显示当前连接的用户

5.3.2　SET 命令

SET 命令用于设置系统变量的值，以便于更改 SQL*Plus 的环境设置。该命令的格式为：

```
SET system_variablel valuel [system_variable2 value2]…
```

其中，system_variable 是系统变量名称，value 是给该变量所赋予的值。通过 SET 命令设置的系统变量很多，可以在 SQL*Plus 中使用 HELP SET 命令来查看 SET 命令的功能，还可以设置所有系统变量，如图 5.13 所示。

图 5.13　SET 命令

（1）ARRAYSIZE

用于设置从数据库中一次提取的行数，默认值为 15。如：

```
SQL>SHOW arraysize
arraysize 15
SQL>SET arraysize 20
SQL>SHOW arraysize
arraysize 20
```

（2）AUTOCOMMIT

用于在执行 DML 语句时设置是否自动提交，默认值为 OFF。当设置为 ON 并设置为 n 时，表示成功执行 n 条 SQL 语句或 PL/SQL 块后自动提交。如：

```
SQL>SHOW autocommit
autocommit OFF
SQL>SET autocommit 5
SQL>SHOW autocommit
autocommit ON
```

AUTOCOMMIT ON 用于所有 DML 语句。

（3）COLSEP

用于设置在选定列之间的分隔符，默认为空格。

（4）ECHO

在用 START 命令执行一个脚本文件时，ECHO 命令用于控制是否显示脚本文件中正在执行的 SQL 语句，默认值为 OFF。

（5）FEEDBACK

当一个查询选择出至少 n 行记录时，就会在结果集分页显示返回的行数，默认值是 6。

（6）HEADING

用于说明是否显示查询结果的列标题，默认值为 ON，表示显示列标题。

（7）HEADSEP

即 Heading separator，指定后面的标点符号用于将页标题或列标题分行显示。默认值为"|"。

（8）LINESIZE

设置每行显示的字符个数，即宽度，默认值为 80。

（9）NEWPAGE

设置分隔页与页之间的空白行数。

（10）PAGESIZE

设置每页显示的行数（其中包括了 TITLE、BTITLE、COLUMN 标题以及显示的空行），默认值是 14。

（11）PAUSE

设置每页输出时是否暂停，如果设置了 PUASE text，则会在左下角显示 text。

（12）SERVEROUTPUT

用于控制是否显示 PL/SQL 块或存储过程的输出，即允许函数 DBMS_OUTPUT. PUT_LINE()的输出显示在屏幕上。默认值为 OFF，即当调用该函数时不会在 SQL*Plus 屏幕上显示输出结果。

（13）SQLPROMPT

用于设置 SQL*Plus 的命令提示符，默认值为"SQL>"。

（14）TIME

用于设置是否在 SQL*Plus 命令提示符前显示系统的当前时间，默认值为 OFF。如果设置成 ON，则可以从提示符前的时间大致跟踪 SQL 语句、PL/SQL 块的执行时间、花费时间。还可以利用闪回技术，查询某个时刻数据库中某个表的数据，甚至将该表闪回到某个时刻的数据。

（15）TIMING

用于设置是否显示执行 SQL 语句、PL/SQL 块的花费时间，默认值为 OFF。

（16）TRIMSPOOL

用于设置是否将 SPOOL 输出中每行后面多余的空格去掉，默认值是 OFF。

（17）UNDERLINE

用于设置下划线字符的符号，默认值为"_"。

（18）VERIFY

在交互使用替换变量时，用于设置是否列出一个 SQL 语句在获得替换变量的值前后的文本内容。默认值是 ON，即显示前后文本的内容，若设置为 OFF，则表示不显示。

5.4　SQL*Plus 环境介绍

5.4.1　存储 SQL*Plus 环境

假如对设置好的 SQL*Plus 环境比较满意，可以使用 STORE SET 命令将当前的设置保存到一个脚本文件中，以便以后用 START 命令来运行该脚本文件，重现当前的环境。STORE SET 命令的语法格式为：

```
STORE {SET} filename[.ext] [CRE[ATE] | REP[LACE] | APP[END] ]
```

脚本文件的默认扩展名是".sql"，如果 filename 中不包含路径，则脚本文件保存在与 sqlplus.exe 相同的路径下。

5.4.2　假脱机输出

SQL*Plus 提供了一系列有关脚本文件和"假脱机"文件的操作命令，设置其系统变量、格式化输出、建立交互式操作方式的命令，并且往往每种命令还有若干可选项。

假脱机输出的命令如下：

```
spool 文件名
```

上述命令表示将这之后的各种操作及执行结果"假脱机"，即存盘到磁盘文件上，默认文件扩展名为.lst。

停止假脱机的命令如下：

```
spool off
```

5.4.3　联机帮助

在使用 SQL*Plus 过程中，为了获取帮助，只需要在 SQL*Plus 的命令提示符下输入 HELP 和命令名称，再回车即可。

假如在"SQL>"提示符下，输入"HELP select"或"? select"，再按回车键，将会显示出有关 select 命令的帮助信息。

5.5　使用 SQL*Plus 格式化查询结果

使用 SQL*Plus 格式化查询结果，可以生成一个良好的报告。

5.5.1　格式化列

通过 SQL*Plus 的 COLUMN 命令，可以改变列的标头，重新格式化查询中列的数据。

（1）修改列标头

当显示列标题时，可以使用默认的标头，也可以使用 COLUMN 命令修改列标头。当我们要显示查询结果时，SQL*Plus 使用列或者表达式名称作为列的标题。如果需要改变默认标题，可以使用 COLUMN 命令，格式为：

COLUMN column_name HEADING column_heading

【例 5-6】为了生成一个来自 TEA_VIEW 的报告并带有新的标题：NEW_NAME、MONTH_ SALARY，可以输入下面命令：

```
COLUMN TEA_NAME HEADING "NEW_NAME"
COLUMN SALARY HEADING "MONTH_SALARY"
SELECT TEA_NAME,SALARY FROM TEA_VIEW WHERE JOB_ID="PROFESSOR"
```

显示的结果为：

```
NEW_NAME              MONTH_SALARY
--------------------  ------------
           AA             2000
           BB             2300
           CC             2800
           DD             3000
```

可以拆分列标题：

```
COLUMN TEA_NAME HEADING "NEW | NAME"
COLUMN SALARY HEADING "MONTH | SALARY"
```

也可以设置下划线字符：

```
SET UNDERLINE =
```

则显示结果为：

```
NEW            MONTH
NAME           SALARY
============= =============
           AA     2000
           BB     2300
           CC     2800
           DD     3000
```

（2）格式化 NUMBER 列

NUMBER 列的宽度等于标题的宽度或者是 FORMAT 的宽度加上一个空格，如果没有显式使用 FORMAT，列的宽度至少是 SET NUMWIDTH 的值。一般情况下，SQL*Plus 尽可能显示数字，直到 SET 命令设置的 NUMWIDTH 变量的值。如果数字个数多于 SET NUMWIDTH 的值，则 SQL*Plus 将截断该值，使它达到所允许的最大数字数。格式化列的格式为：

```
COLUMN column_name FORMAT model
```

【例 5-7】使用逗号或美元符号，可以将值限定为给定的十进制数字格式。

```
COLUMN SALARY FORMAT $9,990
```

得到的结果为：

```
NEW              MONTH
NAME             SALARY
============== ==============
        AA       $2,000
        BB       $2,300
        CC       $2,800
        DD       $3,000
```

（3）格式化数据类型

当显示数据类型时，可以使用 SQL*Plus 的 COLUMN 命令进行修改，其中包括 CHAR、NCHAR、VARCHAR2（VARCHAR）、NVARCHAR2（NCHAR VARYING）、DATE、LONG、CLOB、NCLOB。

如果定义列的宽度小于列的标题，SQL*Plus 截断标题，如果为 LONG、CLOB 和 NCLOB 定义宽度，SQL*Plus 使用 LONGCHUNKSIZE 或者定义的宽度。

【例 5-8】设置 NEW_NAME 列的宽度为 1 个字符，输入下面的命令：

```
COLUMN NEW_NAME FORMAT A1
/
```

显示结果为：

```
NEW              MONTH
NAME             SALARY
============== ==============
        A        $2,000
        A
        B        $2,300
        B
        C        $2,800
        C
        D        $3,000
        D
```

（4）复制列显示属性

当希望多列具有相同的显示属性时，可以在 COLUMN 命令中使用 LIKE 子句。如：

```
COLUMN WATER LIKE SALARY HEADING BONUS
```

查询结果为：

NEW NAME	MONTH SALARY	WATER
AA	$2,000	$50
BB	$2,300	$200
CC	$2,800	$150
DD	$3,000	$180

（5）列出和重新设置列显示属性

使用 COLUMN 命令可以列出给定的当前显示属性，其格式为：

```
COLUMN column_name
```

> **提　示**
>
> 若只使用不带参数的 COLUMN 命令，则可以显示所有列的属性。

重新设置列的显示属性为默认情况，可使用下面的格式：

```
COLUMN column_name CLEAR
```

（6）在外层列值后显示一行字符

当显示的值不适合列的宽度时，SQL*Plus 将列值设为附加行。如果希望插入一个记录分隔符，可使用 SET 命令的 RECSEP 和 RECSEPCHAR 关键字。其中，RECSEP 决定何时打印字符行，如果将 RECSEP 设置为 EACH，则在每行后面打印，如果将 RECSEP 设置为 WRAPPED（这也是 RECSEP 的默认值），则在包装行后面打印，如果设置为 OFF 则压缩打印。

（7）使用空格和概述行阐明报告

当在 SQL SELECT 命令中使用 ORDER BY 子句时，在输出时将对数据排序，使用 SQL*Plus 的 BREAK 和 COMPUTE 命令可以创建记录的子集合，添加空格和概述行。

【例 5-9】使用 BREAK 和 COMPUTE 命令查询示例。

```
SELECT DEPARTMENT_ID,NEW_NAME,SALARY FROM TEA_VIEW WHERE SALARY >2000 ORDER BY
DEPARTMENT_ID
```

显示结果为：

DEPARTMENT_ID	NEW_NAME	SALARY
7	BB	$2,300
7	CC	$2,800
9	DD	$3,000

如果使用 BREAK 命令：

```
BREAK ON DEPARTMENT_ID;
```

显示结果为：

DEPARTMENT_ID	NEW_NAME	SALARY
7	BB	$2,300
	CC	$2,800
9	DD	$3,000

如果执行下面命令，可以在列的值改变时，插入 1 个空白行：

```
BREAK ON DEPARTMENT_ID SKIP 1
```

执行查询后显示结果为：

DEPARTMENT_ID	NEW_NAME	SALARY
7	BB	$2,300
	CC	$2,800
9	DD	$3,000

如果使用了 BREAK 命令将输出的行分为子集，则可以使用 SQL*Plus 的 COMPUTE 函数对每个子集进行一些计算。计算函数如表 5.4 所示。

表 5.4 COMPUTE 的计算函数

函数	功能
SUM	计算列的和
MINMUM	计算列值的最小值
MAXMUM	计算列值的最大值
AVG	求平均值
STD	计算列值的标准方差
VARIANCE	计算列值的协方差
COUNT	计算列值的非空的个数
NUMBER	计算列的行数

【例 5-10】计算输并出薪水总和。

```
BREAK ON REPORT
COMPUTE SUM LABEL TOTAL OF SALARY ON REPORT
SELECT NEW_NAME,MONTH_SALARY FROM TEA_VIEW WHERE JOB_ID="PROFESSOR"
```

显示结果：

```
                      Page:1
NEW_NAME              MONTH_SALARY
=============== ===============
       AA             $2,000
       BB             $2,300
       CC             $2,800
       DD             $3,000
=============== 
       TOTAL          $10,100
```

5.5.2　定义页与报告的标题和维数

当数据库中的数据比较多时，为了使显示的结果美观合理，可以在每页上添加上标题和下标题，也可以设置每页显示的行数和每行的宽度，还可以在每个报告上加标题和脚注。

（1）设置上下标题、题头和脚注

从前面知道可以使用 TITLE 命令设置上标题，使用 BTITLE 命令设置每页的下标题，使用 REPHEADER 命令定义报告题头，使用 REPFOOTER 命令定义报告脚注。

（2）显示页号和系统维护值

如果需要显示当前页的序号和标题中系统维护值时，可使用下面的命令：

```
TITLE LEFT system_maintained_value_name
```

（3）列出标题、压缩标题和恢复页标题的定义

为了列出标题定义，可使用下面的命令：

```
TITLE
BTITLE
```

为了压缩标题定义，可使用下面的命令：

```
TITLE OFF
BTITLE OFF
```

如果需要恢复当前定义，可使用下面的命令：

```
TITLE ON
BTITLE ON
```

（4）显示标题的列值

在上标题引用一个列值，将值存储在变量中，在 TITLE 命令中再引用该变量。定义变量的格式：

```
COLUMN column_name NEW VALUE variable_name
```

（5）在标题中显示当前日期

为了对输出报告加入日期，需要在 SQL*Plus 的 LOGIN 文件中加入下面的命令来创建变量：

```
SET TERMOUT OFF
BREAK ON TODAY
COLUMN TODAY NEW_VALUE_DATE
SELECT TO_CHAR(SYSDATE,'fmMonth DD,YYYY') TODAY FROM DUAL;
CLEAR BREAKS
SET TERMOUT ON
```

为了显示日期，可以在标题中引用 NEW_VALVE_DATE。

（6）设置页维数

SQL*Plus 在每页上显示的数据的数量依赖于当前页的维。

SQL*Plus 使用默认页时，上标题前的行数是 1，每页的行数是 24，每行的字数是

80。可使用 SET 命令的 NEWPAGE 子句来设置每页开始和上标题间的行数：

```
SET NEW PAGE number_of_lines
```

使用 PAGESIZE 设置每页的行数：

```
SET PAGESIZE number_of_lines
```

【例 5-11】将每页设置为 60 行，清除屏幕，设置行大小为 75 的命令为：

```
SET PAGESIZE 60
SET NEWPAGE 0
SET LINESIZE 75
```

可以使用 SHOW 命令列出这些变量的当前值：

```
SHOW PAGESIZE
SHOW NEWPAGE
SHOW LINESIZE
```

5.5.3 存储和打印结果

在输出结果时，可以使用 SPOOL 命令将查询结果存储到文件中，并同时在屏幕上显示，格式：

```
SPOOL file_name
```

当在不同软件产品间移动数据时，有必要用到"flat"文件。使用 SQL*Plus 创建一个"flat"文件，要先使用 SET 设置：

```
SET NEWPAGE 0
SET SPACE 0
SET LINESIZE 0
SET ECHO OFF
SET FEEDBACK OFF
SET HEADING OFF
SET MARKUP HTML OFF SPOOL OFF
```

若想把结果直接在打印机上打印出来，则可以使用命令 SPOOL OUT 来实现；若在输入到文件或打印机时，不想在屏幕上看到输出，则可以用 SET TERMOUT OFF 命令来实现。

第6章

Oracle 的基本操作

本章将主要介绍 Oracle 的相关操作，其中包括启动和关闭、表的创建、索引的创建、视图的有关操作，以及基本的数据操纵和数据查询操作。本章将主要从 SQL * Plus 方面来进行阐述。

6.1　Oracle 的启动与关闭

用户在连接并使用数据库之前，必须做好启动数据库的准备工作。下面将介绍 Oracle 数据库的安装与关闭。

6.1.1　启动 Oracle 数据库

每一个启动的数据库至少对应一个例程。例程是 Oracle 用来管理数据库的一个实体。在服务器中，例程是由一组逻辑内存结构和一系列后台服务进程组成的。当启动数据库时，这些内存结构和服务进程得到分配、初始化和启动，Oracle 才能够管理数据库，用户才能够与数据库进行通信。

> 提　示
>
> 可以简单地将例程理解成 Oracle 数据库在运行时位于系统内存中的部分，而将数据库理解为运行时位于硬盘中的部分。一个例程只能访问一个数据库，而一个数据库可以由多个例程同时访问。

一般而言，启动 Oracle 数据库需执行三个操作步骤：启动例程、装载数据库和打开数据库。每完成一个步骤，就进入一个模式或状态，以便保证数据库处于某种一致性的操作状态。可以通过在启动过程中设置选项来控制使数据库进入某个模式。

通过切换启动模式和更改数据库的状态，可以控制数据库的可用性。这样就可以给 DBA 提供一个能够完成一些特殊管理和维护操作的机会，否则会对数据库的安全构成极大的危险和困难。

本节将依次介绍 Oracle 的各种启动方法。

1. 一般启动

（1）启动例程

在 Oracle 服务器中，例程是由一组逻辑内存结构和一系列后台服务进程组成的。当启动例程时，这些内存结构和服务进程得到分配、初始化和启动。但是，此时的例程还没有与一个确定的数据库相联系，或者说数据库是否存在对例程的启动并没有影响，即还没有装载数据库。在启动例程的过程中只会使用 STARTUP 语句中指定的（或默认的）初始化参数文件。如果初始化参数文件或参数设置有误，则无法启动例程。

启动例程包括执行如下几个任务：

- 读取初始化参数文件，默认是读取 SPFILE 服务器参数文件，或读取由 PFILE 选项指定的文本参数文件。
- 根据该初始化参数文件中有关 SGA 区、PGA 区的参数及其设置值，在内存中分配相应的空间。
- 根据该初始化参数文件中有关后台进程的参数及其设置值，启动相应的后台进程。
- 打开跟踪文件、预警文件。

如果使用 STARTUP NOMOUNT 命令启动例程，则不打开控制文件，也不装载数据库。通常，使用数据库的这种状态来创建一个新的数据库，或创建一个新的控制文件。

（2）装载数据库

装载数据库时，例程将打开数据库的控制文件，根据初始化参数 control_files 的设置，找到控制文件，并从中获取数据库物理文件（即数据文件、重做日志文件）的位置和名称等关于数据库物理结构的信息，为下一步打开数据库做好准备。

在装载阶段，例程并不会打开数据库的物理文件，所以数据库仍然处于关闭状态，仅数据库管理员可以通过部分命令修改数据库，用户无法与数据库建立连接或会话，因此无法使用数据库。如果控制文件损坏或是不存在，例程将无法装载数据库。由此可见，初始化参数 control_files 和控制文件的重要性。

在执行下列任务时，需要数据库处于装载状态，但无须打开数据库：

- 重新命名、增加、删除数据文件和重做日志文件。
- 执行数据库的完全恢复。
- 改变数据库的归档模式。

使用 STARTUP MOUNT 命令启动例程并装载数据库。

（3）打开数据库

只有将数据库启动到打开状态后，数据库才处于正常运行状态，这时用户才能够与数据库建立连接或会话，才能存取数据库中的信息。

打开数据库时，例程将打开所有处于联机状态的数据文件和重做日志文件。如果在控制文件中列出的任何一个数据文件或重做日志文件无法正常打开（如因位置或文件名出错或不存在等），数据库都将返回错误信息，这时需要进行数据库恢复。可以使用 STARTUP OPEN（或 STARTUP）命令依次、透明地启动例程、装载数据库并打开数据库。

综上所述，在启动数据库的过程中，文件的使用顺序是参数文件、控制文件、数据文件和重做日志文件，只有这些文件都被正常读取和使用后，数据库才完全启动，用户才能使用数据库，如图 6.1 所示。

图 6.1 打开数据库时各类文件的使用顺序

出于管理方面的要求，数据库的启动过程经常需要分步进行。在很多管理情况下，启动数据库时并不是直接完成上述 3 个步骤，而是先完成第 1 步或第 2 步，然后执行必要的管理操作，最后再打开数据库，使其进入正常运行状态。

假设需要重新命名数据库中的某个数据文件，而数据库当前正处于打开状态，就可能有用户正在访问该数据文件中的数据，因此无法对数据文件进行更改。这时就必须先将数据库关闭，然后只进入装载状态，但不打开数据库，这样将断开所有用户的连接，其他用户无法进行数据操作，但 DBA 却可以对数据文件进行重命名。当完成了重命名工作后，再打开数据库供用户使用。

提 示

DBA 需要根据不同的情况决定以何种不同的方式启动数据库，并且还需要在各种启动状态之间进行切换。

2. Windows 服务窗口启动

在 Windows 操作系统中，因为 Oracle 将数据库的启动过程写到了服务表中，并将其设置成"自动"启动方式，所以当启动 Windows 操作系统时，就会随之启动。当关闭 Windows 操作系统时，也会随之关闭，因此一般不需要单独启动数据库。

若没有将其设置成"自动"启动方式，则在启动 Windows 操作系统后，也可以用数据库启动命令重新启动数据库。由于 Oracle 数据库服务占用的内存比较大，如果服务器的内存配置并不充足，就可能会明显地降低服务器运行其他应用程序的速度，这时可能需要人为地关闭数据库，以便有更多的内存可被其他应用程序使用。关闭数据库也可以防止数据库在磁盘中记录跟踪文件、预警文件而迅速地消耗大量的磁盘空间。

（1）Oracle 服务

以系统管理员的身份登录到 Windows 操作系统，选择"开始"→"控制面板"→"系统和维护"→"管理工具"→"服务"命令，打开如图 6.2 所示的"服务"窗口。

图 6.2　与 Oracle 12c 有关的服务

在"服务"窗口中，将出现计算机上所有服务的列表，与 Oracle 12c 有关的服务均以 Oracle 为前缀。其中，"名称"列显示的是服务名称，"状态"列显示的是服务的当前状态，"启动类型"列显示的是服务的启动方式，若为"自动"方式，则该服务将在操作系统启动时自动启动、在操作系统关闭时自动关闭，若为"手动"方式，则需要在操作系统启动后人为地启动和关闭服务。

与每个数据库的启动和关闭有关的服务如表 6.1 所示。

表 6.1　启动和关闭数据库所使用的服务名称及说明

服务名称	服务说明
OracleOracle_homeTNSListener	Oracle 数据库数据监听服务
OracleServiceSID	Oracle 数据库例程
OracleDBConsoleSID	对应于 OEM

其中，Oracle_home 表示 Oracle 主目录，如 OraDB12c_Home1；SID 表示 Oracle 系统标识符，如 Orcl。尽管这 3 个服务都可以单独地启动和关闭，但它们之间具有一定的关系，其具体介绍如下：

- 比较传统的启动次序是：OracleOracle_homeTNSListener、OracleServiceSID、OracleDBConsoleSID。关闭次序反之。
- 为了实现例程向监听程序的动态注册服务，应首先启动 OracleOracle_home TNSListener 服务，然后再启动其他服务。否则，如果先启动例程再启动监听程序，动态注册服务就会有时间延迟。

- 如果不启动 OracleOracle_homeTNSListener，但启动了 OracleServiceSID，则可以在服务器中使用 SQL*Plus。此时，即便已经启动了 OracleDBConsoleSID，在服务器中也无法使用 OEM，登录时会出现"登录操作失败"的错误提示信息。

- 关闭并重新启动 OracleOracle_homeTNSListener 后，最好关闭并重新启动 OracleDBConsoleSID，否则将不能使用 OEM，登录时仍会出现"登录操作失败"的错误提示信息。

（2）启动服务

如果启动了 OracleOracle_homeTNSListener、OracleServiceSID 和 OracleDBConsoleSID 这 3 个服务，则对应的数据库就处于启动（即打开）状态，否则数据库处于关闭状态。

3．**SQL*Plus 启动**

为了做启动数据库的例子，先要完成如下工作：

确认数据库已关闭，并且在 Windows 服务中 OracleServiceSID 服务和 OracleOracle_homeTNSListener 服务是启动的（OracleDBConsoleSID 服务是对应 OEM 的，与数据库是否启动无关），否则会出错，此时就无法在 SQL*Plus 启动数据库了。

以具有 SYSDBA 或 SYSOPER 权限的数据库用户账户登录，如 SYS 或 SYSTEM。用 SYSDBA 的身份连接，启动 SQL*Plus 并同时登录、连接到数据库。至此，就做好启动数据库例程的准备了。

数据库有 3 种启动模式，分别代表启动数据库的 3 个步骤，如表 6.2 所示。当数据库管理员使用 STARTUP 命令时，可以指定不同的选项来决定将数据库的启动推进到哪个启动模式。在进入某个模式后，可以使用 ALTER DATABASE 命令来将数据库提升到更高的启动模式，但不能使数据库降低到前面的启动模式。

表 6.2　启动模式及说明

启动模式	说明	SQL * Plus 中提示信息
NOMOUNT	启动例程，不装载数据库	Oracle 例程已经启动
MOUNT	启动例程，装载数据库，不打开数据库	Oracle 例程已经启动 数据库装载完毕
OPEN	启动例程，装载数据库并打开数据库	Oracle 例程已经启动 数据库装载完毕 数据库已经打开

- NOMOUNT 模式。启动例程，但不装载数据库，即只完成启动步骤的第 1 步，Oracle 例程已经启动。

- MOUNT 模式。启动例程、装载数据库，但不打开数据库，即只完成启动步骤的第 1 步和第 2 步，Oracle 例程已经启动。数据库装载完毕。

- OPEN 模式。启动例程、装载数据库、打开数据库，即完成全部的 3 个启动步骤，Oracle 例程已经启动，数据库装载完毕，数据库已经打开。

启动数据库的语法如下：

STARTUP [NOMOUNT|MOUNT|OPEN|FORCE] [RESTRICT] [PFILE='pfile_name'];

其中，各个选项的作用与意义介绍如下。

（1）NOMOUNT 选项

NOMOUNT 选项只创建例程，但不装载数据库。Oracle 读取参数文件，仅为例程创建各种内存结构和后台服务进程，用户能够与数据库进行通信，但不能使用数据库中的任何文件，如图 6.3 所示。

图 6.3 在 SQL * Plus 中执行 STARTUP NOMOUNT 的结果

如果要执行下列维护工作，就必须用 NOMOUNT 选项启动数据库。

- 运行一个创建新数据库的脚本。
- 重建控制文件。

（2）MOUNT 选项

MOUNT 选项不仅创建例程，还装载数据库，但却不打开数据库。Oracle 读取控制文件，并从中获取数据库名称、数据文件的位置和名称等关于数据库物理结构的信息，为下一步打开数据库做好准备，如图 6.4 所示。

图 6.4 用 MOUNT 选项启动数据库

在这种模式下，仅数据库管理员可以通过部分命令修改数据库，用户还无法与数据库建立连接或会话。这在进行一些特定的数据库维护工作时是十分必要的。

如果要执行下列维护工作，就必须用 MOUNT 选项启动数据库：

● 重新命名、增加、删除数据文件和重做日志文件。

● 执行数据库的完全恢复。

● 改变数据库的归档模式。

（3）OPEN 选项

OPEN 选项不仅创建例程，还装载数据库，并且打开数据库。这是正常启动模式。如果 STARTUP 语句没有指定任何选项，就使用 OPEN 选项启动数据库，如图 6.5 所示。

图 6.5　用 OPEN 选项启动数据库

将数据库设置为打开状态后，任何具有 CREATE SESSION 权限的用户都能够连接到数据库，并进行常规的数据访问操作。

（4）FORCE 选项

若在正常启动数据库时遇到了困难，则可以使用 FORCE 启动选项。如果一个数据库服务器突然断电，使数据库异常中断，那么会使数据库遗留在一个必须使用 FORCE 启动选项的状态。通常情况下，不需要用该选项启动数据库。FORCE 选项与正常启动选项之间的差别还在于无论数据库处于什么模式，都可以使用该选项，即 FORCE 选项首先异常关闭数据库，然后重新启动它，而不需要事先用 SHUTDOWN 语句关闭数据库，如图 6.6 所示。

图 6.6　强制用 FORCE 选项启动数据库

（5）RESTRICT 选项

用 RESTRICT 选项启动数据库时，会将数据库启动到 OPEN 模式，但此时只有拥有 RESTRICTED SESSION 权限的用户才能访问数据库，如图 6.7 所示。

图 6.7　使用 RESTRICT 选项启动数据库

如果需要在数据库处于 OPEN 模式下执行维护任务，并保证此时其他用户不能在数据库上建立连接和执行任务，则需要使用 RESTRICT 选项来打开数据库，以便完成如下任务：

● 执行数据库数据的导出或导入操作。

● 执行数据装载操作（用 SQL*Loader）。

● 暂时阻止一般的用户使用数据。

● 进行数据库移植或升级。

当工作完毕时，可以用 ALTER SYSTEM 语句禁用 RESTRICTED SESSION 权限，以便一般用户能连接并使用数据库。

（6）PFILE 选项

数据库例程在启动时必须读取初始化参数文件。Oracle 需要从初始化参数文件中获得有关例程的参数配置信息。如果在执行 STARTUP 语句时没有指定 PFILE 选项，Oracle 首先读取默认位置的服务器初始化参数文件（SPFILE），如果没有找到默认的服务器初始化参数文件，将继续读取默认位置的文本初始化参数文件（PFILE），如果也没有找到文本初始化参数文件，启动就会失败。

6.1.2　关闭 Oracle 数据库

当执行数据库的定期冷备份和数据库软件的升级等操作时，常需要关闭数据库。关闭数据库的操作与启动数据库的操作相对应，也是 3 个步骤（或模式），现介绍如下。

（1）关闭数据库

关闭数据库时，Oracle 将重做日志高速缓存中的内容写入重做日志文件，并且将数据库高速缓存中被改动过的数据写入数据文件，在数据文件中执行一个检查点，即记录下数据库关闭的时间，然后再关闭所有的数据文件和重做日志文件。这时数据库的控制文件仍然处于打开状态，但是由于数据库已经处于关闭状态，所以用户将无法访问数据库。

（2）卸载数据库

关闭数据库后，例程才能够卸载数据库，并在控制文件中更改相关的项目，然后关闭控制文件，但是例程仍然存在。

（3）终止例程

上述两步完成后接下来的操作便是终止例程，例程所拥有的所有后台进程和服务进程将被终止，分配给例程的内存 SGA 区和 PGA 区将被回收。

> **提 示**
>
> 与启动数据库类似，关闭数据库也可以通过多种工具来完成，包括 Windows 服务窗口、SQL*Plus、OEM 控制台等。

在 SQL*Plus 中关闭数据库时将使用 SHUTDOWN 语句。在执行 SHUTDOWN 语句后，数据库将开始执行关闭操作。关闭操作可能会持续一段时间，在这个过程中，任何尝试连接数据库的操作都会失败。

1. 关闭服务

下面以关闭 OracleServiceORCL 为例，介绍关闭服务的方法。

Step 1 在"服务"窗口中，双击处于"已启动"状态的 OracleServiceORCL 服务，出现其属性对话框，"服务"窗口参见图 6.2。

Step 2 单击"停止"按钮，开始停止 OracleServiceORCL 服务。此时，将出现停止该服务的"服务控制"进度窗口，执行完成后，返回属性对话框。

Step 3 至此 OracleServiceORCL 服务就已经被停止了。属性对话框中显示"服务状态"为"已停止"。

2. SQL*Plus 关闭

在 SQL*Plus 中，是以命令行方式关闭数据库。为了完成关闭数据库的例子，先要完成如下工作：

确保在 Windows 服务中启动了 OracleServiceSID 服务（OracleOracle_homeTNSListener 和 OracleDBConsoleSID 可以是启动的或停止的），以具有 SYSDBA 或 SYSOPER 权限的数据库用户账户登录，如 SYS 或 SYSTEM，用 SYSDBA 的身份连接，启动 SQL*Plus 并同时登录、连接到数据库。至此，就做好关闭数据库例程的准备了。与数据库启动一样，有几个可供选择的选项用于关闭数据库。无论在什么情况下，读者都需要弄清楚这些关闭选项的含义。

SQL * Plus 关闭数据库的语法如下：

```
SHUTDOWN [NORMAL | TRANSACTIONAL| IMMEDIATE | ABORT];
```

> **提 示**
>
> 如果不在 Windows 服务中事先关闭 OracleDBConsoleSID 服务，则使用 SHUTDOWN 或 SHUTDOWN NORMAL 来关闭数据库时没有响应结果，但其他几个选项有响应结果。

其中，各个选项的作用与意义介绍如下。

（1）NORMAL（正常）选项

如果对关闭数据库的时间没有限制，通常会使用 NORMAL 选项来关闭数据库。SHUTDOWN 与 SHUTDOWN NORMAL 作用相同。使用带有 NORMAL 选项的 SHUTDOWN 语句将以正常方式关闭数据库。

用 NORMAL 选项关闭数据库时，Oracle 将执行如下操作：

Step 1 阻止任何用户建立新的连接。

Step 2 等待当前所有正在连接的用户主动断开连接。正在连接的用户能够继续他们当前的工作，甚至能够提交新的事务。

Step 3 一旦所有的用户都断开连接，才进行关闭、卸载数据库，并终止例程。

用 NORMAL 选项关闭数据库时所耗费的时间完全取决于用户主动断开连接的时间。因为用户可能连接到数据库但并不做任何工作或离开相当长的一段时间，所以通常 DBA 在发布 SHUTDOWN NORMAL 语句之前，需要做一些额外的工作，以便找出哪些连接仍然是活动的，并通知所有在线的用户尽快断开连接，或强行删除他们的会话，然后再使用 NORMAL 选项关闭数据库。

（2）TRANSACTIONAL（事务处理）选项

TRANSACTIONAL 选项比 NORMAL 选项稍微主动些，它能在尽可能短的时间内关闭数据库。用 TRANSACTIONAL 选项关闭数据库时，Oracle 将等待所有当前未提交的事务完成后再关闭数据库。

用 TRANSACTIONAL 选项关闭数据库时，Oracle 将执行如下操作：

Step 1 阻止任何用户建立新的连接，同时阻止当前连接的用户开始任何新的事务。

Step 2 等待所有当前未提交的活动事务提交完毕，然后立即断开用户的连接。

Step 3 一旦所有的用户都断开连接，才进行关闭、卸载数据库，并终止例程。

（3）IMMEDIATE（立即）选项

用 IMMEDIATE 选项关闭数据库，就能够在尽可能短的时间内关闭数据库。

通常在如下几种情况下需要使用 IMMEDIATE 选项来关闭数据库。

● 即将发生电力供应中断。

● 即将启动自动数据备份操作。

● 数据库本身或某个数据库应用程序发生异常，并且这时无法通知用户主动断开连接，或用户根本无法执行断开操作。

用 IMMEDIATE 选项关闭数据库时，Oracle 将执行如下操作：

Step 1 阻止任何用户建立新的连接，同时阻止当前连接的用户开始任何新的事务。

Step 2 任何当前未提交的事务均被回退。

Step 3 Oracle 不再等待用户主动断开连接，而是直接关闭、卸载数据库，并终止例程。

如果用上述 3 种选项都无法成功关闭数据库，就说明数据库存在严重的错误。这时只能使用 ABORT 选项来关闭数据库。若出现如下几种情况，则可以使用 ABORT 选项来关闭 Oracle 数据库。

- 数据库本身或某个数据库应用程序发生异常，并且使用其他选项均无效时。
- 出现紧急情况，需要立刻关闭数据库（比如得到通知将在一分钟内发生停电）。
- 在启动数据库例程的过程中产生错误。

用 ABORT 选项来关闭数据库时，Oracle 将执行如下操作：

Step **1**　阻止任何用户建立新的连接，同时阻止当前连接的用户开始任何新的事务。

Step **2**　立即结束当前正在执行的 SQL 语句。

Step **3**　任何未提交的事务均不被回退。

Step **4**　立即断开所有用户的连接，关闭、卸载数据库，并终止例程。

6.2　表的创建与修改

启动 Oracle 后，可以登录到目标数据库，紧接着的工作便是创建与使用表，这样才能将数据保存到数据库中，才能进行后续的各项管理与开发工作。同时，表的结构设计是否合理、是否能保存所需的数据也对数据库的功能、性能、完整性有关键的影响。因此，在实际创建表之前，务必做好完善的用户需求分析和表的规范化设计，毕竟创建表之后就不能轻易进行修改（尽管可以修改），否则就会增加很多维护系统的工作量。

表是 Oracle 数据库最基本的对象，其他许多数据库对象（如索引、视图）都是以表为基础的。表被用于实际存储数据。系统的数据、用户的数据都被分门别类地、按行和列保存在各个表中。每个表都保存了特定主题的数据（如学生数据、课程数据、选课数据）。在关系数据库中，不同表中的数据通过主键、外键关系，彼此可能是关联的，从而成为一个逻辑上的整体。

约束（Constraint）可以被看做是在数据库中定义的各种规则或者策略，用来保证数据的完整性和业务规则。关系数据库的所有操作最终都是围绕表进行的，且要满足各种约束。

6.2.1　表的基本概念

表是数据库存储数据的基本单元，在关系数据库中，它对应于现实世界中的实体（如学生、课程等）或联系（如选课）。进行数据库设计时，需要先构造 E-R 图（实体联系图），然后再将 E-R 图转变为数据库中的表。

从用户角度来看，表中存储的数据的逻辑结构是一张二维表，即表由行、列两部分组成。表是通过行和列来组织数据的。通常称表中的一行为一条记录，称表中的一列为属性列。一条记录描述一个实体，一个属性列描述实体的一个属性，如部门有部门编码、部门名称、部门位置等属性，雇员有雇员编码、雇员名、工资等属性。每个列都具有列名、列数据类型、列长度，可能还有约束条件、默认值等，这些内容在创建表时即被确定。

在 Oracle 中有多种类型的表。不同类型的表各有一些特殊的属性，适应于保存某种特殊的数据、进行某些特殊的操作，即在某些方面可能比其他类型的表的性能更好，如处理速度更快、占用磁盘空间更少。

表一般指的是一个关系表，也可以生成对象表及临时表。其中，对象表是通过用户定义的数据类型生成的，临时表用于存储专用于某个事务或者会话的临时数据。

提 示

一个表中可以存储各种类型的不同数据。除了存储文本和数值数据外，还可以存储日期、时间戳、二进制数或者原始数据（如图像、文档和关于外部文件的信息）。

6.2.2 表结构设计

1. 表与列的命名

当创建一个表时，必须给它赋予一个名称，还必须给各个列赋予一个名称。表和列的名称要满足下列要求，如果违反了就会创建失败，并产生错误提示。

- 长度必须在 1～30 个字节之间。
- 必须以一个字母开头。
- 能够包含字母、数字、下划线符号_、英镑符号#和美元符号$。
- 不能使用保留字，如 CHAR 或是 NUMBER。
- 若名称被围在双引号""中，唯一的要求是名称的长度在 1～30 个字符之间，并且不含有嵌入的双引号。
- 每个列名称在每个表内必须是唯一的。

表名称在表、视图、序列、专用同义词、过程、函数、包、物化视图和用户定义类型的名称空间内必须是唯一的。

说 明

在 Oracle 数据库中，表、视图、序列、专用同义词、过程、函数、包、物化视图和用户定义类型等均属于方案中的数据对象，数据对象不能够重名，但是不同方案中的相同对象可以采用相同的名称，这时需要在数据对象前面加上方案名来区别。

2. 列的类型

在创建表的时候，不仅需要指定表名、列名，而且还要根据实际情况，为每个列选择合适的数据类型（Datatype），用于指定该列可以存储哪种类型的数据。通过选择适当的数据类型，就能够保证存储和检索数据的正确性。Oracle 数据表中列的数据类型和第 4 章 PL/SQL 中的数据类型基本相同，只在一些细节上小有差异。Oracle 数据表中列的数据类型列举如下：

（1）字符数据类型

- CHAR[(<size>)[BYTE|CHAR])]
- NCHAR[(<size>)]
- VARCHAR2(<size>[BYTE|CHAR])
- NVARCHAR2(<size>)

（2）大对象数据类型

- CLOB
- NCLOB
- BLOB
- BFILE

（3）数字数据类型

- NUMBER[(<precision>[.<scale>])]

（4）日期和时间数据类型

- DATE
- TIMESTAMP[(<precision>)]
- TIMESTAMP[(<precision>)] WITH TIME ZONE
- TIMESTAMP[(<precision>)] WITH LOCAL TIME ZONE
- INTERVAL DAY[(<precision>)] TO SECOND

（5）二进制数据类型

- ROW(<size>)
- LONG ROW

（6）行数据类型

- ROWID
- UROWID

3. 列的约束

Oracle 通过为表中的列定义各种约束条件来保证表中数据的完整性。如果任何 DML 语句的操作结果与已经定义的完整性约束发生冲突，Oracle 会自动回退这个操作，并返回错误信息。

在 Oracle 中可以建立的约束条件包括 NOT NULL、UNIQUE、CHECK、PRIMARY KEY、FOREIGN KEY。下面将进行详细介绍。

（1）NOT NULL 约束

NOT NULL 即非空约束，主要用于防止 NULL 值进入到指定的列。这些类型的约束是在单列基础上定义的。在默认情况下，Oracle 允许在任何列中有 NULL 值。NOT NULL 约束具有如下特点：

- 定义了 NOT NULL 约束的列中不能包含 NULL 值或无值。在默认情况下，Oracle 允许在任何列中有 NULL 值或无值。如果某个列上定义了 NOT NULL

约束，则插入数据时就必须为该列提供数据。

- 只能在单个列上定义 NOT NULL 约束。
- 在同一个表中可以在多个列上分别定义 NOT NULL 约束。

（2）UNIQUE 约束

UNIQUE 即唯一约束，该约束用于保证在该表中指定的各列的组合中没有重复的值。其主要特点如下：

- 定义了 UNIQUE 约束的列中不能包含重复值，但如果在一个列上仅定义了 UNIQUE 约束，而没有定义 NOT NULL 约束，则该列可以包含多个 NULL 值或无值。
- 可以为一个列定义 UNIQUE 约束，也可以为多个列的组合定义 UNIQUE 约束。因此，UNIQUE 约束既可以在列级定义，也可以在表级定义。
- Oracle 会自动为具有 UNIQUE 约束的列建立一个唯一索引（Unique Index）。如果这个列已经具有唯一或非唯一索引，Oracle 将使用已有的索引。
- 对同一个列，可以同时定义 UNIQUE 约束和 NOT NULL 约束。
- 在定义 UNIQUE 约束时可以为它的索引指定存储位置和存储参数。

（3）CHECK 约束

CHECK 即检查约束，其用于检查在约束中指定的条件是否得到了满足。CHECK 约束具有如下特点：

- 定义了 CHECK 约束的列必须满足约束表达式中指定的条件，但允许为 NULL。
- 在约束表达式中必须引用表中的一个列或多个列，并且约束表达式的计算结果必须是一个布尔值。
- 在约束表达式中不能包含子查询。
- 在约束表达式中不能包含 SYSDATE、UID、USER、USERENV 等内置的 SQL 函数，也不能包含 ROWID、ROWNUM 等伪列。
- CHECK 约束既可以在列级定义，也可以在表级定义。
- 对同一个列，可以定义多个 CHECK 约束，也可以同时定义 CHECK 和 NOT NULL 约束。

（4）PRIMARY KEY 约束

PRIMARY KEY 即主键约束，其用来唯一地标识出表的每一行，并且防止出现 NULL 值。一个表只能有一个主键约束。PRIMARY KEY 约束具有如下特点：

- 定义了 PRIMARY KEY 约束的列（或列组合）不能包含重复值，并且不能包含 NULL 值。
- Oracle 会自动为具有 PRIMARY KEY 约束的列（或列组合）建立一个唯一索引（Unique Index）和一个 NOT NULL 约束。
- 同一个表中只能够定义一个 PRIMARY KEY 约束的列（或列组合）。

- 可以在一个列上定义 PRIMARY KEY 约束，也可以在多个列的组合上定义 PRIMARY KEY 约束。因此，PRIMARY KEY 约束既可以在列级定义，也可以在表级定义。

（5）FOREIGN KEY 约束

FOREIGN KEY 即外键约束，通过使用外键，保证表与表之间的参照完整性。在参照表上定义的外键需要参照主表的主键。该约束具有如下特点：

- 定义了 FOREIGN KEY 约束的列中只能包含相应的在其他表中引用的列的值，或为 NULL。
- 定义了 FOREIGN KEY 约束的外键列和相应的引用列可以存在于同一个表中，这种情况称为"自引用"。
- 对同一个列，可以同时定义 FOREIGN KEY 约束和 NOT NULL 约束。
- FOREIGN KEY 约束必须参照一个 PRIMARY KEY 约束或 UNIQUE 约束。
- 可以在一个列上定义 FOREIGN KEY 约束，也可以在多个列的组合上定义 FOREIGN KEY 约束。因此，FOREIGN KEY 约束既可以在列级定义，也可以在表级定义。

> **提 示**
> 约束的详细介绍和应用将在第 7 章实现数据完整性部分进行讲解。

6.2.3 表的创建

所谓创建表，实际上就是在数据库中定义表的结构。表的结构主要包括表与列的名称、列的数据类型，以及建立在表或列上的约束。

创建表在 SQL*Plus 中使用 CREATE TABLE 命令完成。

在 Oracle 数据库中，CREATE TABLE 语句的基本语法格式是：

```
CREATE[[GLOBAL]TEMPORORY|TABLE |schema.]table_name
        (column1 datatype1 [DEFAULT exp1] [columnl constraint],
        column2 datatype2 [DEFAULT exp2] [column2 constraint]
[table constraint])
[ON COMMIT (DELETE| PRESERVE}ROWS]
[ORGANIZITION {HEAP | INDEX | EXTERNAL...}]
[PARTITION BY...(...)]
[TABLESPACE tablespace_name]
[LOGGING | NOLOGGING]
[COMPRESS|NOCOMPRESS];
```

其中：

- column1 datatype1 为列指定数据类型。
- DEFAULT exp1 为列指定默认值。

- column1 constraint 为列定义完整性约束（Constraint）。
- [table constraint] 为表定义完整性约束（Constraint）。
- [ORGANIZITION {HEAP | INDEX | EXTERNAL...}]为表的类型，如关系型（标准、按堆组织）、临时型、索引型、外部型或者对象型。
- [PARTITION BY...(...)]为分区及子分区信息。
- [TABLESPACE tablespace_name]指示用于存储表或索引的表空间。
- [LOGGING | NOLOGGING] 指示是否保留重做日志。
- [COMPRESS|NOCOMPRESS] 指示是否压缩。

如果要在自己的方案中创建表，要求用户必须具有 CREATE TABLE 系统权限。如果要在其他方案中创建表，则要求用户必须具有 CREATE ANY TABLE 系统权限。

创建表时，Oracle 会为该表分配相应的表段。表段的名称与表名完全相同，并且所有数据都会被存放到该表段中。例如，在 EMPLOYEE 表空间上建立 department 表时，Oracle 会在 EMPLOYEE 表空间中创建 department 表段。所以要求表的创建者必须在指定的表空间上具有空间配额或具有 UNLIMITED TABLESPACE 系统权限。

> **提示**
>
> 使用 CREATE TABLE 在 SQL * Plus 中创建表的例子可参见第 3 章中的示例。

6.2.4 修改表结构

表在创建之后还允许对其进行更改，如添加或删除表中的列、修改表中的列，以及对表进行重新命名和重新组织等。

普通用户只能对自己方案中的表进行更改，而具有 ALTERANYTABLE 系统权限的用户可以修改任何方案中的表。需要对已经建立的表进行修改的情况包括以下几种：

- 添加或删除表中的列，或者修改表中列的定义（包括数据类型、长度、默认值以及 NOT NULL 约束等）。
- 对表进行重新命名。
- 将表移动到其他数据段或表空间中，以便重新组织表。
- 添加、修改或删除表中的约束条件。
- 启用或禁用表中的约束条件、触发器等。

修改表结构在 SQL*Plus 中使用 ALTER TABLE 命令完成。

（1）增加列

如果需要在一个表中保存实体的新属性，需要在表中增加新的列。在一个现有表中添加一个新列的语法格式是：

```
ALTER TABLE [schema.]table_name ADD(column definition1, column definition2);
```

新添加的列总是位于表的末尾。column definition 部分包括列名、列的数据类型以及将具有的任何默认值。

（2）更改列

如果需要调整一个表中某些列的数据类型、长度和默认值，就需要更改这些列的属性。没有更改的列不受任何影响。更改表中现有列的语法格式为：

```
ALTER TABLE[schema.]table_name MODIFY(column_name1  new_attributes1,
column_name2  new_attributes2...)
```

（3）直接删除列

当不再需要某些列时，可以将其删除。直接删除列的语法是：

```
ALTER TABLE[schema.]table_name DROP(colume_name1,colume_name2...)
[CASCADE CONSTRAINTS];
```

可以在括号中使用多个列名，每个列名用逗号分隔。删除列时相关列的索引和约束也会被删除。如果删除的列是一个多列约束的组成部分，那么就必须指定 CASCADE CONSTRAINTS 选项，这样才会删除相关的约束。

（4）将列标记为 UNUSED 状态

删除列时，将删除表中每条记录的相应列的值，同时释放所占用的存储空间。因此，如果要删除一个大表中的列，由于必须对每条记录进行处理，删除操作可能会执行很长的时间。为了避免在数据库使用高峰期间由于执行删除列的操作而占用过多系统资源，可以暂时通过 ALTERTABLE SET UNUSED 语句将要删除的列设置为 UNUSED 状态。

该语句的语法格式为：

```
ALTERTABLE[schema.]table_name SET UNUSED(column_name1,column_name2...)
[CASCADE CONSTRAINTS];
```

被标记为 UNUSED 状态的列与被删除的列之间是没有区别的，都无法通过数据字典或查询看到。另外，甚至可以为表添加与 UNUSED 状态的列具有相同名称的新列。

在数据字典视图 USER_UNUSED_COL_TABS、ALL_UNUSED_COLTABS 和 DBA_UNUSED_COL_TABS 中可以查看到数据库中有哪些表的哪几列被标记为 UNUSED 状态。

┌─ 提　示 ──────────────────────────────┐
│　使用 ALTER TABLE 在 SQL * Plus 中修改表结构的例子可参见第 3 章中示例。　　│
└──────────────────────────────────┘

6.3　索引

在数据库中，索引是除表之外最重要的数据对象，其功能是提高对数据表的检索效率。数据库的索引类似于书的目录。目录使读者不必翻阅整本书就能迅速地找到所需要的内容。在数据库中，索引使 DML 操作能迅速地找到表中的数据，而不必扫描整个表。在书中，目录是内容和页码的清单。在数据库中，索引是数据和存储位置的列表。对于包含大量数据的表来说，如果没有索引，那么对表中数据的查询速度可能就非常慢。

索引是建立在表上的、可选的数据对象。索引通过事先保存的、排序后的索引键取代默认的全表扫描检索方式。在一个表上是否创建索引、创建多少个索引、创建什么类型的索引，都不会对表的使用方式产生任何影响。但是，通过在表中的一个列或多个列上创建索引，却能够为数据的检索提供快捷的存取路径、减少查询时的硬盘 I/O 操作、加快数据的检索速度。

6.3.1 索引的概念

索引是一种与表相关的可选数据对象。通过在表中的一个或多个列上创建索引，就能够为数据的检索提供快捷的存取路径，减少查询时所需的磁盘 I/O 操作，加快数据的检索速度。

索引是将创建列的键值和对应记录的物理记录号（ROWID）排序后存储起来，需要占用额外的存储空间来存放。由于索引占用的空间远小于表所占用的实际空间，在系统通过索引进行数据检索时，可先将索引调入内存，通过索引对记录进行定位，大大减少了磁盘 I/O 操作次数，提高了检索效率。一般而言，表中的记录数越多，索引带来的效率提高就越明显，所以在数据库系统中，索引是必不可少的数据对象之一。

创建或删除索引的操作不会影响到数据库中的表、数据库应用程序或其他的索引。这是索引独立性的一个体现。如果用户删除一个索引或索引损坏了，任何应用程序仍然能够继续正常工作，唯一受影响的可能就是某些查询的速度会减慢。但是反过来，创建或删除表的操作，却会引起在该表上进一步创建或删除索引的操作。

建立在表上的索引是一个独立于表的数据对象，它可以被存储在与表不同的磁盘或表空间中，有单独为其设立命名的存储结构，即索引段。索引一旦被创建，在表上执行 DML 操作时 Oracle 就会自动对索引进行维护，并且由 Oracle 决定何时使用索引，用户完全不需要在 SQL 语句中指定使用哪个索引、如何使用索引。无论在表上是否创建了索引，编写和使用 SQL 语句都是一样的。

> **提 示**
>
> 由于 Oracle 有时也会利用索引，如唯一索引来实现一些完整性约束，因此在创建主键约束时会自动创建主键索引。

6.3.2 创建索引

在 Oracle 数据库中，CREATE INDEX 语句用于创建索引。若要在自己的方案中创建索引，则需要具有 CREATE INDEX 系统权限；若要在其他用户的方案中创建索引，则需要具有 CREATE ANY INDEX 系统权限。

除此之外，由于索引要占用存储空间，所以还要在保存索引的表空间中有配额，或者具有 UNLIMITED TABLESPACE 系统权限。

创建索引的语法格式为：

```
CREATE[UNIQUE]|[BITMAP]INDEX[schema.]index_name
ON[schema.]table_name([column1[ASC|DESC],column2[ASC|DESC],...]|[express])
[TABLESPACE tablespace_name]
[PCTFREE n1]
[STORAGE(INITIAL n2)]
[COMPRESS n3]|[NOCOMPRESS]
[LOGGING]|[NOLOGGING]
[ONLINE]
[COMPUTE STATISTICS]
[REVERSE]|[NOSORT];
```

其中：

- PCTFREE 选项用于指定为将来的 INSERT 操作所预留的空间百分比。假定表已经包含了大量数据，那么在建立索引时应该仔细规划 PCTFREE 的值，以便为以后的 INSERT 操作预留空间。
- TABLESPACE 选项用于指定索引段所在的表空间。
- 如果不指定 BITMAP 选项，则默认创建的是 B 树索引。

> **提　示**
>
> 使用 CREATE INDEX 在 SQL * Plus 中创建索引的例子可参见第 3 章中的示例。

6.3.3　删除索引

一般来讲，若出现如下几种情况之一将有必要删除相应的索引。

- 索引的创建不合理或不必要，应删除该索引，以释放其所占用的空间。
- 通过一段时间的监视，发现几乎没有查询，或者只有极少数查询会使用到该索引。
- 由于该索引中包含损坏的数据块，或者包含过多的存储碎片，需要首先删除该索引，然后再重建该索引。
- 如果移动了表的数据，导致索引无效，此时需要删除并重建该索引。
- 当使用 SQL*Loader 给某个表装载数据时，系统也会同时给该表的索引增加数据，为了加快数据装载速度，应在装载之前删除所有索引，然后在数据装载完毕之后重新创建各个索引。

如果要在自己的方案中删除索引，需要具有 DROP INDEX 系统权限。如果要在其他用户的方案中删除索引，需要具有 DROP ANY INDEX 系统权限。

如果索引是使用 CREATE INDEX 语句创建的，可以使用 DROP INDEX 语句删除索引；如果索引是在定义约束时由 Oracle 自动建立的，则可以通过禁用约束（DISABLE）或删除约束的方式来删除对应的索引。

> **注　意**
>
> 在删除一个表时，所有基于该表的索引也会被自动删除。

删除索引的 SQL 语法格式为：

```
DROP INDEX index_name;
```

┌─ 提 示 ──┐
│ 删除索引的语法和使用都很简单，在 SQL*Plus 中删除索引可参见第 3 章中的相关示例。│
└──┘

6.4 视图

　　视图是由 SELECT 子查询语句定义的一个逻辑表，只有定义而无数据，因此它是个"虚表"。视图是查看和操作表中数据的一种方法。使用视图有许多优点，如提供各种数据表现形式、提供某些数据的安全性、隐藏数据的复杂性、简化查询语句、执行特殊查询、保存复杂查询等。

　　视图的使用和管理在许多方面都与表相似，如都可以被创建、更改和删除，都可以通过它们操作数据库中的数据。但除了 SELECT 之外，视图在 INSERT、UPDATE 和 DELETE 方面受到某些限制。

┌─ 提 示 ──┐
│ 　　对视图的查询和对表的查询是一样的，并没有任何区别，通常，将表（Table）称为实表（有│
│ 实际数据的表），而把视图（View）称为虚表（没有数据的表）。│
└──┘

6.4.1 视图的概念

　　视图是由 SELECT 子查询语句定义的、基于一个或多个表（或视图）的一个逻辑表。因为在创建视图时，只是将视图的定义信息保存到数据字典中，并不是将实际的数据重新复制到任何地方，即在视图中并不保存任何数据，通过视图来操作的数据仍然保存在表中，所以不需要在表空间中为视图分配存储空间。

　　从用户的角度看，视图是包含了一个或多个基表（或视图）中部分数据的一个表。视图不占用实际的存储空间，并且其中的数据会随基表的更新而自动更新。使用视图的作用主要表现在以下几个方面：

- 提供面向用户的数据表现形式。
- 提供面向用户的安全性保证。
- 隐藏数据的逻辑复杂性。
- 简化用户权限的管理。
- 重构数据库的灵活性。

6.4.2 创建视图

　　如果要在当前方案中创建视图，要求用户必须具有 CREATE VIEW 系统权限。如果要在其他方案中创建视图，要求用户必须具有 CREATE ANY VIEW 系统权限。可以直接或者通过一个角色获得这些权限。

1. 语法

可用 CREATE VIEW 语句创建视图。创建视图时，视图的名称和列名必须符合表的命名规则，但又建议使用另一种命名习惯，以便区分表和视图。

创建视图的基本语法格式如下：

```
CREATE[OR REPLACE][FORCE]VIEW[schema.]view_name
[(column1,column2,)]
AS SELECT ... FROM ... WHERE ...
[WITH CHECK OPTION][CONSTRAINT constraint_name]
[WITH READ ONLY];
```

- OR REPLACE：如果存在同名的视图，则使用新视图替代已有的视图。
- FORCE：强制创建视图，不考虑基表是否存在，也不考虑是否具有使用基表的权限。
- schema：指出在哪个方案中创建视图。
- view_name：视图的名称。
- column1,column2 等：视图的列名。列名的个数必须与 SELECT 子查询中的列个数相同。如果不提供视图的列名，Oracle 会自动使用子查询的列名或列别名，如果子查询包含函数或表达式，则必须为其定义列名。如果由 column1、column2 等指定的列名个数与 SELECT 子查询中列名个数不相同，则会有错误提示。
- AS SELECT：用于创建视图的 SELECT 子查询。子查询的类型，决定了视图的类型。创建视图的子查询不能包含 FOR UPDATE 子句，并且相关的列不能引用序列的 CURRVAL 或 NEXTVAL 伪列值。
- WITH CHECK OPTION：使用视图时，检查涉及的数据是否能通过 SELECT 子查询的 WHERE 条件，否则不允许操作并返回错误提示。
- CONSTRAINT constraint_name：当使用 WITH CHECK OPTION 选项时，用于指定该视图的约束的名称。如果没有提供一个约束名字，Oracle 就会生成一个以 SYS C 开头的约束名字，后面是一个唯一的字符串。
- WITH READ ONLY：创建的视图只能用于查询数据，而不能用于更改数据。该子句不能与 ORDER BY 子句同时存在。

提示

同所有的子查询一样，定义视图的查询不能包含 FOR UPDATE 子句。

正常情况下，如果基表不存在，创建视图时就会失败。但是，如果创建视图的语句没有语法错误，只要使用 FORCE 选项（默认值为 NO FORCE）就可以创建该视图。这种强制创建的视图被称为带有编译错误的视图（view with errors）。此时，这种视图处于失效（INVALID）状态，不能执行该视图定义的查询。但以后可以修复出现的错误，如创建其基表。Oracle 会在相关的视图受到访问时自动重新编译失效的视图。

> **提 示**
>
> 在 Oracle 中，提供强制创建视图的功能是为了使基表的创建和修改与视图的创建和修改之间没有必然的依赖性，便于同步工作，提高工作效率，并且可以继续进行目前的工作。

2．创建视图的步骤

在创建视图之前，为了确保视图的正确性，应先测试 SELECT 子查询的语句。所以，创建视图的正确步骤是：

Step 1 编写 SELECT 子查询语句。

Step 2 测试 SELECT 子查询语句。

Step 3 检查查询结果的正确性。

Step 4 使用该 SELECT 子查询语句创建视图，并注意命名方面与选项方面的规定。

> **提 示**
>
> 如果视图的拥有者打算授权其他用户访问视图，则视图的拥有者必须在获得基础对象的对象权限时获得了 WITH GRANT OPTION 选项，或者在获得系统权限时带 WITH ADMIN OPTION 选项，或者就是基础对象的创建者。

3．用 SQL*Plus 创建视图

简单视图即指基于单个表建立的不包含任何函数、表达式和分组数据的视图。

【例 6-1】以下创建视图 managers，该视图用于显示出所有部门经理的信息。

```
SQL>create view managers as
    select * from employees
        where employee_id in (select distinct manager_id from departments);
```

上述语句的运行结果如图 6.8 所示。

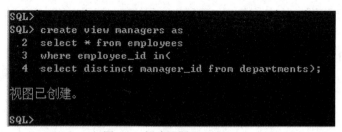

图 6.8　创建视图 Managers

【例 6-2】以下创建视图 managers_1，该视图显示出所有部门经理的信息，其中部门显示的不是部门编码，而是部门名称。这需要从 employees 表和 departments 表中联合查询，连接条件是两个表中的 department_id 字段相同，其代码如下：

```
SQL>create view managers_1 as
    Select emp.employee_id, emp.first_name, emp.last_name, emp.email,
        emp.phone_number, emp.job_id, emp.salary, dep.department_name
    from employees emp, departments dep
    where emp.employee_id in (select distinct manager_id from departments)
        and emp.department_id = dep.department_id;
```

上述语句的运行结果如图 6.9 所示。

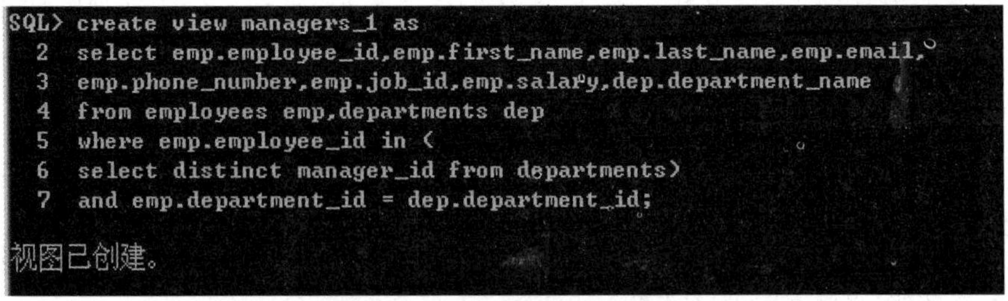

图 6.9　创建视图 managers_1

复杂视图是指视图的 SELECT 子查询中包含函数、表达式或分组数据的视图。使用复杂视图的主要目的是为了简化查询操作，主要用于执行某些需要借助视图才能完成的复杂查询操作，并不是为了要执行 DML 操作。

【例 6-3】以下创建视图 DEP_EMPCOUNT，该视图显示出部门员工数量和平均工资信息。

```
SQL>create view dep_empcount as
    Select department_id,count(employee_id) emp_count,avg(salary) avg_sal
    from employees
    group by department_id;
```

上述语句的运行结果如图 6.10 所示。

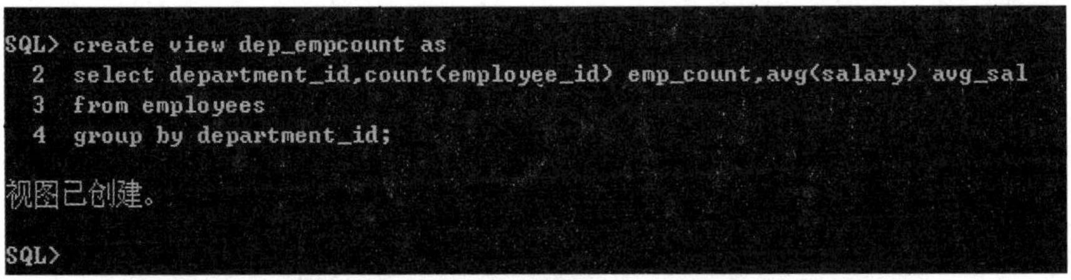

图 6.10　创建视图 DEP_EMPCOUNT

可以看出，创建该视图可以进一步满足用户的查询需求：如部门员工数量超过 20 人的部门经理有哪些，部门员工的平均工资超过 5000 元的部门经理有哪些等。

在满足进一步查询需求时，可能需要表与视图连接在一起进行查询，也可以是视图与视图进行连接。另外，在视图上还可以创建新的视图。

6.4.3 视图更改

由于视图只是一个虚表，其中没有数据，所以更改视图只是改变数据字典中对该视图的定义信息，而视图中的所有基础对象的定义和数据都不会受到任何影响。

更改视图之后，依赖于该视图的所有视图和 PL/SQL 程序都将变为 INVALID（失效状态）。创建视图后，可能要改变视图的定义，如修改列名或修改所对应的子查询语句，但如果仍然使用 CREATE VIEW 语句来修改视图，就会有错误提示告知视图创建失败，这是由于原有视图名称的存在使得无法创建同名视图，这时应该使用 CREATE OR REPLACE VIEW 方法。这种方法会保留在该视图上授予的各种权限，但与该视图相关的存储过程和视图将会失效。

> **提 示**
>
> 若以前的视图中具有 WITH CHECK OPTION 选项，但在重定义时没有使用 WITH CHECK OPTION 选项，则以前的 WITH CHECK OPTION 选项将被自动删除。

使用视图时，Oracle 会验证视图的有效性。当更改基表或基础视图的定义后，在其上创建的所有视图都会失效。尽管 Oracle 会在这些视图受到访问时自动重新编译，但也可以使用 ALTER VIEW 语句明确地重新编译这些视图。

6.4.4 删除视图

可以删除当前模式中的各种视图，无论是简单视图、连接视图，还是复杂视图。如果要删除其他模式中的视图，必须拥有 DROP ANY VIEW 系统权限。

DROP VIEW 语句用于删除视图。删除视图对创建该视图的基表或基础视图没有任何影响。

6.5 数据操纵与数据查询

本节将对记录的增加、修改、删除和查询的各种方法进行全面介绍。

6.5.1 复制原表插入记录

在 Oracle 中，可以使用 CREATE TABLE table_name AS 语句来创建一个表并且向其中插入记录。这时 AS 后面需要跟一个 SELECT 子句，这条语句的功能是创建一个表，其表结构和 SELECT 子句的 column 列表相同，同时将该 SELECT 子句所选择的记录插入到新创建的表中。示例如下：

【例 6-4】创建表 high_salary，该表对应了 employees 表中月薪超过 5000 元的雇员信息，创建语句如下。

create table high_salary AS Select * from employees where salary>5000.00;

运行结果与相应的查询如图 6.11 所示。

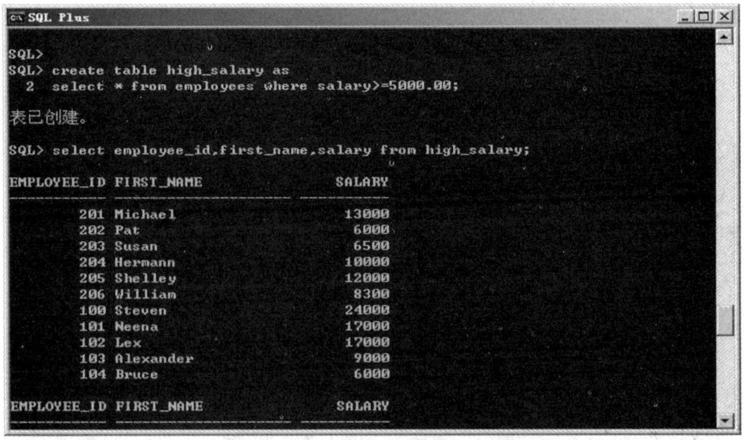

图 6.11　复制表并插入记录

6.5.2　使用视图

视图作为虚表，在一定的条件下可以像表一样完成数据操纵的功能，使用视图进行数据操作拥有更好的安全性和灵活性。本节主要介绍利用视图对数据进行的基本操作，详细的应用将在第 7 章进行介绍。

1. 用视图进行插入

使用视图进行插入时，插入的数据需要满足对应基表的相关约束。

【例 6-5】创建一个视图 v_department，再使用 INSERT 语句向视图中插入记录，如图 6.12 所示。

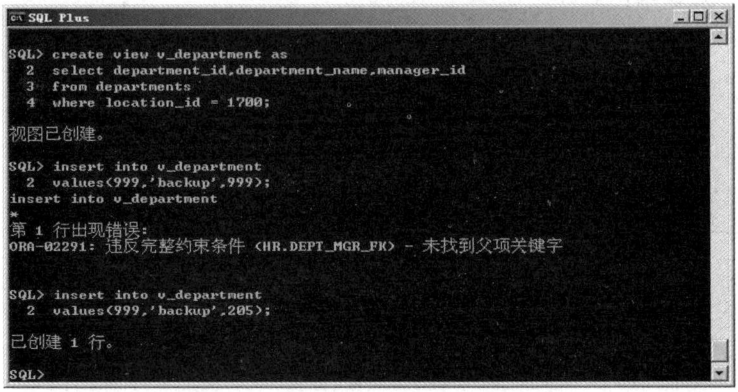

图 6.12　使用视图进行记录的插入

由图可以看出，第一次使用 INSERT 语句插入数据时由于在 employees 表中不存在编号为 999 的员工而导致违反了完整性约束条件<HR.DEPT_MGR_FK>（manager_id 列是 employees 表上的外键）。将编号改为 205，由于存在此员工，所以插入操作成功。

2. 用视图进行修改

【例 6-6】修改视图 v_department 中的记录，如图 6.13 所示。

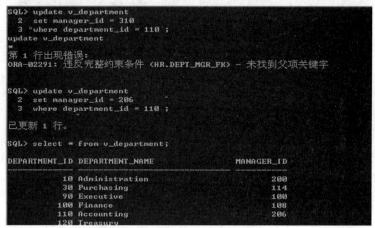

图 6.13　使用视图完成对记录的修改

由图可以看出，修改视图中的数据同样需要通过对应基表相关约束的检查。

3. 用视图进行删除

【例 6-7】删除视图 v_department 中的记录，如图 6.14 所示。

```
SQL> select * from v_department where manager_id is not null;

DEPARTMENT_ID DEPARTMENT_NAME                MANAGER_ID
------------- ------------------------------ ----------
          300 部门300                               100
           10 Administration                        200
           30 Purchasing                            114
           90 Executive                             100
          100 Finance                               108
          110 Accounting                            206

已选择6行。

SQL> delete from v_department where department_id = 300;

已删除 1 行。

SQL> select * from v_department where manager_id is not null;

DEPARTMENT_ID DEPARTMENT_NAME                MANAGER_ID
------------- ------------------------------ ----------
           10 Administration                        200
           30 Purchasing                            114
```

图 6.14　删除视图中的记录

6.5.3 使用 PL/SQL

我们知道，Oracle 的 PL/SQL 具有强大的编程能力和数据处理能力，能够支持应用开发和数据操纵的需求。在以下的示例中，将通过游标来实现数据的查询和插入，对数据的修改和删除操作可由读者自行推演。

【例 6-8】在第 3 章中，我们在 SQL * Plus 下面建立了一个表 IT_EMPLOYEES，只有部门名称为"IT"的员工信息才能存储到这张表中，其中员工信息可以通过 EMPLOYEES 表来获得，而部门名称在 DEPARTMENTS 表中。

下面程序建立了游标从 EMPLOYEES 表中获得记录信息，其条件是 DEPARTMENT_ID 等于 IT 部门编号，将信息插入 IT_EMPLOYEES 表（IT 部门编号从 DEPARTMENTS 表中提取，即读取"DEPARTMENT_NAME"字段为"IT"的"DEPARTMENT_ID"信息）。

```
declare
emp_id number(6);
dep_id number(4);
fname varchar2(20);
lname varchar(25);
c_email varchar(25);
phone varchar2(20);
job varchar2(10);
n_salary number(6,2);
m_id number(6);
it_id number(4);

select department_id into it_id from departments where department_name = 'IT';
cursor cur1 is select department_id,employee_id,first_name,last_name,email,
       phone_number,job_id,salary,manager_id from employees;

begin
    open cur1;
    fetch cur1 into dep_id,emp_id,f_name,l_name,c_email, phone,job,n_salary,m_id;
loop
    exit when cur1%NOTFOUND;
    if dep_id = it_id then
        insert into IT_EMPLOYEES
        values(emp_id,fname,lname,c_email,phone,job,n_salary,m_id);
    else
    end if;
    fetch cur1 into dep_id,emp_id,f_name,l_name,c_email, phone,job,n_salary,m_id;
end loop;
close cur1;
end;
```

仔细分析上例，细心的读者会发现，如果在定义游标时直接将非 IT 部门的职员信息过滤掉，而直接处理 IT 部门的职员信息，程序运行的效率会更好，而上例试图通过代码的描述，让读者对 PL/SQL 程序有进一步的了解，程序相关的优化工作可由读者自行完成。

6.5.4　数据查询

1.　一般条件查询

【例 6-9】完成对表 employees 中月薪超过 5000 元的雇员信息查询，如图 6.15 所示。

```
select employee_id,first_name,salary from employees where salary > 5000.00;
```

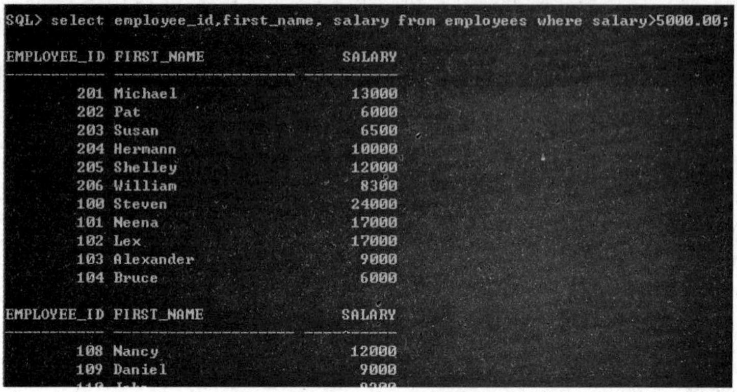

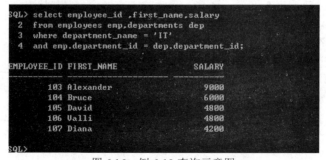

图 6.15　例 6-9 查询示意图

2.　组合条件查询

【例 6-10】完成对表 employees 中 IT 部门的雇员信息查询，IT 部门的部门编号从 departments 表中获得，如图 6.16 所示。

```
select employee_id,first_name,salary
    from employees emp, departments dep
    where department_name = 'IT'
        and emp.department_id = dep.department_id;
```

图 6.16　例 6-10 查询示意图

【例 6-11】完成对表 employees 中 IT 部门月薪超过 5000 元的雇员信息查询，如图 6.17 所示。

```
select employee_id,first_name,salary
    from employees emp, departments dep
    where department_name = 'IT'
        and emp.department_id = dep.department_id
        and salary>5000.00;
```

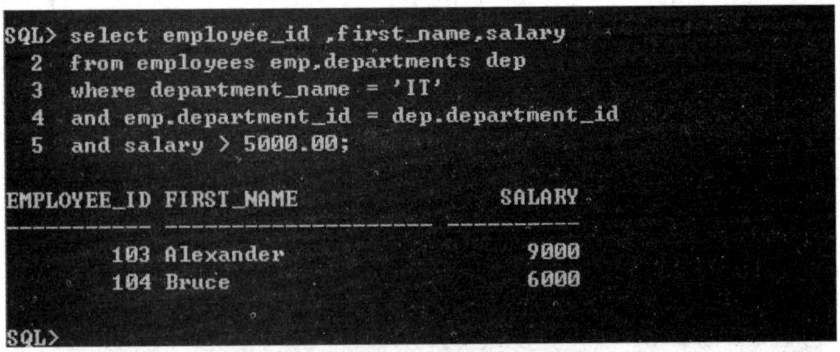

```
SQL> select employee_id ,first_name,salary
  2  from employees emp,departments dep
  3  where department_name = 'IT'
  4  and emp.department_id = dep.department_id
  5  and salary > 5000.00;

EMPLOYEE_ID FIRST_NAME               SALARY
----------- -------------------- ----------
        103 Alexander                  9000
        104 Bruce                      6000

SQL>
```

图 6.17　例 6-11 查询示意图

3. 用 group 进行分组查询

【例 6-12】查询部门名称、员工数量、总薪值和平均月薪，运行结果如图 6.18 所示。

```
select dep.department_name,count(emp.employee_id) dep_count,
        sum(emp.salary) total_salary, avg(salary) average_salary
    from employees emp, departments dep
    where emp.department_id = dep.department_id
    group by dep.department_name;
```

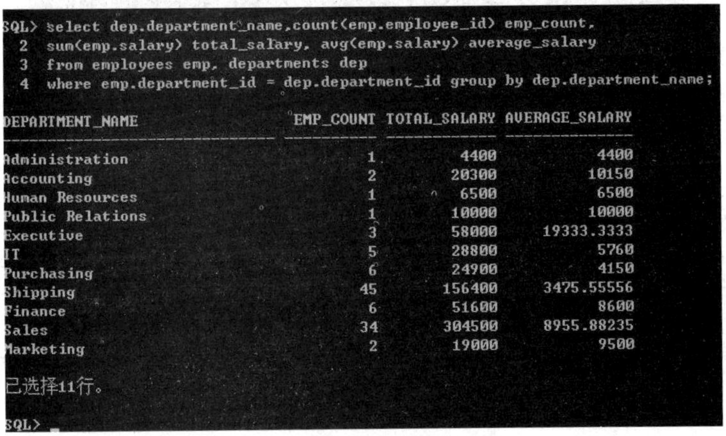

```
SQL> select dep.department_name,count(emp.employee_id) emp_count,
  2  sum(emp.salary) total_salary, avg(emp.salary) average_salary
  3  from employees emp, departments dep
  4  where emp.department_id = dep.department_id group by dep.department_name;

DEPARTMENT_NAME                 EMP_COUNT TOTAL_SALARY AVERAGE_SALARY
------------------------------ ---------- ------------ --------------
Administration                          1         4400           4400
Accounting                              2        20300          10150
Human Resources                         1         6500           6500
Public Relations                        1        10000          10000
Executive                               3        58000     19333.3333
IT                                      5        28800           5760
Purchasing                              6        24900           4150
Shipping                               45       156400     3475.55556
Finance                                 6        51600           8600
Sales                                  34       304500     8955.88235
Marketing                               2        19000           9500

已选择11行。

SQL>
```

图 6.18　例 6-12 查询示意图

【例 6-13】查询平均月薪超过 5000 元的部门的部门名称、员工数量、总薪值和平均月薪。

由于在条件比较中不能使用聚集函数，首先创建视图 dep_salary 获得部门编号和对应的员工数量、总薪值和平均月薪信息，语句如下：

```
create view dep_salary as
select department_id,count(employee_id) dep_count,
        sum(salary) total_salary, avg(salary) average_salary
    from employees emp
    group by department_id;
```

然后再由视图 dep_salary 和表 departments 做组合查询，获得所需信息，运行结果如图 6.19 所示。

```
select dep.department_name,average_salary
    from dep_salary , departments dep
    where dep_salary.department_id = dep.department_id
      and average_salary>5000.00;
```

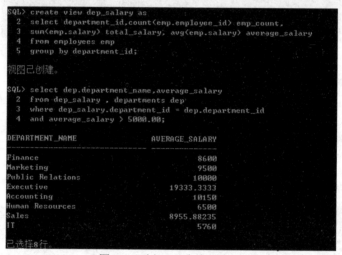

图 6.19　例 6-13 查询示意图

提 示

　　在第 3 章中，我们介绍了在 SQL*Plus 中使用 INSERT、UPDATE 和 DELETE 语句进行数据操纵的例子，在此将不赘述，读者可参见第 3 章的示例。此外，对于其他数据源的批量数据加载，Oracle 提供了 SQL*Loader 工具，此工具类似于 MS SQL Server 的 DTS 工具，读者可以自己练习使用。

第 7 章

Oracle 数据库管理操作

本章将介绍 Oracle 12c 中数据库管理操作的内容。首先介绍怎样使用视图，包括通过视图增加安全性、隐藏数据的复杂性、实现命名简洁易读性和实现更改灵活性。其次介绍实现记录唯一性和数据完整性的几种方法。最后介绍通过什么方式避免更改引起的大量改动，包括使用视图、同义词和游标。通过对上述内容的学习，读者能够对 Oracle 12c 中的数据库管理操作有一个全面的掌握。

7.1 学会使用视图

视图是原始数据库中数据的一种变换，是查看表中数据的另外一种方式。那些用于产生视图的表称为该视图的基表，视图也可以从另一个视图中产生。视图本身并不存放实际数据，我们通过视图看到的数据都存放在基表中。

视图具有很多优点，学会使用视图可以帮助我们实现以下功能：

● 增加安全性。
● 隐藏数据的复杂性。
● 实现命名简洁性和易读性。
● 实现更改灵活性。

7.1.1 增加安全性

视图是计算出的表，其中包含了从基表中选择的行和列。在需要授予用户只对表的一部分数据有访问权限的情况下，选择通过视图进行权限设置对于系统的安全非常有效。对于安全性要求很高的数据库，直接对表定义权限会受到限制，因为给用户授予的对表的任何权限都会应用于整个表。在许多情况下，需要更精确地授予用户的权限，而不仅仅是一个表的授权。例如：

- 不应将员工表中所存储的个人信息或敏感信息的访问权限授予那些需要访问该表其他部分的用户。
- 用户可能希望授予销售代表更新表的权限，包括更新其销售电话的说明，但此权限要仅限于其自己的电话。

在这种对安全性要求比较高的情况下，视图可以作为实现数据安全性的一种机制。通过视图用户只能查看和修改他们所能看到的数据，其他数据库或表既不可见也不可以访问。

> **提 示**
>
> 视图可以提供一种可以控制的方式（如授权），让不同的用户看见不同的数据，限制用户访问那些敏感的数据，这样就可以保证敏感数据不被未经授权的用户看见，以增加数据库的安全性。

7.1.2 隐藏数据的复杂性

在视图中可以编写复杂的 SQL 代码，将复杂性对用户隐藏起来。在定义视图时，若视图本身就是一个复杂查询的结果集，这样在每一次执行相同的查询时，就不必重新写这些复杂的查询语句，只需一条简单的查询视图语句即可，从而极大地简化了用户的操作。特别是多表查询，其语句一般比较复杂，而且用户需要了解表之间的关系，否则容易写错，如果基于这样的查询语句创建一个视图，用户就可以直接对这个视图进行"简单查询"而获得结果。

【例 7-1】现有一机场数据库，拥有 PilotSkills 表和 Hangar 表，其中 PilotSkills 表描述了飞行员和他们能够驾驶的飞机信息，Hangar 表描述了停在飞机棚中的飞机信息。现在要求查询能够驾驶飞机棚中每一架飞机的飞行员的姓名。

> **提 示**
>
> 该查询的实现代码非常复杂，需要用到除法运算，它的思想是用除数表去分割被除数表，产生商或结果表。将 PilotSkills 表用飞机棚中的飞机去除，就可以得到结果。

我们首先创建两个表，用 PilotSkills 表来描述飞行员以及飞行员可以驾驶的飞机信息，用 Hangar 表来描述飞机棚中的飞机信息，其代码如下：

```
--创建 PilotSkills 表
CREATE TABLE PilotSkills
(pilot CHAR(15) NOT NULL,
plane CHAR(15) NOT NULL,
PRIMARY KEY (pilot, plane));
```

```
--创建 Hangar 表
CREATE TABLE Hangar
(plane CHAR(15) PRIMARY KEY);
```
运行上述代码后其结果如图 7.1 所示。

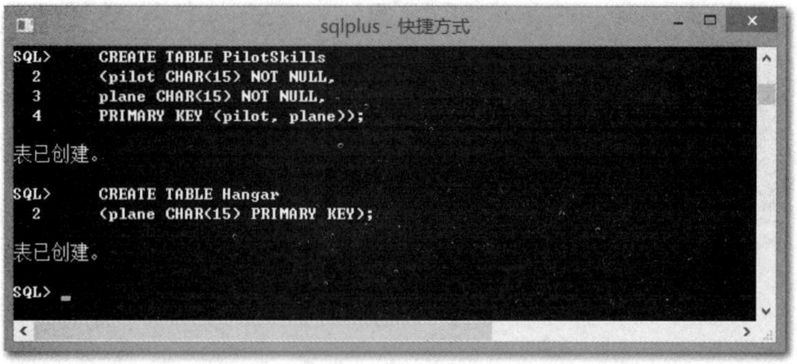

图 7.1　创建 PilotSkills 表和 Hangar 表

为实现"找出能够驾驶飞机棚中每一架飞机的飞行员的姓名",可以创建一个视图,其代码如下:

```
CREATE VIEW QualifiedPilots (pilot)
AS
SELECT DISTINCT pilot
FROM PilotSkills PS1
WHERE NOT EXISTS
(SELECT *
FROM Hangar
WHERE NOT EXISTS
(SELECT *
FROM PilotSkills PS2
WHERE (PS1.pilot = PS2.pilot)
AND (PS2.plane = Hangar.plane)));
```
运行上述代码后其结果如图 7.2 所示。

这个方法不是所有 SQL 程序员都能够写出来的,但是他们可以写成 SELECT pilot FROM QualifiedPilots;,这并不费事。也就是说通过视图将复杂性给隐藏了起来,且视图的定义可以更改,用户不需要知道。我们也可以用如下的代码实现本例中的关系除法。

```
CREATE VIEW QualifiedPilots2 (pilot)
AS
SELECT PS1.pilot
FROM PilotSkills PS1, Hangar H1
WHERE PS1.plane = H1.plane
GROUP BY PS1.pilot
HAVING COUNT(PS1.plane) = (SELECT COUNT(plane) FROM Hangar);
```
运行上述代码后其结果如图 7.3 所示。

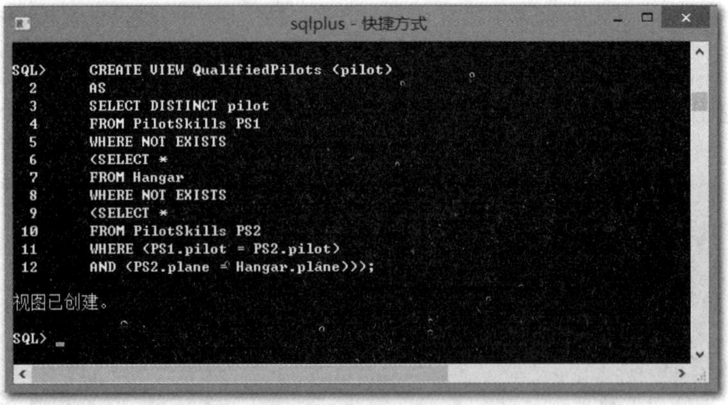

图 7.2　视图创建过程

图 7.3　另外一种视图的创建过程

用以下代码就可以实现"找出能够驾驶飞机棚中每一架飞机的飞行员的姓名"：

```
select pilot from QualifiedPilots;
```

7.1.3　实现命名简洁性和易读性

可以使用视图来对表进行重新定义，包括表的名、列。如果感觉表名或是列名比较复杂，那么就可以将其定义为一个视图，然后为其中的表和列重新定义一个简单易用的名字，这样操作视图就可以了，在一定程度上实现了命名的简洁性和易读性。

7.1.4　实现更改灵活性

由于视图相对于基表是独立的，当对基表进行操作的时候只会影响到视图中存在的列，而视图中不存在的列将不受到影响。而当对视图进行操作的时候，操作的数据会反映到基表当中，但是只会影响在视图中出现过的基表属性。从这一角度讲，就实现了安全性的控制，从另一角度讲，也实现了更改的灵活性。尤其是基表经常变化时，用视图可以封闭这种变化。

7.2　实现记录的唯一性

为了避免输入重复的数据信息，用户可以通过设置字段的记录唯一性来定义其具体内容。实现记录唯一性的方法主要有以下 3 种：

- 用键实现。
- 创建唯一索引。
- 用序列生成唯一索引。

7.2.1　用键实现

键是能够唯一区分数据表中每个记录的属性或者属性组合，使用键可以保证记录的唯一性。

当为表指定 PRIMARY KEY 约束时，Oracle 通过为主键列创建唯一索引强制数据的唯一性。当在查询中使用主键时，该索引还可用来对数据进行快速访问。如果 PRIMARY KEY 约束定义在不止一列上，则一列中的值可以重复，但 PRIMARY KEY 约束定义中的所有列的组合值必须唯一。

当插入新记录或对现有记录进行修改时，系统会自动对定义了键的列实施实体完整性检查，一旦发现插入的键值或修改之后的键值出现重复，则不允许提交所做的修改，以保证记录的唯一性。

【例 7-2】在学生信息数据库中我们创建一个名为 stu 的学生信息表，该表由三个属性组成，分别为学号、姓名、年龄，代码如下：

```
create table stu
(sno varchar(10),
sname varchar(10),
 sage int);
```

我们首先插入一条记录（"001"，"tom"，18），然后再插入一条记录（"001"，"jerry"，20），这两条记录具有相同的学号，其代码如下：

```
insert into stu          values('001','tom',18);
insert into stu          values('001','jerry',20) ;
```

运行上述代码后的结果如图 7.4 所示，我们可以看到系统是允许插入重复值的。

在现实生活中，学生学号是标识学生的重要属性，是不允许有重复值的，因此我们需要限制学号的唯一性。

在刚才操作的基础上我们首先将插入的数据删除；

```
delete from stu;
```

然后将学号 sno 设置为主键；

```
alter table stu          add constraint c1 primary key(sno);
```

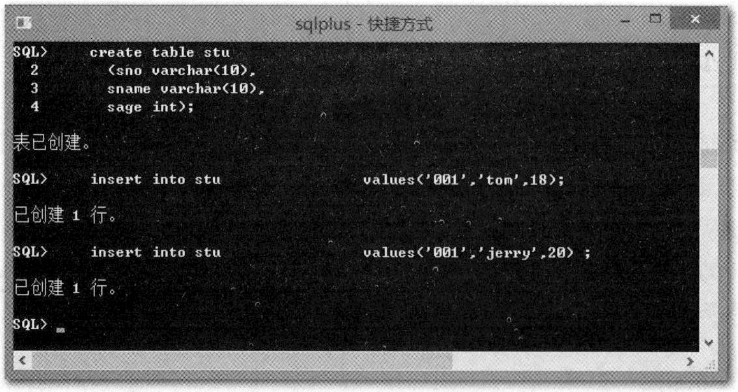

图 7.4　允许插入重复值的情况

接下来执行和前面相同的插入操作，其结果如图 7.5 所示。

```
insert into stu              values('001','tom',18);
insert into stu              values('001','jerry',20) ;
```

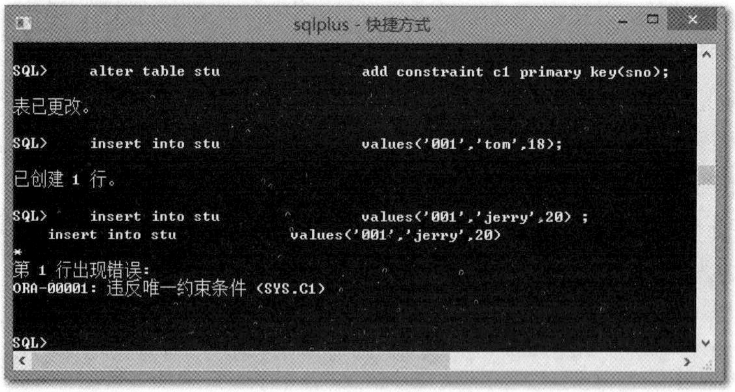

图 7.5　通过主键保证记录的唯一性

我们可以看到，系统不允许插入重复记录。

7.2.2　创建唯一索引

唯一索引是不允许其中任何两行具有相同索引值的索引。当现有数据中存在重复的键值时，大多数数据库不允许将新创建的唯一索引与表一起保存。数据库还可能防止添加将在表中创建重复键值的新数据。

创建唯一索引可以确保任何生成重复键值的尝试都会失败。创建 UNIQUE 约束和创建与约束无关的唯一索引并没有明显的区别。进行数据验证的方式相同，而且对于唯一索引是由约束创建的还是手动创建的，查询优化器并不加以区分。但是，在进行数据集成时，应当对列创建 UNIQUE 约束。这可以使索引的目的更加明晰。

创建唯一索引的语法格式如下：

```
CREATE UNIQUE INDEX name ON table (column [, ...]);
```

目前，只有树索引可以声明为唯一的。如果索引声明为唯一的，那么就不允许出现多个索引值相同的行。

【例 7-3】在 7.2.1 节的示例中，除了可以使用键来保证记录唯一性，也可通过唯一索引来完成。

Step **1** 将已有的主键约束 c1 删除。

```
alter table stu            drop constraint c1;
```

Step **2** 创建一个名为 ind1 的唯一索引。

```
create unique            index ind1 on stu(sno);
```

Step **3** 向表中插入一条重复的记录('001','jerry',20)，

```
insert into stu            values('001','jerry',20);
```

运行上述代码后的结果如图 7.6 所示。

图 7.6　使用唯一索引保证记录的唯一性

从中可以看到，系统不允许插入这条重复记录。

7.2.3　使用序列

序列是一个可以为表中的行自动生成序列号的数据库对象，利用它可生成唯一的整数，产生一组等间隔的数值（类型为数字），主要用于生成唯一、连续的序号。一个序列的值是由特殊的 Oracle 程序自动生成的，因此序列避免了在应用层实现序列而引起的性能瓶颈。

序列的主要用途是生成表的主键值，可以在插入语句中引用，也可以通过查询检查当前值，或使序列增至下一个值，因此可以使用序列实现记录的唯一性。

创建序列需要 CREATE SEQUENCE 系统权限，其语法格式如下：

```
CREATE SEQUENCE 序列名
    [INCREMENT BY n]
```

```
[START WITH n]
[{MAXVALUE/ MINVALUE n|NOMAXVALUE}]
[{CYCLE|NOCYCLE}]
[{CACHE n|NOCACHE}];
```

其中，各选项的意义为：

- INCREMENT BY 用于定义序列的步长，若省略，则默认为 1；若出现负值，则代表序列的值是按照此步长递减的。
- START WITH 用于定义序列的初始值，默认为 1。
- MAXVALUE 用于定义序列生成器能产生的最大值。NOMAXVALUE 为默认选项，代表没有最大值定义，这时对于递增序列，系统能够产生的最大值是 10^{27}；对于递减序列，最大值是 -1。
- MINVALUE 用于定义序列生成器能产生的最小值。NOMINVALUE 为默认选项，代表没有最小值定义，这时对于递减序列，系统能够产生的最小值是 -10^{26}；对于递增序列，最小值是 1。
- CYCLE 和 NOCYCLE 表示当序列生成器的值达到限制值后是否循环。CYCLE 代表循环，NOCYCLE 代表不循环。若循环，则当递增序列达到最大值时，循环到最小值；当递减序列达到最小值时，循环到最大值。如果不循环，达到限制值后，继续产生新值就会发生错误。
- CACHE 用于定义存放序列的内存块的大小，默认值为 20。NOCACHE 表示不对序列进行内存缓冲。对序列进行内存缓冲，可以改善序列的性能。

删除序列的语法格式为：

```
DROP SEQUENCE 序列名;
```

提 示

删除序列的人应该是序列的创建者或拥有 DROP ANY SEQUENCE 系统权限的用户。序列一旦删除就不能被引用了。

注 意

序列的某些部分可以在使用中进行修改，但不能修改 START WITH 选项。对序列的修改只影响随后产生的序号，已经产生的序号不变。

下面将对序列的创建、删除、使用和查看操作进行详细介绍。

（1）创建序列

```
CREATE SEQUENCE ABC
INCREMENT BY 1
START WITH 10
MAXVALUE 9999999
NOCYCLE NOCACHE;
```

执行结果：如图 7.7 所示。

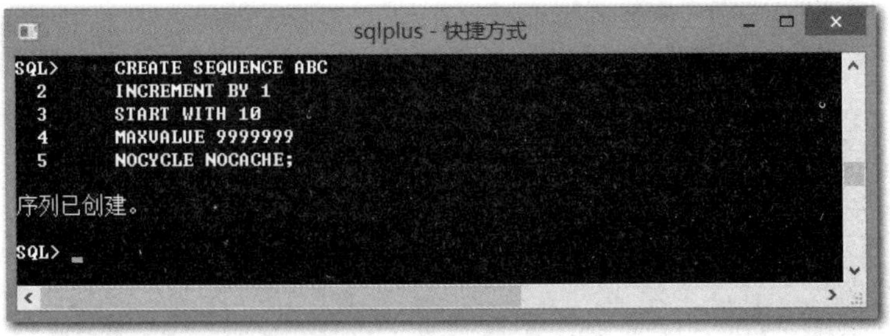

图 7.7 创建序列 ABC

提 示

以上创建的序列名为 ABC，是递增序列，增量为 1，初始值为 10。该序列不循环，不使用内存缓冲。没有定义最小值，默认最小值为 1，最大值为 9 999 999。

（2）使用序列

如果已经创建了序列，怎样才能引用序列呢？方法是使用 CURRVAL 和 NEXTVAL 来引用序列的值。调用 NEXTVAL 将生成序列中的下一个序列号，调用时要指出序列名，其格式如下：

```
序列名.NEXTVAL
```

CURRVAL 用于产生序列的当前值，无论调用多少次都不会产生序列的下一个值。如果序列还没有通过调用 NEXTVAL 产生过序列的下一个值，先引用 CURRVAL 没有意义。调用 CURRVAL 的方法同上，要指出序列名，即用以下方式调用:

```
序列名.CURRVAL.
```

产生序列值的步骤如下：

Step 1 产生序列的第一个值：

```
SELECT ABC.NEXTVAL FROM DUAL;
```

Step 2 产生序列的下一个值：

```
SELECT ABC.NEXTVAL FROM DUAL;
```

Step 3 产生序列的当前值：

```
SELECT ABC.CURRVAL FROM DUAL;
```

演示及结果如图 7.8 所示。

提 示

第一次调用 NEXTVAL 产生序列的初始值，根据定义知道初始值为 10。第二次调用产生 11，因为序列的步长为 1。调用 CURRVAL，显示当前值 11，不产生新值。Oracle 的解析函数为检查间隙提供了一种要快捷得多的方法。它们使你在使用完整的、面向集合的 SQL 处理的同时，仍然能够看到下一行（LEAD）或者前一行（LAG）的数值。

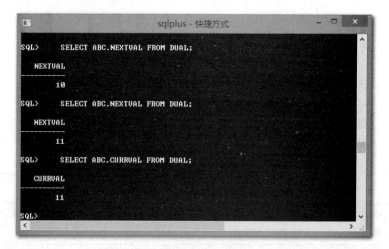

图 7.8　使用序列 ABC

（3）查看序列

通过数据字典 USER_OBJECTS 可以查看用户拥有的序列。通过数据字典 USER_SEQUENCES 可以查看序列的设置。

查看用户序列的代码如下，结果如图 7.9 所示。

```
SELECT          SEQUENCE_NAME,MIN_VALUE,MAX_VALUE,INCREMENT_BY,LAST_NUMBER
FROM    USER_SEQUENCES;
```

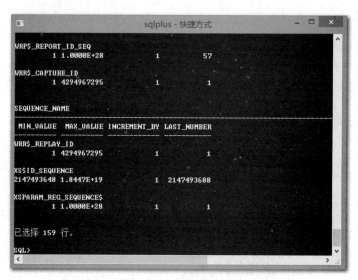

图 7.9　查看用户序列

（4）删除序列

```
DROP SEQUENCE ABC;
```

7.3 实现数据的完整性

在 Oracle 12c 系统中，提供了多种机制来实现数据库的完整性，主要有以下三种：

（1）域完整性

域完整性是对数据表中字段属性的约束，它包括字段的值域、字段的类型及字段的有效规则等约束，是由确定关系结构时所定义的字段的属性决定的。

（2）实体完整性

实体完整性即指关系中的主属性值不能为 NULL 且不能有相同值。实体完整性是对关系中的记录唯一性，也就是主键的约束。

（3）参照完整性

参照完整性即指关系中的外键必须是另一个关系的主键有效值，或是 NULL。参照完整性是对关系数据库中建立关联关系的数据表间数据参照引用的约束，也就是对外键的约束。

7.3.1 域完整性

域完整性指列的值域的完整性，保证表中数据列取值的合理性。如数据类型、格式、值域范围、是否允许空值等。域完整性限制了某些属性中出现的值，把属性限制在一个有限的集合中。如果属性类型是整数，那么它就不能是 101.5 或任何非整数。

在 Oracle 中域完整性主要通过如下 3 种约束来实现：

- NOT NULL（非空）约束。
- UNIQUE（唯一）约束。
- CHECK 约束。

1. NOT NULL（非空）约束

创建 NOT NULL 约束有两种方法：

（1）在创建表时定义约束

在创建 student 表时在 sname 列定义 NOT NULL 约束，其代码如下：

```
create table student
    (sno char(7),
    sname char(10) not null,
    ssex char(2),
    sage int,
    sdept char(20));
```

运行上述代码后结果如图 7.10 所示。

图 7.10　建表时创建 NOT NULL 约束

（2）在修改表时添加约束

使用 ALTER TABLE MODIFY 语句为已经创建的表删除或重新定义 NOT NULL 约束。例如，下面的语句为已经创建的 student 表添加 NOT NULL 约束，其代码如下：

```
alter table student
modify sname not null;
```

同理，我们可以使用 ALTER TABLE MODIFY 语句删除 NOT NULL 约束。下面的语句删除已经创建的 student 表上的 NOT NULL 约束，其代码如下：

```
alter table student
modify sname null;
```

【例 7-4】在 student 表的 sname 列上定义了 NOT NULL 约束，而在 sdept 列上没有定义 NOT NULL 约束，所以在向 student 表中插入数据时，必须为 sname 列提供数据，而不要求为 sdept 列提供数据。如图 7.11 所示，显示了怎样使用 NOT NULL 约束实现域完整性。

student 表				
sno	sname	ssex	sage	sdept
001	王艳	女	19	计算机系
002	李明	男	20	计算机系
003	陈波	男	20	计算机系
004	吴双	女	21	管理系

如果现在要插入一条如下记录，是可以成功的。

005	张岩	男	20	

但是，如果记录如下则不能插入，因为在 sname 定义了 NOT NULL 约束，不允许姓名为空值。

005		男	20	

图 7.11　使用 NOT NULL 约束实现域完整性

【例 7-5】向表中插入一条姓名为空值的记录，系统会提示如图 7.12 所示的错误，其代码如下：

```
insert into student
values('005',null,'男',20,'数学系');
```

图 7.12 插入空值违反 NOT NULL 约束

2. UNIQUE（唯一）约束

我们可使用 UNIQUE 约束确保在非主键列中不输入重复值。对于 UNIQUE 约束中的列，表中不允许有两行包含相同的非空值。

> **提 示**
>
> 定义为 UNIQUE 约束的列被称为"唯一键列"。

与创建 NOT NULL 约束一样，创建 UNIQUE 约束也有两种方法：

（1）在创建表时定义约束

在创建 student 表时在 sname 列定义 UNIQUE 约束，如图 7.13 所示，代码如下：

```
create table student
    (sno char(7),
    sname char(10) unique,
    ssex char(2),
    sage int,
    sdept char(20));
```

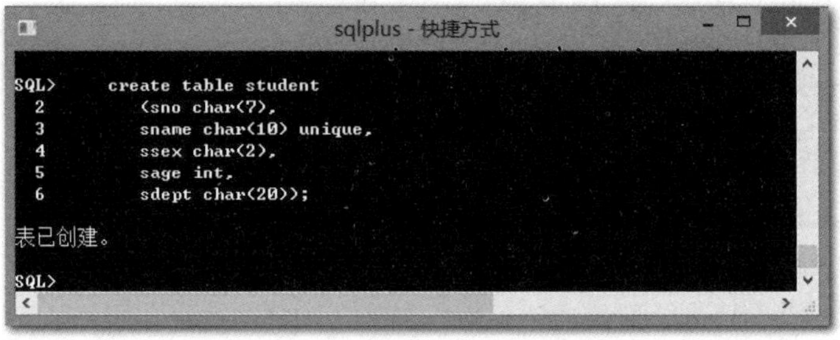

图 7.13 建表时创建 unique 约束

（2）在修改表时添加约束

使用 ALTER TABLE 语句为已经创建的表重新定义 UNIQUE 约束。例如，下面的语句为已经创建的 student 表添加 UNIQUE 约束。

```
alter table student
add constraint stu_uk unique(sname);
```

同理，我们可以使用 ALTER TABLE 语句删除 UNIQUE 约束，例如，下面的语句删除已经创建的 student 表上的 UNIQUE 约束。

```
alter table student
drop constraint stu_uk;
```

3．CHECK（检查）约束

与前两种约束的创建方法一样，创建 CHECK 约束也有两种方法：

（1）在创建表时定义约束

在创建 student 表时在 sname 列定义 CHECK 约束，如图 7.14 所示，代码如下：

```
create table student
(sno char(7),
sname char(10),
ssex char(2),
sage int check(sage>0 and sage<=100),
sdept char(20));
```

图 7.14　建表时创建 CHECK 约束

（2）在修改表时添加约束

使用 ALTER TABLE 语句为已经创建的表重新定义 CHECK 约束。例如，下面的语句为已经创建的 student 表添加 CHECK 约束。

```
alter table student
add constraint stu_ck check(sage>0 and sage<=100);
```

同理，我们可以使用 ALTER TABLE 语句删除 CHECK 约束，例如，下面的语句删除已经创建的 student 表上的 CHECK 约束。

```
alter table student
drop constraint stu_ck;
```

7.3.2 实体完整性

实体完整性规则是针对现实世界的一个实体集，而现实世界中的实体是可区分的。实体完整性可描述为：若属性 a 是基本关系 R 的主属性，则属性 a 不能取空值。该规则的目的是利用关系模式中的主键或主属性来区分现实世界中的实体集中的实体，所以不能取空值。

当用户对基表插入一条记录或者对主键列进行更新操作的时候，关系数据库管理系统将自动进行检查。包括：

① 检查主键值是否唯一，如果不唯一则拒绝插入或者修改。

② 检查主键的各个属性是否为空，如果有一个为空，则拒绝插入或者修改。

实体完整性约束是通过定义 PRIMARY KEY 约束来实现的。

┌─ 提 示 ─────────────────────────────────
   定义为 PRIMARY KEY 约束的列被称为"主键列"。
└───────────────────────────────────────

【例 7-6】在 student 表的 sno 列上定义了 PRIMARY KEY 约束，sno 列提供具有唯一性的数据，并且不能为 NULL，如图 7.15 所示。

student 表				
sno	sname	ssex	sage	sdept
001	王艳	女	19	计算机系
002	李明	男	20	计算机系
003	陈波	男	20	计算机系
004	吴双	女	21	管理系
如果要插入一条学号为 002 的记录，则不允许插入，因为与定义的 PRIMARY KEY 约束相冲突。				
002	陈凯	男	18	数学系

图 7.15 使用 PRIMARY KEY 约束实现实体完整性

创建 PRIMARY KEY 约束也有两种方法：

（1）在创建表时定义约束

在创建 student 表时在 sno 列定义 PRIMARY KEY 约束，如图 7.16 所示，代码如下：

```
create table student
    (sno char(7) primary key,
    sname char(10),
    ssex char(2),
    sage int ,
    sdept char(20));
```

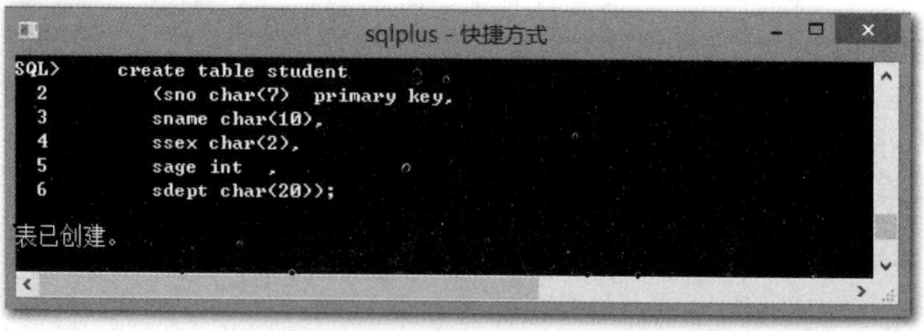

图 7.16　建表时创建 PRIMARY KEY 约束

（2）在修改表时添加约束

使用 ALTER TABLE 语句为已经创建的表重新定义 PRIMARY KEY 约束。例如，下面的语句为已经创建的 student 表添加 PRIMARY KEY 约束，代码如下：

```
alter table student
add constraint stu_pk primary key(sno);
```

同理，我们可以使用 ALTER TABLE 语句删除 PRIMARY KEY 约束，例如，下面的语句删除已经创建的 student 表上的 PRIMARY KEY 约束，代码如下：

```
alter table student
drop constraint stu_pk;
```

7.3.3　引用完整性

引用完整性也称为参照完整性，它定义了外键与主键之间的引用规则。引用完整性规则的内容是：如果属性（或属性组）F 是关系 R 的外键，它与关系 S 主键 K 相对应，则对于关系 R 中每个元组在属性（或属性组）F 上的值必须为空值，或者等于 S 中某个元组的主键的值。

引用完整性是通过外键 FOREIGN KEY 约束来实现的。定义为 FOREIGN KEY 约束的列称为"外键列"，被 FOREIGN KEY 约束引用的列称为"引用列"。包含外键的表称为子表，也称为引用表，包含引用列的表称为父表，也称为被引用表，通过使用公共列在表之间建立一种父子关系。在表上定义的外键可以指向主键或者其他表的唯一键。

如图 7.17 所示，student 表的主键是 sno，sno 是 sc 表的外键，sc 表的 sno 引用 student 表中的 sno 值。因此 sc 表的 sno 值要么取 student 表中已有的 sno，要么取 NULL。

我们首先创建 sc 表，并将 sno 设置为外键，如图 7.18 所示，代码如下：

```
create table sc
(sno char(7),
cno char(10),
grade int,
foreign key(sno) references student(sno));
```

student 表

sno	sname	ssex	sage	sdept
001	王艳	女	19	计算机系
002	李明	男	20	计算机系
003	陈波	男	20	计算机系
004	吴双	女	21	管理系

引用

sc 表数据

sno	cno	grade
001	C01	90
001	C02	85
001	C06	\<NULL>
002	C02	76
002	C04	68
003	C01	85

图 7.17　引用完整性示例

图 7.18　SC 表创建过程

为了验证 FOREIGN KEY 约束的有效性，可以向 sc 表中插入一条记录（'007','c01',90);，该记录的 sno 列"007"值不在 student 表中，因此插入就会因为违反外键约束而失败，如图 7.19 所示，代码如下：

```
insert into sc          values('007','c01',90);
```

注　意

　　在一个表上创建外键之前，被引用表必须已经存在，并且必须为该表的引用列定义 UNIQUE 约束或者 PRIMARY KEY 约束。

在定义外键 FOREIGN KEY 约束时，还可以通过关键字 on 指定引用行为的类型。当尝试删除被引用表中的一条记录时，通过引用行为可以确定如何处理外键表中的外键列。引用类型包含如下几种：

- 如果在定义外键 FOREIGN KEY 约束时使用了 CASCADE 关键字，那么当被引用表中的被引用列的数据被删除时，引用表中对应的外键数据也将被删除。

图 7.19　插入值违反 FOREIGN KEY 约束

- 如果在定义外键 FOREIGN KEY 约束时使用了 SET NULL 关键字，那么当被引用表中的被引用列的数据被删除时，引用表中对应的外键数据将被设置为 NULL。要使这个关键字起作用，外键列必须支持 NULL 值。
- 如果在定义外键 FOREIGN KEY 约束时使用了 NO ACTION 关键字，那么删除被引用表中的被引用列的数据将违反外键约束，该操作也会被禁止执行，这也是外键的默认引用类型。

> **提　示**
>
> 主键、外键只能对部分的字段进行完整性验证，并不能对表中所有的字段进行验证。因此我们需要采用其他的手段检查数据的完整性。主要的方法包括使用存储过程和触发器来检查数据的完整性。

7.3.4　存储过程检查

存储过程是由流控制和 SQL 语句书写的过程，这个过程经编译和优化后存储在数据库服务器中，应用程序使用时只要调用即可。存储过程具有很强的灵活性，可以完成复杂的判断和较复杂的运算，因此可以通过建立存储过程来实现数据的完整性。

> **提　示**
>
> 在使用函数 DBMS_output 时，一定要先执行 set serveroutput on，以保证函数可以有正确的输出。

通过建立存储过程可以实现当输入的数据违反数据完整性的时候，给出相应的提示，以保证数据的正确性和相容性。

7.3.5　使用触发器

在 7.3.4 节中，我们介绍了怎样通过建立存储过程来检查数据的完整性，但是，存储过程不仅编写起来比较麻烦，而且我们需要调用存储过程才可以实施完整性检查。如果在应用程序中有多个地方要对表中的数据进行操作，那么在每次对表中的数据进行操作后都要调用存储过程来判断，代码的重复量很大。而触发器则不同，它可以在特定的事件触发下自动执行，如当有新的数据插入时或数据被修改时。

触发器是一种特殊的存储过程，该过程在插入、修改和删除等操作事前或事后由 DBS 自动执行。经常用于实现逻辑上相关的数据表之间的数据完整性和一致性，例如可用于强制引用完整性，以便在多个表中添加、更新或删除行时，保留在这些表之间所定义的关系。触发器非常适合于实施企业规则，当某个输入违反了其中的某个企业规则时，触发器便可以显示相应错误并中止正在执行的数据库动作。

7.4　避免更改引起的大量改动

由于所有的操作最终都作用在基表上，因此基表名和列名的变化会对这些语句产生影响，此时必须修改所有的语句，这样不但麻烦，有时甚至会发生错误。有的表名和列名复杂而晦涩，用起来极不方便。怎样才能解决这个问题呢？为了避免直接依赖于基表所引起的问题，可采用以下几种方法：

- 使用视图为表名和列名起别名，在应用过程中可以借助视图中的名字来代替基表名和列名，当表名和列名改变时，只需改变相应视图的定义即可。
- 同义词类似于视图定义，只不过提供了一种更直接更广泛的方法来为各种对象定义别名，其中也包括视图对象。
- 在程序中用定义游标的方法防止直接依赖于表。当表名改变时，只需改变游标定义即可。

7.4.1　使用视图

视图是从基表中选取部分行和列所构成的虚表。用户的程序需要访问基表中的数据，如果基表中的数据经常发生变化，就会影响用户的程序。特别是用户的程序用到基表中的部分数据列，但是程序使用的数据列不经常变化，而程序不使用的数据列却经常变化，这个时候利用视图就可以避免基表更改引起的大量改动。因为视图可以使应用程序和数据库表在一定程度上独立。如果没有视图，应用一定是建立在表上的。有了视图之后，程序可以建立在视图之上，从而程序与数据库表被视图分割开来。视图可以在以下几个方面使程序与数据独立：

- 如果应用建立在数据库表上，当数据库表发生变化时，可以在表上建立视图，通过视图屏蔽表的变化，从而应用程序可以不动。
- 如果应用建立在数据库表上，当应用发生变化时，可以在表上建立视图，通过视图屏蔽应用的变化，从而使数据库表不动。

- 如果应用建立在视图上，当数据库表发生变化时，可以在表上修改视图，通过视图屏蔽表的变化，从而应用程序可以不动。
- 如果应用建立在视图上，当应用发生变化时，可以在表上修改视图，通过视图屏蔽应用的变化，从而数据库可以不动。

7.4.2　使用同义词

与使用视图来实现操作不直接依赖于基表一样，同义词也能实现这一目的。与视图不同的是同义词不但可以应用在表的命名中，同样也可以应用在视图、序列、存储过程和函数以及包中，因此它的应用范围更广泛。用同义词的不便之处是它不能对列起别名，这一点不如视图。

创建同义词的语法格式如下：

```
create [public]synonym 同义词 for 对象;
```

其中：

- public：公共同义词，所有用户都可以引用，若省略此关键字不写，则默认是 private 同义词，即私有同义词，它只能为某一用户使用。
- 同义词：为对象起的别名，在以后使用对象时可以用此名来代替原对象名。
- 对象：某一特定对象名，它可以是基表、视图、序列、过程、存储函数、存储包和其他同义词，指定对象时可以指定所属用户，中间用"."分开。

下面将对同义词的相关操作进行介绍。

（1）创建私有同义词

为 student 表创建同义词 stu，代码如下：

```
CREATE SYNONYM stu FOR student;
```

> **提　示**
>
> 此处用的是默认 private 同义词，只能为当前用户使用。

（2）创建公共同义词

也可以创建公共同义词给所有用户使用，代码如下：

```
create public synonym stu FOR student;
```

（3）使用同义词

创建了同义词之后，就可以在其他地方引用它，以此来代替基表的引用，例如：

```
insert into stu values('100','黎明','男',25,'phy');
```

在以后使用过程中，若基表的名字变了，只需修改同义词的定义即可。但同义词创建不支持 replace 命令，因此必须将其删除再重新创建。若 student 表更名为 student_infor，则需要重新定义同义词，这和使用视图一样，所有引用同义词的地方不必做任何改动。如：

```
drop synonym stu;
create synonym stu for student_infor;
```

（4）删除同义词

若一个对象（如表）被删除了，则同时也要将相应的同义词删除，因为此时再引用同义词将产生错误，另外也为了清理数据字典。删除同义词语法如下：

```
drop [public] synonym;
```

其中，public 在删除公共同义词的情况下使用，若删除某一个用户的同义词，则必须加上用户名。

在分布式数据库系统中，同义词意义更大。因为在分布式环境中，既可以使用本地的数据库对象，也可以引用其他地方的数据库对象，而且不同地方的对象可能同名。这样在引用对象时，必须指明所在的位置。但若引用了同义词，则可以将位置隐藏起来，使所有对象透明使用，这样便可以适应各种变化而简化应用。

7.4.3　使用游标

在存储过程和函数中可以使用显式游标，游标相当于定义了一个查询，在以后应用中可以用这个游标的查询结果。

当表名改变时，在存储过程和函数中只需改变定义在这个表上的游标即可，后面对游标的引用不用变，从而避免了直接依赖于表的操作。

当应用程序很大时，就有必要考虑游标的使用，并且最好将所有存储过程和函数放到一个包中。这样，只需对游标定义一次，便可以在所有过程和函数中使用。

当然，使用游标也有自己的缺点，它并不能直观地解决直接信赖于表的问题，游标在网络数据库中对减少网络传输量的用途更大一些。

第 8 章

数据库用户管理

本章将介绍 Oracle 数据库系统中关于用户管理的操作内容,如授予权限、回收权限、角色、不同用户权限管理、数据库对象的管理等。

8.1　授予权限

在此首先要对 Oracle 12c 的可插拔数据库(Pluggable Database,PDB)和容器数据库(Container Database,CDB)做一点补充。

在登录进 PDB 之前,当前容器是 CDB,并且指定了 CONTAINER = ALL 之后,能且只能创建通用用户(common user),而且通用用户名必须是 C##或 c##打头。登录进 PDB 之后,再指定了 CONTAINER = CURRENT,就可以创建本地用户(local user)了,就和 12c 之前的版本一样了。

通过查询 SHOW CON_NAME 可以知道现在的 SQL*Plus 是登录进了 CDB 还是 PDB。创建用户时,默认的是 CONTAINER = ALL,即 CDB 容器,只能创建通用用户。

使用 12c 自带的 SQL*Plus 登录,就可以使用 startup 命令将 PDB 打开,或者可以使用 ALTER PLUGGABLE DATABASE OPEN 语句打开 PDB。在一个 PDB 中只能看到自己的用户,cdb_视图也是可以使用的。在 CDB 中可以看到所有 CONTAINER 中的用户。可以使用 ALTER SESSION SET CONTAINER 命令来修改 CONTAINER 的值。如果用户忽略了设置,并且当前容器是 PDB,那么 CONTAINER 的默认值是 CURRENT,否则默认值是 ALL。

权限（Privilege）是指执行特定类型 SQL 命令或访问其他方案对象的权利。角色（Role）是权限管理的一种解决方案，是一组相关权限的集合。用户（User）是能够访问数据库的人员。用户权限可以直接或间接地被授予，用户的权限信息被保存在数据字典中。

按照权限所针对的控制对象，可以将权限分为系统权限和对象权限两种。

系统权限（System Privilege）是指在系统级控制数据库的存取和使用的机制，即执行特定 SQL 命令的权利，它用于控制用户可以执行的一个或一组数据库操作。这些权限完全不涉及对象，而是涉及运行批处理作业、改变系统参数、创建角色，甚至是连接到数据库自身等方面。可以将系统权限授予用户、角色和公共用户组。

提 示

公共用户组即指在创建数据库时自动创建的用户组，该用户组有什么权限，数据库中的所有用户就有什么权限。

对象权限（Object Privilege）是指在对象级控制数据库的存取和使用的机制，即访问其他方案对象的权利，它用于控制用户对其他方案对象的访问。用户可以直接访问其方案对象，但如果要访问其他方案的对象，则必须要具有对象权限。

应用程序必须通过一个数据库用户才能访问数据库，而数据库用户必须具有系统权限或对象权限才能操作数据库，可以将一个角色授予用户，使其具有某种权限。DBMS 通过权限实现数据库安全保护的过程为：用户通过 GRANT 或 REVOKE 语句，把授予或回收权限的定义告知 DBMS；DBMS 把授予或回收权限的结果存入数据字典；用户进行数据库操作请示时，DBMS 检查数据字典中保留的该用户权限定义来决定是否响应操作请示。

将权限授予用户包括直接授权和间接授权两种方式。其中，直接授权是直接把权限授予用户；而间接授权是先把权限授予角色，再将角色授予用户。同时，权限也可以传递。

8.1.1　直接授权

直接授权是指通过 GRANT 语句直接把权限授予用户，包括系统权限的授权和对象权限的授权两种情况。

1. 系统权限的授权

在创建用户后，如果没有给用户授予相应的系统权限，则用户不能连接到数据库，因为该用户缺少创建会话的权限。

在数据库中要进行某一种操作时，用户必须具有相应的系统权限，系统权限是由数据库管理员为用户授予的。向用户授予权限的语句为 GRANT，其语法格式为：

GRANT 系统权限 TO { PUBLIC | role | usemame } [WITH ADMIN OPTION]

> **提示**
> 在为用户授权时，可以使用 WITH ADMIN OPTION 选项，表示该用户可以将其所有权再授予其他用户，并且该用户还可以将授予的权限再回收。

在 Oracle 数据库中，用户 SYSTEM、SYS 是数据库管理员，它具有 DBA 所有的系统权限，包括 SELECT ANY DICTIONARY 权限，所以 SYSTEM 和 SYS 用户可以查询数据字典中以"DBA_"开头的数据字典视图、创建数据库结构等。

在 Oracle 12c 中有 206 个系统权限。可以在数据字典表 SYSTEM_PRIVILEGE_MAP 中看到所有这些权限，用 SELECT 语句可以查询这些权限。

```
SQL>CONNECT sys /zzuli AS sysdba
SQL>SELECT COUNT(*) FROM SYSTEM_PRIVILEGE_MAP;
```

> **提示**
> 系统权限中有一种 ANY 权限，具有 ANY 权限的用户可以在任何用户模式中进行操作。

系统权限可以划分为群集权限、数据库权限、索引权限、过程权限、概要文件权限、角色权限、回退段权限、序列权限、会话权限、同义词权限、表权限、表空间权限、用户权限、视图权限、触发器权限、管理权限、其他权限等，其介绍分别如表 8.1 至表 8.17 所示。

表 8.1　群集权限

群集权限	功能
CREATE CLUSTER	在自己的方案中创建、更改或删除群集
CREATE ANY CLUSTER	在任何方案中创建群集
ALTER ANY CLUSTER	在任何方案中更改群集
DROP ANY CLUSTER	在任何方案中删除群集

表 8.2　数据库权限

数据库权限	功能
ALTER DATABASE	更改数据库的配置
ALTER SYSTEM	更改系统初始化参数
AUDIT SYSTEM	审计 SQL，还有 NOAUDIT SYSTEM
AUDIT ANY	审计任何方案的对象

表 8.3　索引权限

索引权限	功能
CREATE ANY INDEX	在任何方案中创建索引
ALTER ANY INDEX	在任何方案中更改索引
DROP ANY INDEX	在任何方案中删除索引

表8.4　过程权限

过程权限	功能
CREATE PROCEDURE	在自己的方案中创建、更改或删除函数、过程或程序包
CREATE ANY PROCEDURE	在任何方案中创建函数、过程或程序包
ALTER ANY PROCEDURE	在任何方案中更改函数、过程或程序包
DROP ANY PROCEDURE	在任何方案中删除函数、过程或程序包
EXECUTE ANY PROCEDURE	在任何方案中执行函数、过程或程序包

表8.5　概要文件权限

概要文件权限	功能
CREATE PROFILE	创建概要文件（例如，资源/密码配置）
ALTER PROFILE	更改概要文件（例如，资源/密码配置）
DROP PROFILE	删除概要文件（例如，资源/密码配置）

表8.6　角色权限

角色权限	功能
CREAT ROLE	创建角色
ALTER ANY ROLE	更改任何角色
DROP ANY ROLE	删除任何角色
GRANT ANY ROLE	向其他角色或用户授予任何角色

表8.7　回退段权限

回退段权限	功能
CREATE ROLLBACK SEGMENT	创建回退段
ALTER ROLLBACK SEGMENT	更改回退段
DROP ROLLBACK SEGMENT	删除回退段

表8.8　序列权限

序列权限	功能
CREATE SEQUENCE	在自己的方案中创建、更改、删除或选择序列
CREATE ANY SEQUENCE	在任何方案中创建序列
ALTER ANY SEQUENCE	在任何方案中更改序列
DROP ANY SEQUENCE	在任何方案中删除序列
SELECT ANY SEQUENCE	在任何方案中选择序列

表 8.9　会话权限

会话权限	功能
CREATE SESSION	创建会话，连接到数据库
ALTER SESSION	更改会话
ALTER RESOURSE COST	更改概要文件中的计算资源消耗的方式
RESTRICTED SESSION	在受限会话模式下连接到数据库

表 8.10　同义词权限

同义词权限	功能
CREATE SYNONYM	在自己的方案中创建、删除同义词
CREATE ANY SYNONYM	在任何方案中创建同义词
CREATE PUBLIC SYNONYM	创建公用同义词
DROP ANY SYNONYM	在任何方案中删除同义词
DROP PUBLIC SYNONYM	删除公共同义词

表 8.11　表权限

表权限	功能
CREATE TABLE	在自己的方案中创建、更改或删除表
CREATE ANY TABLE	在任何方案中创建表
ALTER ANY TABLE	在任何方案中更改表
DROP ANY TABLE	在任何方案中删除表
COMMENT ANY TABLE	在任何方案中为任何表添加注释
SELECT ANY TABLE	在任何方案中选择任何表记录
INSERT ANY TABLE	在任何方案中向任何表插入新记录
UPDATE ANY TABLE	在任何方案中更改任何表记录
DELETE ANY TABLE	在任何方案中删除任何表记录
LOCK ANY TABLE	在任何方案中锁定任何表
FLASHBACK ANY TABLE	允许使用 AS OF 对表进行闪回查询

表 8.12　表空间权限

表空间权限	功能
CREATE TABLESPACE	创建表空间
ALTER TABLESPACE	更改表空间

续表

表空间权限	功能
DROP TABLESPACE	删除表空间
MANAGE TABLESPACE	管理表空间
UNLIMITED TABLESPACE	不受配额限制使用表空间

表 8.13 用户权限

用户权限	功能
CREATE USER	创建用户
ALTER USER	更改用户
BECOME USER	成为另一个用户
DROP USER	删除用户

表 8.14 视图权限

视图权限	功能
CREATE VIEW	在自己的方案中创建、更改或删除视图
CREATE ANY VIEW	在任何方案中创建视图
DROP ANY VIEW	在任何方案中删除视图
COMMENT ANY VIEW	在任何方案中为任何视图添加注释
FLASHBACK ANY VIEW	允许使用 AS OF 对视图进行闪回查询

表 8.15 触发器权限

触发器权限	功能
CREATE TRIGGER	在自己的方案中创建、更改或删除触发器
CREATE ANY TRIGGER	在任何方案中创建触发器
ALTER ANY TRIGGER	在任何方案中更改触发器
DROP ANY TRIGGER	在任何方案中删除触发器
ADMINISTER DATABASE TRIGGER	允许创建 ON DATABASE 触发器

表 8.16 管理权限

管理权限	功能
SYSDBA	系统管理员权限
SYSOPER	系统操作员权限

表 8.17　其他权限

其他权限	功能
ANALYZE ANY	对任何方案中的表、索引进行分析
GRANT ANY OBJECT PRIVILEGE	授予任何对象权限
GRANT ANY PRIVILEGE	授予任何系统权限
SELECT ANY DICTIONARY	允许从系统用户的数据字典表中进行选择

【例 8-1】给已经创建的 atea 用户授予 sysdba 系统权限。

```
SQL>CONNECT sys /zzuli AS sysdba
SQL>GRANT sysdba TO c##atea;
SQL>CONNECT atea /zzuli as sysdba
```

连接后就可以使用 sysdba 系统权限了。

执行结果如图 8.1 所示。

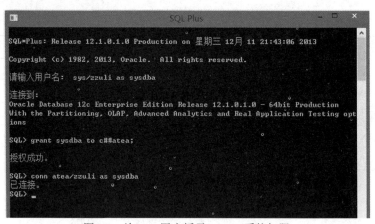

图 8.1　给 atea 用户授予 sysdba 系统权限

【例 8-2】创建一个 stu 用户，使其具有登录、连接的系统权限。

```
SQL>CONNECT sys /zzuli AS sysdba
SQL>CREATE USER c##stu IDENTIFIED BY zzuli
    2 DEFAULT TABLESPACE users
    3 TEMPORARY TABLESPACE temp;
SQL>GRANT create session TO c##stu;
SQL>CONNECT stu /zzuli
```

执行结果如图 8.2 所示。

2. 对象权限的授权

对象权限是用户之间对表、视图、序列模式等对象的相互存取操作的权限。对属于某一用户模式的所有模式对象，该用户对这些模式对象具有全部的对象权限，也就是说，模式的拥有者对模式中的对象具有全部对象权限。同时，模式的拥有者还可以将这些对象权限授予其他用户。

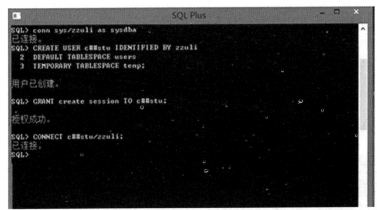

图 8.2　创建 stu 用户并授予登录的系统权限

按照不同的对象类型，Oracle 数据库中设置了不同种类的对象权限。对象权限及对象之间的对应关系如表 8.18 所示。

表 8.18　对象权限与对象间的对应关系

	ALTER	DELETE	EXECUTE	INDEX	INSERT	READ	REFERENCE	SELECT	UPDATE
DIRECTORY						√			
FUNCTION			√						
PROCEDURE			√						
PACKAGE			√						
SEQUENCE	√							√	
TABLE	√	√		√	√		√	√	√
VIEW		√			√			√	√

注：画 "√" 表示某种对象所具有的对象权限，否则就表示该对象没有某种权限。

对象权限由该对象的拥有者为其他用户授权，非对象的拥有者不得为对象授权，将对象权限授出后，获权用户可以对对象进行相应的操作，没有授予的权限不得操作。对象权限被授出后，对象的拥有者属性不会改变，存储属性也不会改变。

使用 GRANT 语句可以将对象权限授予指定的用户、角色、PUBLIC 公共用户组，其语法格式如下：

```
GRANT [object_privilege | ALL [PRIVILEGES] ON [schema.]object TO { user | role | PUBLIC}
```

其中，对象权限是某一类对象的相应权限，多个权限之间用逗号隔开，多个用户名之间也用逗号隔开，角色表示数据库中已创建的角色。PUBLIC 表示将该对象权限授予数据库中全体用户。

一个用户没有其他用户的对象权限，所以不能访问其他用户的对象。但是，如果把另外一个用户的某种对象权限授予该用户，该用户就具备了相应的访问对象的权限。

【例 8-3】用户 HR 将 EMPLOYEES 表的查询、插入、更改表的对象权限授予 zzuli。

```
SQL> CONN sys/zzuli as sysdba
SQL> GRANT select,insert,update ON employees TO c##hr
SQL> CONN c##hr/hr
SQL> INSERT into employees values<'111', 'zhang', '12', '男'>;
```

那么 zzuli 就具备了对 HR 的表 EMPLOYEES 的 SELECT 对象权限，但不具备其他对象权限（如 UPDATE）。执行结果如图 8.3 所示。

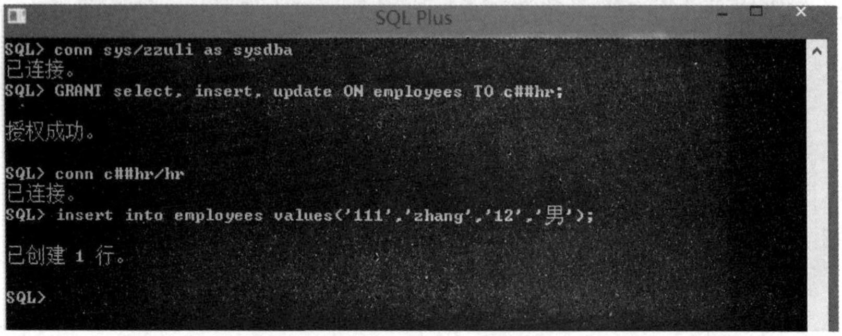

图 8.3　hr 授予 zzuli 对象权限

8.1.2　授权角色

为简化权限管理，Oracle 引入了角色概念，角色是相关权限的命名集合，使用角色的主要目的是为了简化权限管理。

可以使用角色为用户授权，同样也可以从用户中回收角色。由于角色集合了多种权限，所以当为用户授予角色时，相当于为用户授予了多种权限。这样就避免了向用户逐一授权，从而简化了用户权限的管理。

在为用户授予角色时，既可以向用户授予系统预定义的角色，也可以自己创建角色，然后再授予用户。在创建角色时，可以为角色设置应用安全性。角色的应用安全性是通过为角色设置密码实现的，只有提供正确的密码才能允许修改或设置角色。

> **提示**
> 权限、角色不仅可以被授予用户，也可以被授予用户组（public）。当将权限或角色授予 public 之后，会使得所有用户都具有该权限或角色。

通过查询数据字典 DBA_ROLES 可以了解数据库中全部的角色信息，其查询语句如下：

```
SQL>CONNECT sys/zzuli
已连接。
SQL>SELECT role, password from dba_roles;
```

```
ROLE                              PASSWORD
------------------------------    ------------------------------
CONNECT                           NO
RESOURCE                          NO
DBA                               NO
SELECT_CATALOG_ROLE               NO
EXECUTE_CATALOG_ROLE              NO
DELETE_CATALOG_ROLE               NO
EXP_FULL_DATABASE                 NO
IMP_FULL_DATABASE                 NO
...
OWB$CLIENT                        YES
OWB_DESIGNCENTER_VIEW             YES
OWB_USER                          NO
```
已选择 51 行。

如图 8.4 所示。

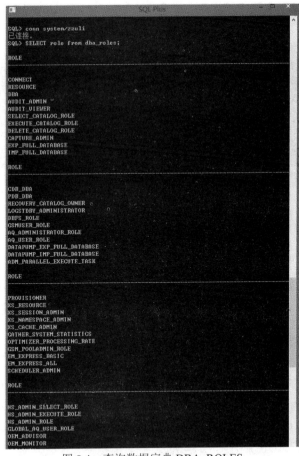

图 8.4　查询数据字典 DBA_ROLES

DBA 角色拥有所有系统级权限。通常，角色 CONNECT、RESOURCE 和 DBA 主要用于数据库管理。对于数据库管理员需要分别授予 CONNECT、RESOURCE 和 DBA 角色，对于数据库开发用户需要分别授予 CONNECT 和 RESOURCE 角色。

如果系统预定义的角色不符合用户的需要，数据库管理员还可以创建更多的角色。创建角色的用户必须具有 CREATE ROLE 系统权限。

在角色刚刚创建时，并不具有任何权限，这时的角色是没有用处的。因此，在创建角色后，还需要立即为它授予权限。

【例 8-4】现在来创建一个名为 c##ACCESS_DATABASE 的角色，并且为它授予一些对象权限和系统权限。

```
SQL>CREATE role c##access_database;
角色已创建。
SQL>GRANT create session, create table, create view to c##access_database;
授权成功。
```

如图 8.5 所示。

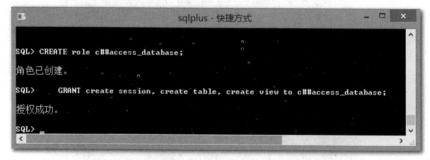

图 8.5　创建 ACCESS_DATABASE 角色并授予权限

在使用 GRANT 语句向角色授予权限后，即可将角色授予用户，使用户获得该角色所拥有的权限。

【例 8-5】将 c##ACCESS_DATABASE 的角色授予用户 c##stu。

```
SQL>GRANT c##access_database to c##stu;
授权成功。
```

注　意

在一个 GRANT 语句中，可以同时为用户授予系统权限和角色，但不能同时授予对象权限和角色。

在创建角色时也可以为角色指定密码，带有密码的角色在修改时，必须提供密码，否则系统将拒绝对角色的修改，如：

```
SQL>CREATE role c##manager identified by zzuli;
角色已创建。
```

```
SQL>GRANT create session, create table to c##manager;
授权成功。
```
如图 8.6 所示。

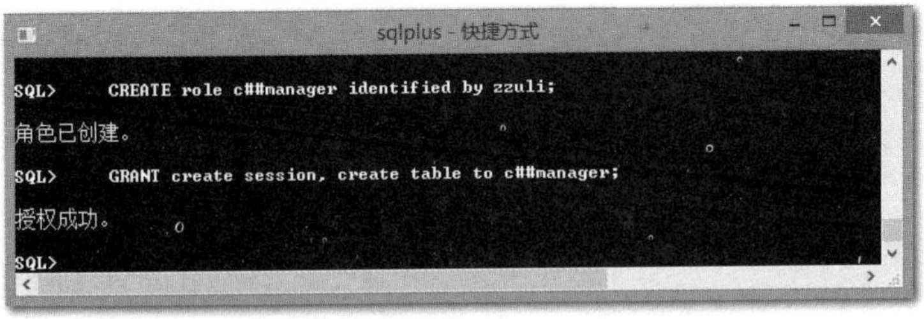

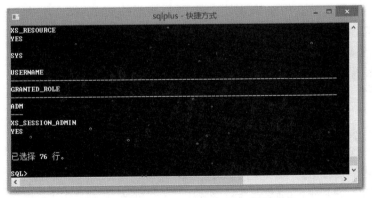

图 8.6　创建带密码的 manager 角色

　　Oracle 数据库中，数据库管理员通常通过角色来管理系统权限，即将角色授予用户，而不是直接为用户授予系统权限。在实际的应用中，可以将用户分组，同组用户使用同一角色，这样他们的权限就相同，当需要为用户增加或减少权限时，只要为角色增加或减少权限即可。

　　将角色授予用户后，角色信息被存储在用户数据字典 USER_ROLE_PRIVS 中，通过查询该数据字典可以了解用户所具有的角色，如：

```
SQL>select username,granted_role,admin_option
    from user_role_privs;
```
如图 8.7 所示。

图 8.7　查询 USER_ROLE_PRIVS 数据字典

8.1.3　使用 ALTER USER 语句修改用户的默认角色

　　默认角色是当用户登录到数据库时由 Oracle 自动启用的一种角色。当某一角色被授予用户后，该角色即成为该用户的默认角色。可以使用 ALTER USER 语句来修改用户的默认角色。语法格式如下：

ALTER USER useuname [default role [role_name [, role_name,…]] | all [except role_name[, role_name,…]] | none];

其中，default role 表示默认角色；使用关键字 all 可以设置该用户的所有角色；使用 except 则可以设置除某角色外其他所有角色生效；none 则设置所有角色为失效状态。

（1）设置用户角色失效

要使用户的角色失效，可以使用 ALTER USER USER_NAME DEFAULT ROLE NONE 语句。

【例 8-6】设置用户 c##stu 的所有默认角色失效。

SQL>CONNECT sys/oracle as sysdba
已连接。
SQL>ALTER USER c##stu default role none;
用户已更改。

如图 8.8 所示。

图 8.8　设置 stu 的所有默认角色失效

用户的角色失效后，该用户角色中的权限将全部丢失。用户连接数据库权限 CREATE SESSION 存储于 ACCESS_DATABASE 中，当该角色失效后，用户 c##stu 将不能再登录到数据库中。

（2）设置用户角色生效

用户的默认角色失效后，可以重新设置为生效。设置为生效后，用户的相应权限又可以再次被使用。修改用户角色重新生效的语句如下：

ALTER USER USER_NAME DEFAULT ROLE ALL
修改后即可启用该用户的所有角色。

【例 8-7】设置用户 stu 的所有角色生效。

SQL>ALTER USER stu default role access-database;
用户已更改。

提　示

　　使用 ALTER USER USER_NAME DEFAULT ROLE ALL EXCEPT 命令，可以启用除某个角色之外的其他所有角色。

8.1.4　使用 SET ROLE 控制角色使用

可以为数据库用户的会话启用或禁用角色。如果数据库管理员没有为用户取消所有默认角色，则该用户的会话将启用所有已经授予的角色。可以通过查询数据字典视图 SESSION_ROLES，查看当前数据库会话启用了哪些角色。

使用 SET ROLE 语句可以控制角色失效或生效。SET ROLE 语句的语法为：

SET ROLE [role [identified by password] [, role [identified by password]…] | ALL [EXCET role [, role]] | NONE];

其中，使用带 ALL 选项的 SET ROLE 语句时，将启用用户被授予的所有角色，使用 ALL 选项的一个前提条件是该用户的所有角色不得设置密码。EXCEPT ROLE 表示除指定的角色外，启用其他全部角色。NONE 表示使用户的所有角色失效。

【例 8-8】演示启用/禁用角色。

（1）使 c##stu 用户没有默认角色。

```
SQL>alter user c##stu default role none;
用户已更改。
SQL>grant connect, resource to c##stu;
授权成功。
SQL>alter user c##stu default role connect,resource;
用户已更改。
SQL>select GRANTED_ROLE, ADMIN_OPTION, DEFAULT_ROLE
    from dba_role_privs
    where GRANTEE='c##stu';
```

（2）以用户 c##stu 登录到数据库，查看 SESSION_ROLES 视图确认会话所用的角色：

```
SQL>connect c##stu/oracle;
已连接。
SQL>select *from session_roles;
ROLE
-----------------------
CONNECT
RESOURCE
```

如图 8.9 所示。

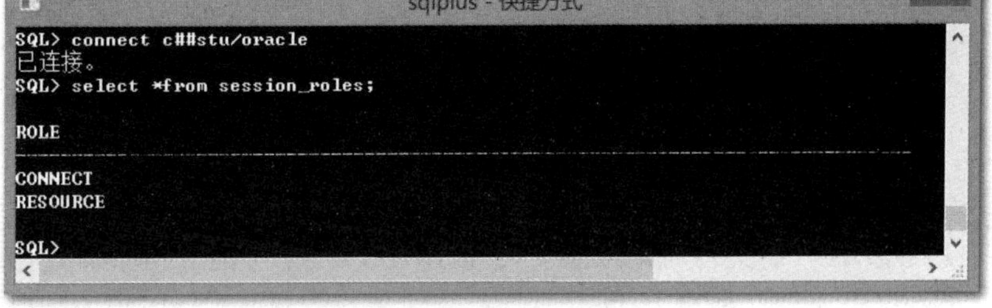

图 8.9　查看 SESSION_ROLES 视图

可以看出，ACCESS_DATABASE 角色已不再有效，当前的会话只启用了 CONNECT 和 RESOURCE 角色。

（3）为当前数据库会话启用 ACCESS_DATABASE 角色：

```
SQL>set role access_database;
```

SET ROLE 强制当前会话使用 ACCESS_DATABASE 角色。

（4）SET ROLE 语句强制当前会话禁用所有角色，这样当前用户的会话将失去所有权限：

```
SQL>set role none;
```

8.2   回收权限

当用户不使用某些权限时，就尽量收回权限，只保留其最小权限。包括回收权限、撤销角色、删除数据库对象和删除用户。

8.2.1   逐一回收

如果用户的某一权限不使用时，可以使用 REVOKE 语句以逐一回收的方式收回权限。

（1）系统权限的回收

数据库管理员或者具备向其他用户授权的用户都可以使用 REVOKE 语句将授予的权限回收。REVOKE 语句格式如下：

```
REVOKE 系统权限 FROM { PUBLIC | role | usemame }
```

用户的系统权限被回收后，相应的权限传递同时被回收。在回收系统权限时，经过传递获得权限的用户不受影响。假设用户 A 将系统权限 a 授予了用户 B，用户 B 又将系统权限 a 授予了用户 C。那么，当删除用户 B 后或从用户 B 回收系统权限 a 后，用户 C 仍然保留着系统权限 a。

（2）对象权限的回收

对象的拥有者可以将授出的权限收回，回收对象权限可以使用 REVOKE 语句，使用该语句回收对象权限的语法如下：

```
REVOKE { object privilege | ALL [PRIVILEGES] }ON [schema.] object FROM {user | role | PUBLIC };
```

回收对象权限时，授权者只能从自己授权的用户那里回收对象权限。如果被授权用户基于一个对象权限创建了过程、视图，那么当回收该对象权限后，这些过程、视图将变为无效。

在回收对象权限时，经过传递获得权限的用户会受到影响。假设用户 A 将对象权限 a 授予了用户 B，用户 B 又将对象权限 a 授予了用户 C，那么，当删除用户 B 后或从用户 B 回收对象权限 a 后，用户 C 将不再具有该对象权限 a，并且用户 B 和 C 中与该对象权限有关的对象都变成无效。

8.2.2　删除角色

如果不再需要某个角色或者某个角色的设置不太合理时，就可以使用 DROP ROLE 来删除角色，使用该角色的用户的权限同时也被回收。

【例 8-9】删除角色 c##ACCESS_DATABASE。

```
SQL>DROP ROLE c##access_database;
角色已删除。
```

如图 8.10 所示。

图 8.10　删除角色 C##ACCESS_DATABASE

8.2.3　删除数据库对象

Oracle 数据库中最基本的数据对象是表和视图，其他还有约束、序列、函数、存储过程、包、触发器、索引等。删除数据库对象后，也就删除了用户或角色对该数据库对象的访问权限。

删除数据库表使用 DROP TABLE 命令，其语法格式为：

```
DROP TABLE [schema.] table_name [CASCADE CONSTRAINTS];
```

删除表后，表上的索引、触发器、权限、完整性约束也同时被删除。如果删除的表涉及引用主键或唯一关键字的完整性约束时，那么 DROP TABLE 语句就必须包含 CASCADE CONSTRAINTS 子句。

视图是一个或多个表中的数据的简化描述，用户可以将视图看成一个存储查询或一个虚拟表。删除视图使用 DROP VIEW 命令，其语法格式为：

```
DROP VIEW view_name;
```

需要注意的是，将视图定义从数据字典中删除，基于视图的权限也同时被删除，其他涉及到该视图的函数、视图、程序等都将被视为非法。

8.2.4　删除用户

当删除一个用户时，系统会将该用户账号以及用户模式的信息从数据字典中删除。用户被删除后，用户创建的所有数据库对象也被全部删除。删除用户可以使用 DROP USER 语句。

如果用户当前正连接到数据库，则不能删除该用户，必须等到该用户退出系统后再

删除。如果要删除的用户模式中包含有模式对象，则必须在 DROP USER 语句中带上
CASCADE 关键字，那么就会在删除用户时也将该用户创建的模式对象全部删除。

【例 8-10】删除 c##stu 用户。

```
SQL>DROP USER c##stu;
用户已删除。
```

如图 8.11 所示。

图 8.11　删除 c##stu 用户

8.3　不同用户权限管理

Oracle 数据库系统中的用户包括最终用户（即连接、登录和操作数据库的人员）、
应用程序开发人员（使用 Oracle 数据库进行应用程序开发的人员）、数据库管理员（DBA）
等，其中最高的权限是 SYSDBA。

SYSDBA 具有控制 Oracle 一切行为的特权，如创建、启动、关闭、恢复数据库。
使数据库归档/非归档，备份表空间等关键性的动作只能通过具有 SYSDBA 权限的用户
来执行。这些任务即使是具有普通 DBA 角色也不行。

一般对 SYSDBA 的管理有操作系统认证和密码文件认证两种方式。具体选择哪一
种认证方式取决于：是在 Oracle 运行的机器上维护数据库，还是在一台机器上管理分布
于不同机器上的所有 Oracle 数据库。若选择在本机维护数据库，则选择操作系统认证；
若有很多数据库想进行集中管理，则可以选择密码文件认证方式。

8.4　管理对数据库对象的访问

Oracle 实现对数据库对象的访问管理，包括使用用户口令、使用权限控制、使用存
储过程控制、使用数据库链接、使用配置文件等。

8.4.1　使用用户口令

一个用户连接到一个 Oracle 数据库时，必须经过身份验证，常用的验证方式有数据
库身份验证和外部身份验证两种。一般情况下采用的是数据库身份验证，在创建用户时
使用"IDENTIFIED BY"选项设置了口令。这时 Oracle 全权管理用户账户、口令，并

进行验证。如果采用这种方式，就要在创建或更改用户时为用户指定一个口令。用户也可以在任何时候修改口令。在 Oracle 中，口令使用 DES（Data Encryption Standard，数据加密标准）进行了加密，存储在数据库中。为了加强数据库的安全性，Oracle 建议使用口令管理，如账户锁定、口令过期、口令历史、复杂度校验函数等。

使用身份验证的优点是：

- 由数据库控制用户账户和所有验证，不需要依赖数据库之外的任何东西。
- 使用数据库身份验证时，Oracle 能够提供强大的口令管理功能。
- 当用户比较少时，该方法容易管理。

【例 8-11】创建一个用户名为 c##tea1、口令为 teacher 的数据库身份验证用户。

```
SQL>CREATE USER c##tea1 IDENTIFIED BY teacher;
```

用户已创建

如图 8.12 所示。

图 8.12　创建具有数据库身份验证的 c##tea1 用户

8.4.2　使用权限控制

为了执行基本的数据库操作，如创建数据库、启动和关闭实例，应该给数据库管理员授予管理权限。这些管理权限是通过两个专用的系统权限来授予的，即 SYSDBA 和 SYSOPER，根据所需的授权级别，授予其中一个管理权限。

用户在数据库中能够做什么和不能够做什么，取决于用户能够访问的数据和能执行的操作，用户不能在数据库中执行任何超过他所拥有的权限之外的操作。Oracle 数据库也可以使用权限来控制用户对数据库的操作，保证数据库的安全性。包括使用系统权限和管理权限来进行控制。

8.4.3　使用数据库链接

数据库链接（Database Link）是在分布式环境下，为了访问远程数据库而创建的数据通信链路。数据库链接隐藏了对远程数据库访问的复杂性。通常将正在登录的数据库称为本地数据库，另外的一个数据库称为远程数据库。有了数据库链接，便可以直接通过数据库链接来访问远程数据库的表。常见的形式是访问远程数据库固定用户的链接，即链接到指定的用户，创建该形式的数据库链接的语法格式如下：

CREATE DATABASE LINK link_name CONNECT TO user IDENTIFIED BY password USING server_name;

其中：

- link_name：表示要链接的远程数据库名。
- user 与 password：分别表示账户及对应的账户密码。
- server_name：远程数据库服务名。

创建数据库链接时，所要连接数据库的用户应具有 CREATE DATABASE LINK 系统权限。数据库链接一旦建立并测试成功，就可以使用"表名@数据库链接名"的形式来访问远程用户的表。

8.4.4 使用配置文件

用户配置文件是 Oracle 安全策略的重要组成部分，利用用户配置文件可以对数据库用户进行基本的资源限制，并且可以对用户的密码进行管理。

在安装数据库时，Oracle 会自动建立名为 DEFAULT 的默认资源文件。如果没有为新创建的用户指定配置文件，Oracle 会自动为它指定 DEFAULT 资源文件。另外，如果用户在自定义的资源文件中没有指定某项参数，Oracle 也会使用 DEFAULT 资源文件中相应参数设置作为默认值。

（1）利用用户配置文件

利用用户配置文件，可以对系统资源进行限制，其具体介绍如表 8.19 所示。

表 8.19 各用户配置文件的意义

用户配置文件	说明
SESSION_PER_USER	同时连接的用户数
CPU_PER_SESSION	一次会话可用的 CPU 时间
CPU_PER_CALL	每条 SQL 语句所用 CPU 时间
LOGICAL_READS_PER_SESSION	每个会话读取的数据块数
LOGICAL_READS_PER_CALL	每条 SQL 语句所能读取的数据块数
PRIVATE_SGA	在共享服务器模式下，一个会话可使用的内存 SGA 区的大小
CONNECT_TIME	每个用户连接到数据库的最长时间
IDLE_TIME	每个用户会话能连接到数据库的最长时间
COMPOSITE_LIMIT	对混合资源进行限定

（2）密码限制次数

用户配置文件除了可以用于资源管理外，还可以对用户的密码策略进行控制。使用配置文件可以实现账户的锁定、密码的过期时间、密码的复杂度三种密码管理。

在资源配置文件中，对用户密码的限制参数如表 8.20 所示。

表 8.20　用户密码的限制参数介绍

限制参数	功能描述
FAILED_LOGIN_ATTEMPTS	限制用户登录数据库的次数
PASSWORD_LIFE_TIME	设置用户口令的有效时间，单位为天数
PASSWORD_REUSE_TIME	设置新口令的天数
PASSWORD_REUSE_MAX	设置口令在能够被重新使用之前，必须改变的次数
PASSWORD_LOCK_TIME	设置该用户账户被锁定的天数
PASSWORD_GRACE_TIME	设置口令失效的"宽限时间"
PASSWORD_VERIFY_FUNCTION	设置判断口令复杂性的函数

（3）管理用户配置文件

用户配置文件实际上是对用户使用的资源进行限制的参数集。一般来说，为了有效地节省系统硬件资源，在设置配置文件中的限制参数时，通常会设置 SESSION_PER_USER 和 IDLE_TIME，以防止多个用户使用同一个用户账号连接，并限制会话的空闲时间，而对于其他限制参数不进行设置。

管理用户配置文件的操作如表 8.21 所示。

表 8.21　管理用户配置文件的操作介绍

操作介绍	说明
CREATE PROFILE	创建用户配置文件
ALTER PROFILE	修改配置文件
DROP PROFILE	删除配置文件

此外，还可以通过查询数据字典的 **DBA_PROFILES** 视图来查看配置文件信息。

数据库空间管理

存储空间是数据库系统中非常重要的资源，无论是数据库中的对象还是数据库中的数据都需要空间进行存储，一旦数据库空间被全部占用，那么该数据库系统就不能再接受任何对象和数据，数据库系统的运行基本上会处于停滞状态。

合理利用空间不但能节省空间，还可以提高数据库系统的效率和工作性能。对数据库空间的管理主要通过以下几种方法。

- 建立数据库时分配存储空间。建立数据库可以指定 SYSTEM 表空间和其他表空间的大小。

- 空间充足时，通过动态空间监视和增加数据文件的方法管理数据库空间。

- 空间不够用时，需要增加存储空间，增加存储空间的方法主要包括：改变系统表空间数据文件的大小、创建新表空间和增加表空间大小。

- 减少存储空间的使用，主要方法包括：为表中的列设置合适的数据类型和长度、为对象设置合适的存储参数。

- 回收存储空间，主要方法包括：对历史数据进行存档并回收相应的空间；删除无用的对象和表空间。

9.1 建立数据库时的空间设计

从逻辑上说，数据库空间是由若干个表空间组成的，而表空间只是一个逻辑概念，它与数据库的物理结构有着密切的关系。表空间与磁盘上的若干个数据文件对应，表空间的所有内容其实都存储在数据文件中。数据文件是实际存在的文件，在创建表空间时就需要指定该表空间中各个数据文件的大小。因此，为了防止以后数据库存储空间不够用，在建立数据库时需要对可能的空间需求做出合理的估计，然后为其设置一个较大的预分配空间。

在建立数据库之初，合理估计可能用到的存储空间大小，并为表空间中的数据文件设置较大的存储空间，甚至设置为空间大小不受限制，则在以后使用过程中就会较少或几乎碰不到空间不够用的情况。

根据表空间的类型不同，空间设计可分为以下两种：

- SYSTEM 表空间初值：创建数据库时指定。
- 其他表空间初值：创建表空间时指定。

9.1.1　指定 SYSTEM 表空间初值

数据库运行期间如果出现存储空间不够用的现象，会对数据库的运行造成较大的影响，虽然可以通过增加数据文件以扩充存储空间，但还是会或多或少地影响数据库的性能，因此在创建数据库时，为表空间中的数据文件设置足够大的值是必要的。下面我们通过两种方法来设置 SYSTEM 表空间的初值。

1. 通过 DBCA 工具创建数据库并指定 system 表空间的初值

通过 DBCA 创建数据库的操作步骤如下：

Step 1　启动 DBCA，DBCA 激活并初始化，进入"数据库操作"窗口，如图 9.1 所示。

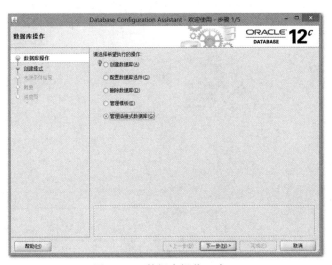

图 9.1　"数据库操作"窗口

Step 2　选择"创建数据库"选项，并单击"下一步"按钮，进入如图 9.2 所示"创建模式"窗口。

图 9.2　"创建模式"窗口

Step 3 选择"使用默认配置创建数据库"选项，输入"全局数据库名"：mydb1，选择存储类型、数据库文件位置、快速恢复区和数据库字符集后，输入"管理口令"、"确认口令"、"yhy 口令"，根据需要选择"创建为容器数据库"，并输入"插接式数据库名"mydb2 后，当然也可以使用"高级模式"，单击"下一步"按钮，进入如图 9.3 所示的"先决条件检查"窗口。

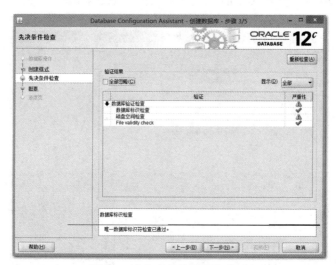

图 9.3　"先决条件检查"窗口

Step 4 先决条件检查通过后，单击"下一步"按钮，进入"概要"窗口，如图 9.4 所示。

图 9.4　"概要"窗口

Step 5　单击"完成"按钮，进入"进度页"窗口，如图 9.5 所示。直到最后完成。

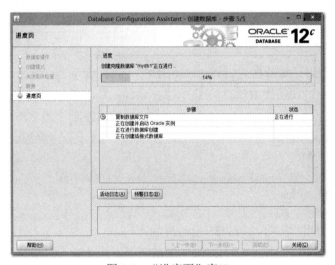

图 9.5　"进度页"窗口

2. 通过命令方式创建数据库并指定 SYSTEM 表空间的初值

通过命令的方式创建数据库比较复杂，实现起来难度较大，下面将给出具体的实现步骤。

Step 1　创建文件目录，用于存放数据库的各个不同类型的文件。

```
c:\>mkdir E:\oracle\admin\eygle\adump
c:\>mkdir E:\oracle\admin\eygle\bdump
c:\>mkdir E:\oracle\admin\eygle\cdump
```

```
c:\>mkdir E:\oracle\admin\eygle\dpdump
c:\>mkdir E:\oracle\admin\eygle\pfile
c:\>mkdir E:\oracle\admin\eygle\udump
c:\>mkdir E:\oracle\flash_recovery_area
c:\>mkdir E:\oracle\oradata
c:\>mkdir E:\oracle\oradata\eygle
```

Step 2 创建参数文件。

```
E:\oracle\admin\eygle\pfile\init.ora
```

文件内容如下：

```
db_name='eygle'
instance_name='eygle'
memory_target=320M
processes = 50
audit_file_dest='E:\oracle\admin\eygle\adump'
audit_trail ='db'
db_block_size=4096
db_domain="
db_recovery_file_dest='E:\oracle\flash_recovery_area\eygle'
db_recovery_file_dest_size=64M
diagnostic_dest='E:\oracle\'
dispatchers='(PROTOCOL=TCP) (SERVICE=ORCLXDB)'
open_cursors=100
#remote_login_passwordfile='EXCLUSIVE'
undo_tablespace='UNDOTBS1'
control_files = ('E:\oracle\oradata\eygle\CONTROL01.CTL',
                 'E:\oracle\oradata\eygle\CONTROL02.CTL')
compatible ='12.1.0'
```

Step 3 设置环境变量 ORACLE_SID ，即选择数据库实例。

```
c:\>set ORACLE_SID=eygle
```

Step 4 创建例程。

```
c:\oradim -new -sid eygle -startmode manual -pfile "E:\oracle\eygle\pfile\init.ora"
```

Step 5 启动 SQL*Plus

```
c:\sqlplus sys/123456 as sysdba
```

这里的 sys 为用户账号，123456 为对应的密码。

如果程序运行时，出现 TNS：协议适配器错误，并且输入的账号和密码都确定没有问题，那么很可能是由于数据库实例服务没有启动造成的。可以通过"控制面板"→"管理工具"→"服务"启动。

Step 6 启动例程。

```
sql>startup pfile="E:\oracle\admin\eygle\pfile\init.ora" nomount;
```

Step 7 创建数据库并指定 SYSTEM 表空间的初始大小。编写一个创建数据库的 SQL 文件，保存为 createDB.sql，其内容如下：

```
create database eygle
maxinstances 4
maxloghistory 1
```

```
maxlogfiles 16
maxlogmembers 3
maxdatafiles 10
logfile group 1 'e:\oracle\oradata\eygle\redo01.log' size 10M,
group 2 'e:\oracle\oradata\eygle\redo02.log' size 10M
datafile 'e:\oracle\oradata\eygle\system01.dbf' size 50M
autoextend on next 10M extent management local
sysaux datafile 'e:\oracle\oradata\eygle\sysaux01.dbf' size 50M
autoextend on next 10M
default temporary tablespace temp
tempfile 'e:\oracle\oradata\eygle\temp.dbf' size 10M autoextend on next 10M
undo tablespace UNDOTBS1 datafile 'e:\oracle\oradata\eygle\undotbs1.dbf' size 20M
character set ZHS16GBK
national character set AL16UTF16
user sys identified by sys
user system identified by system
```

其中，datafile 'e:\oracle\oradata\eygle\system01.dbf' size 50M 就是设置 SYSTEM 表空间的初值语句，这里我们设置 SYSTEM 表空间的初值为 50MB。

调用该文件的方法为：

```
sql>@C:\createDB.sql;
```

这样我们就成功创建了数据库并为 SYSTEM 表空间赋了初值。

9.1.2 设置其他表空间初值

对于其他表空间中的数据文件，可以在创建表空间的同时指定该表空间中数据文件的初值，最好能够设置一个较大的值，这样就能防止出现空间不够用的现象。例如学生信息库，要把有关学生信息的一些表放到一个表空间中，如果共有 2000 多名学生，则存储学生个人信息最多也不会超过 100MB 的空间，但为了保险起见，我们可以设置两个数据文件，每个数据文件的大小均设置为 100MB，使得整个表空间的大小超出存储数据的实际需要。

```
CREATE TABLESPACE student_information
    datafile   'E:\oracle\oradata\student\stud01.dbf'   size 100M,
               'E:\oracle\oradata\student\stud02.dbf'   size 100M
    default storage(initial  10M    --表空间 student_information 初始区间大小为 10MB
               next    10M    --当初始区间填满后，分配第二个区间大小为 10 MB
               minextents 1    --初始为该表空间分配 1 个区间
               maxextents 10    --最多为该表空间分配 10 个区间
               pctincrease 20)  --当再填满时，按照 20%的增长速率分配区间大小
    online;
```

Storage 语句指定表空间的存储参数，这些参数对于数据库的性能影响很大，选择时应慎重。

9.2　在空间充足时的管理

由于表空间不够用时会极大地影响数据库性能，因此平时对于表空间的状态应多加观察，在空间接近上限时及时采取措施，而不是等到空间不够用并对数据库的运行产生不良影响时才急着去扩充空间。通常，可以采用以下方法避免空间的不足：

- 动态空间监视方法。
- 向表空间增加数据文件方法。

9.2.1　使用数据字典动态监视

可以通过观察相应数据字典中的数据来获得空间使用信息。使用的数据字典是表 dba_free_space 或 user_free space，可以查看其内容来得到有关表空间的空间信息。

【例 9-1】通过 dba_free_space 查看表空间的空间信息。

```
SELECT * FROM dba_free_space;
```

以 SYSTEM 用户身份在 SQL*Plus 执行的结果，如图 9.6 所示。

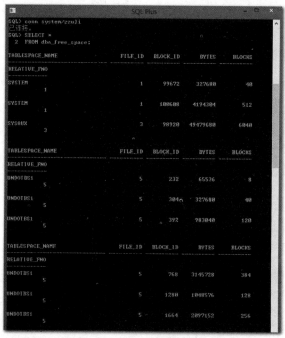

图 9.6　通过 dba_free_space 查看表空间的空间信息

从中可以看出每个表空间的空闲空间，根据这些值可以判断空间是否够用，若不够用，则要考虑扩充表空间。

9.2.2　向表空间增加数据文件

如果用数据字典查看到某个表空间不够用了,可用 add datafile 语句动态地给表空间增加数据文件。

【例 9-2】给表空间 student_information 再增加 2 MB 的存储空间。

```
ALTER TABLESPACE student_information
ADD DATAFILE 'E:\oracle\oradata\student\stud03.dbf'   size 2M;
```

程序执行结果如图 9.7 所示。

图 9.7　为 student_information 表空间增加 2MB 的存储空间

> **提　示**
>
> 通过上述方法给表空间分配太多的空间并不好,因为这样做无疑会造成较大空间的浪费。因此,建议做好空间估计,并合理利用空间,无论对减少资源浪费还是提高系统性能都有好处。

9.3　解决空间不足的方法

数据库中存储的数据是动态变化的,并且一般是向不断增加的方向变化,随着时间的推移,数据库文件的空间可能会被全部用尽,导致无法再向数据库中增加数据,数据库系统的运行会受到极大的影响。解决空间不足的方法是扩充数据库的存储空间,以便继续增加数据。扩充数据库存储空间的常用方法有如下 3 种:

- 增加 SYSTEM 表空间中数据文件的大小。
- 创建新的表空间。
- 创建新的数据文件。

9.3.1　增加数据文件大小

数据库中的数据其实都是存储在数据文件中的,SYSTEM 表空间的数据文件是在创建数据库时给定的,并且给其大小指定了一个初值。那么在 SYSTEM 表空间存储空间不够时就可以用 ALTER DATABASE 命令动态增加 SYSTEM 表空间数据文件的大小。

1. ALTER DATABASE 命令简介

改变 SYSTEM 表空间数据文件的大小可以用 ALTER DATABASE 命令,此命令还可以改变一些有关数据库的其他信息,其语法格式如下。

```
ALTER DATABASE 数据库名
    mount[standby | close database]
    | open   [resetlogs | noresetlogs]
    | archivelog|noarchivelog
    | add logfile[thread 数值]{[group 数值]文件名,···}
    | add logfile member{{文件名[reuse],···}
    to group 数值|文件名}
    | drop logfile{group 数值|文件名,···}
    | drop logfile member{文件名,···}
    | clear[unarchived] logfile{group 数值文件名,···}
    | rename file 旧文件名 to 新文件名
    | create standby controlfile as 文件名 [reuse]
    | backup controlfile {to 文件名   [reuse] | to trace}
    | reset compatibility
    | enable | disable [public] thread 数值
    | create datafile {文件名...}
    | datafile {文件名...} {online | offline [drop]   resize 数值}
    | end backup
    | autoextend off | on;
```

上述各选项的具体介绍如下：

- mount：只在使用未安装数据库启动方式时使用，它使数据装入现场，其中 standby 项是装配数据库备份。

- open：使数据库打开，只在安装启动数据库方式下使用。

- archivelog | noarchivelog：改变数据库日志归档状态为有效或无效。

- add logfile：增加一个或多个日志组。

- add logfile member：为指定日志组增加日志成员。

- drop logfile：删除日志组。

- drop logfile member：删除日志组成员。

- clearlogfile：重新初始化日志组内容。

- renamefile···to···：将数据文件或日志组成员文件更名。

- create standby：创建一个用来维护备用数据库的控制文件。

- backup controlfile：备份控制文件。

- reset compatibility：在数据库下次启动时，标记数据库恢复到早期版本。

- enable | disable thread：使线程有效或无效。

- create datafile：在旧数据文件上创建一个新的空数据文件。

- datafile：改变数据文件的一些内容，例如脱机或联机以及重新定义其大小。

- end backup：在一个联机表空间备份被系统或现场错误中断后，避免在数据库启动时做介质恢复。

● autoextend：允许或禁止自动扩充数据文件。

2．ALTER DATABASE 命令的使用

在上述选项中，扩充数据库的存储空间用的是 datafile 项的 resize 子项。当然这里的数据文件必须是在 SYSTEM 表空间中。ALTER DATABASE 命令的具体应用如下：

```
ALTER DATABASE orcl
datafile    'E:\app\jinsh\oradata\orcl\system01.dbf'
resize    750M;
```

程序执行结果如图 9.8 所示。

图 9.8　修改 SYSTEM 表空间中数据文件的大小

9.3.2　创建新表空间

表空间其实是一个逻辑概念，它的所有数据和结构信息都存储在一个或多个数据文件中，当需要扩充数据库存储空间时，可以创建新的表空间并指定它的数据文件，系统就会划出一块磁盘空间给这个表空间，而这个表空间当然也是属于这个数据库的，因此就扩大了数据库的存储空间。

提 示

创建数据库时最好能创建几个私用的表空间，因为 SYSTEM 表空间是系统表空间，其中存储着数据字典和数据库结构等重要信息，它是数据库系统运行的基础，若把所有数据信息都存储在这个表空间里，一方面会迅速占满它的空间，另一方面也加大了出错的可能性。

1．CREATE TABLESPACE 命令简介

创建表空间的命令是 CREATE TABLESPACE，它的语法格式如下。

```
CREATE TABLESPACE 表空间名
    datafle    {文件名[autoextend {off | on    next 数值  maxsize 数值 } ],
            … }
    minimum extent 数值
    logging | nologging
    default storage    {… }
    online | offline
permanent | temporary;
```

其中，各项的意义和作用如下：

● datafile：为此表空间指定数据文件的名字。

- autoextend：使自动扩展数据文件为有效或无效，并在有效时指定 next 值为下次分配给数据文件的磁盘空间，maxsize 为可分配的最大磁盘空间，若用 unlimited 则表示不受限制。
- minimum extent：控制表空间中的自由空间，方法是保证表空间中每个使用的或自由扩充的尺寸至少是指定数值的倍数。
- logging | nologging：指定在该表空间的所有表、索引和分区的默认日志使用方式，其中 logging 表示数据操作需要记录到日志，而 nologging 表示数据操作不做日志。
- default storage：为在该表空间中建立的全部对象指定默认的存储参数。
- online | offline：使表空间联机或脱机。
- permanent | temporary：指定表空间用来包含永久对象或暂时对象。

2. 用 CREATE TABLESPACE 创建表空间

【例 9-3】创建表空间，并指定一个数据文件，同时设置存储参数。

```
CREATE TABLESPACE test
datafile 'E:\oracle\oradata\test01.dbf' size 5M
default storage(    initial 5M
                next 5M
                minextents 2
                maxextents 10
                pctincrease 20
            )
Online;
```

程序执行结果如图 9.9 所示。

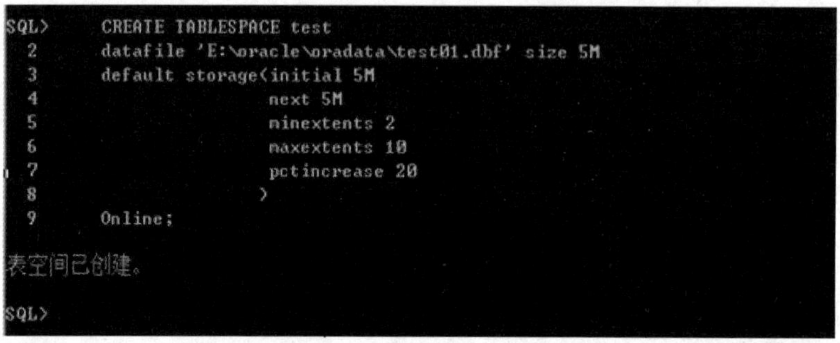

图 9.9　创建新的表空间

表空间创建后，系统就从磁盘中划分出一块空间给此表空间使用，不过只是逻辑上的划分，物理上磁盘空间还是自由的，但所创建的新表空间已经作为了数据库的一部分，所以数据库可以存储更多的数据了。

9.3.3 动态增加表空间

表空间中的数据文件大小是在创建表空间时就指定了的，在数据库运行过程中不能超过此限制，一旦表空间的数据文件被占满，则不能继续增加数据。解决办法是向表空间中增加新的数据文件，以此来扩充表空间的存储能力。

1. ALTER TABLESPACE 命令简介

向表空间中增加数据文件使用的命令是 ALTER TABLESPACE，其语法格式如下：

```
ALTER TABLESPACE 表空间名
logging | nologging
add datafile {数据文件名 [autoextend],…}
rename datafile 原文件名 to 新文件名
coalesce
default storage
minimum extent 数值
online | offline [normal | temporary | immediate | for recover ]
{begin | end} backup
read only | write
permanent | temporary
```

其中，有些选项在前面的章节中已经作过介绍，在此就不再累赘。下面仅给出以前没有介绍过的选项说明。

- add datafile：用于增加表空间的数据文件，可在联机或脱机时增加，但所增加的数据文件不能是其他表空间或数据库已经使用的，它同样可带 autoextend 参数选项。
- coalesce：用于将所有相连的空间范围合并到相邻的较大的范围中去，这一项不能被其他命令指定。
- {begin | end} backup：用于开始和结束联机备份表空间中的数据文件，在备份过程中用户可以继续访问该表空间，但备份过程中不能将表空间脱机，也不能关闭数据库。
- read only | write：其中 read only 表示此表空间内容是只读的，不能向其中写入任何数据，而 read write 则表示可以对此表空间的数据进行读写操作。

2. 具体应用

利用 ALTER TABLESPACE 语句的 add datafile 选项，向表空间增加数据文件。

【例 9-4】向表空间 test 中增加两个大小为 10MB 的数据文件。

```
ALTER TABLESPACE test
    add    datafile 'E:\oracle\oradata\test02.dbf' size 10M,
                    'E:\oracle\oradata\test03.dbf' size 10M ;
```

程序执行结果如图 9.10 所示。

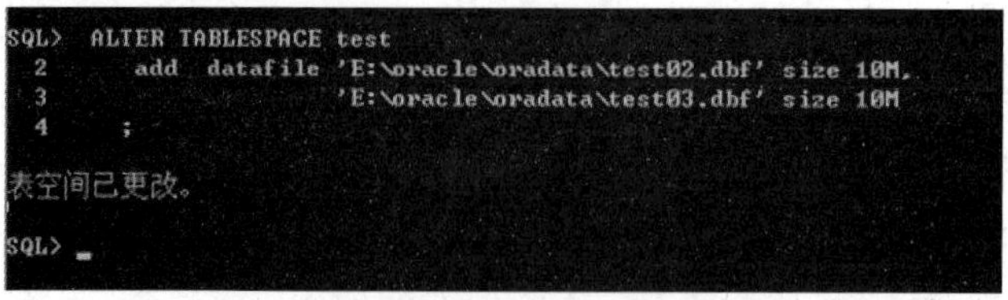

图 9.10　向表空间增加数据文件

9.3.4　三种方法的区别与比较

第一种方法是通过增加 SYSTEM 表空间中的数据文件的大小的方法来扩充数据库的存储能力，使用的命令是 ALTER DATABASE。SYSTEM 表空间是整个数据库最重要的表空间，它的存储空间不够将直接影响到数据库的运行。

第二种方法是创建新的表空间来扩充存储能力。在一个数据库系统中往往存在多个数据文件，如果仅用 SYSTEM 表空间来管理所有的数据文件会导致数据管理的压力很大。通过增加表空间的方法，一方面扩充了数据库的存储能力，另一方面也方便了数据的管理。

第三种方法是增加表空间中的数据文件来扩充数据库的存储空间。这是在数据库运行过程中经常需要做的工作，因为在一开始不可能将数据文件的大小设计得很合理，为了节省不必要的空间开支，一般倾向于将数据文件设得较小，当不够用时，只好增加此表空间的数据文件了。

【例 9-5】下面给出一个查看数据库的表空间信息的存储过程 space_report。

```
SET SERVEROUTPUT ON FORMAT WRAPPED
CREATE PROCEDURE space_report
AS
cursor one is
SELECT tablespace_name,file_id,max(bytes) largest,sum(bytes) total
FROM sys.dba_free_space
GROUP BY tablespace_name,file_id
ORDER BY tablespace_name,file_id;
cursor two(id integer) is
SELECT name,bytes
FROM V$datafile
WHERE file# = id;
database_name varchar2(8);
begin
    SELECT name
    INTO database_name
    FROM V$database;
    dbms_output.put_line('A Report of Database:'|| database_name);
    dbms_output.put_line('********************');
    for space in one loop
```

```
dbms_output.put_line('Tablespace Name:'
|| space.tablespace_name);
for datafile in two(space.file_id) loop
dbms_output.put_line('Data file name:'
|| datafile.name);
dbms_output.put_line('Total file size:'
|| datafile.bytes);
dbms_output.put_line('The percent of free space in file:'
|| round((space.total / datafile.bytes) * 100, 0) || '%');
dbms_output.put_line('Largest extent:'
|| space.largest);
end loop;
end loop;
end    space_report ;
```

以 SYS 用户身份在 SQL*Plus 中执行存储过程 space_report，结果如图 9.11 所示。

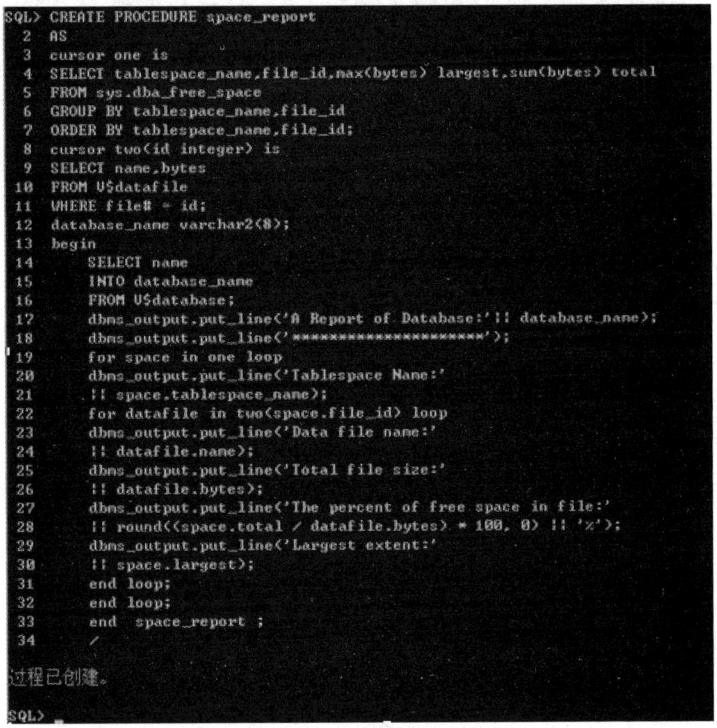

图 9.11　创建存储过程

以 SYS 用户身份在 SQL*Plus 中执行存储过程 space_report。

```
EXECUTE    space _report;
```

程序执行结果如图 9.12 所示。

```
SQL>    execute  space_report;
A Report of Database:ORCL
*********************
Tablespace Name:EXAMPLE
Data file name:E:\APP\JINSH\ORADATA\ORCL\EXAMPLE01.DBF
Total file size:104857600
The percent of free space in file:22%
Largest extent:20905984
Tablespace Name:STUDENT_INFORMATION
Data file name:E:\ORACLE\ORADATA\STUDENT\STUD01.DBF
Total file size:104857600
The percent of free space in file:100%
Largest extent:104792064
Tablespace Name:STUDENT_INFORMATION
Data file name:E:\ORACLE\ORADATA\STUDENT\STUD02.DBF
Total file size:104857600
The percent of free space in file:100%
Largest extent:104792064
Tablespace Name:STUDENT_INFORMATION
Data file name:E:\ORACLE\ORADATA\STUDENT\STUD03.DBF
Total file size:2097152
The percent of free space in file:97%
Largest extent:2031616
Tablespace Name:SYSAUX
Data file name:E:\APP\JINSH\ORADATA\ORCL\SYSAUX01.DBF
Total file size:630390784
The percent of free space in file:5%
Largest extent:30801920
Tablespace Name:SYSTEM
Data file name:E:\APP\JINSH\ORADATA\ORCL\SYSTEM01.DBF
Total file size:786432000
The percent of free space in file:8%
Largest extent:60751872
Tablespace Name:TEST
Data file name:E:\ORACLE\ORADATA\TEST01.DBF
Total file size:5242880
The percent of free space in file:99%
Largest extent:5177344
```

图 9.12   执行存储过程 space_report 查看表空间信息

9.4   合理利用存储空间

存储空间是数据库系统中非常重要的资源，数据库所拥有的存储空间一旦用尽，整个数据库系统就会处于停滞状态，所以应该合理利用空间。一方面要对数据库中的对象进行合理的设计以达到节省空间的目的；另一方面应该对空间进行及时回收，将不再使用的空间置为自由空间，以便给其他应用程序或对象使用。

合理利用存储空间包括以下几个方面：

- 采用合适的数据类型。
- 合理设置存储参数。
- 回收无用的表空间。
- 对历史数据进行归档备份，然后回收其占用的空间。

9.4.1   采用正确的数据类型

数据表是数据库中最为重要的对象，因为数据库中的数据都要存储在数据表中，因此数据表设计的优劣会直接影响到存储空间的利用效率。

创建表时需要为表中的每一列指定一个数据类型，并且往往还需要给列指定长度大小，使得列中的数据都遵循相同的约束。数据类型及长度设置的优劣将直接影响到数据所占空间的大小，如果设计不合理就可能造成很大的浪费，反之将会节省宝贵的空间资源。因此，设计数据表各列的数据类型和长度，往往是创建表之前很重要的工作。下面通过一个简单的例子来说明合理设置数据类型和长度的重要性。

【例 9-6】现创建一个仅包含两列的数据表，数据表的第一列用于存储学生的序号，第二列用于存储学生的姓名，设计该表的过程如下所示。

（1）第一次选取数据类型

创建一个表 student_01。

```
CREATE TABLE student_01
    (
        student_no        NUMBER(5),
        student_name      CHAR(50)
    );
```

我们可以发现 student_name 列的长度为 50 个字符，而该列用于存储学生的姓名，这个长度显然太大了，因为无论如何一个人的姓名很难达到 50 个字符这么长，实际上大多人的姓名只需要 6 个字符的长度就够了，也就是说 student_name 列的空间利用率只有 12%左右，当数据表中的数据行数非常大时就会浪费相当大的存储空间。

（2）第二次选取数据类型

对学校的学生信息进行调查和分析，发现学生姓名最长的也不超过 16 个字符，那么数据表可以按照下面的程序进行创建。

```
CREATE TABLE student_02
    (
        student_no        NUMBER(5),
        student_name      CHAR(16)
    );
```

这个表结构设计得仍不合理，因为 student_name 列的数据类型是 char，这种数据类型是一种固定长度的数据类型，意思是无论 student_name 列实际需要多少个字符的空间，系统都将给它分配 16 个字符的空间，空间用不完的话就用空格补上，显然会造成存储空间的浪费。

（3）第三次选取数据类型

对于数据长度弹性比较大的列，可以设置该列的数据类型为可变长度的数据类型，如 VARCHAR2 数据类型，它也有最大长度限制，但当列数据达不到最大长度时，就只存储有效信息，剩余的空间可以被别的对象使用，这样就节省了很多空间，因此这个表的最佳设计应该如下所示：

```
CREATE TABLE student_03
    (
        student_no        NUMBER(5),
```

```
    student_name     VARCHAR2(16)
 );
```

通过这个简单的例子使我们了解了合理设置数据类型和长度的重要性。

9.4.2 存储参数的正确设置

在创建对象时，若不指定存储参数，则会采用表空间默认的存储参数。为了节省存储空间，在创建每个对象时，应设计和指定该对象的存储参数。

本小节将对与节省空间有关的几个参数进行逐一说明。

1. 使用 initial 参数

首先要说的是 initial 参数，正如前面估计空间时所设计的那样，此值应比对象所需的空间大一点，此时将具有最佳的性能和空间分配。如估计需要 10MB 左右的空间，若给 initial 参数设置为 100MB，当然不会出现空间不够用的情况，但空间设得太大就会造成空间的浪费，因此比较合理的设置是 20MB。

【例 9-7】创建表格 student_04，初始空间为 20MB。

```
CREATE TABLE student_04
(
    student_no        NUMBER(5),
    student_memo      VARCHAR2(200),
    ……
    Storage   (initial   20M)
);
```

2. 使用 next 和 pctincrease 参数

参数 next 和 pctincrease 也会影响到空间的使用情况，若不容易估计空间大小，设计 initial 参数就不能将表正好完全装入，此时一般为了节省空间，要将 initial 值设置得小一些，然后动态分配新片，分配新片就需要 next 参数的值，此值若不合理，也会造成空间浪费。

对于一般的表，设计 next 值与 initial 值相等即可，这样即使第一个片不够用，再分配一个新片也不会占用太多空间。若 next 值设置得太大，而 initial 值又设置得与表所需空间差不多，则多出来的空间基本就浪费掉了。此外，参数 pctincrease 也会影响到空间的使用，如对于增长不太快的表，若将此值设置得太大，则下次分配片时将比上一个片大许多，因此造成了很大的浪费。

综上所述，在创建对象时应根据实际情况综合考虑来合理设计这三个参数值，并在命令中加以体现。

【例 9-8】创建表格 student_05，初始空间为 20MB，下次分配空间为 20MB，按照 10%动态增长。

```
CREATE TABLE student_05
(
    student_no          NUMBER(5),
```

```
    student_memo        VARCHAR2(200),
    ......
    Storage
    (
        initial    20M
        next      20M
        pctincrease 10
    )
);
```

3. 使用 pctfree 和 pctused 参数

在数据库中，由于某行特别长或是某行动态增长超出了数据块的存储空间，就必须开辟新的数据块，这样一行存储在两个数据块上，就产生了行链。为了防止行链的产生，尤其是为了防止第二种情况产生的行链，就需要合理设置 pctfree 参数。此外，为了能在某数据块中数据减少时，可以重新使用释放的空间，也需要设计 pctused 参数。

参数 pctfree 和 pctused 的使用是非常关键的。其中，pctfree 表示每个数据块空闲的空间比例，若小于此比例就要分配新的数据块，这样剩下一部分自由空间可以在数据变长时使用；pctused 表示当数据块中数据减少到多大比例时重新使用该数据块装入新的数据，这样是为了动态回收释放的空间。这两个参数设计不合理，也会造成很大的浪费。

对于一个行比较稳定的表，即行一般不动态增长，若将 pctfree 设计得太大，就会留出太多的自由空间而造成浪费；同样，对于一个数据减少很频繁的表，若 pctused 设计得太小，则释放的空间不能即时得到利用，也会造成浪费。

这两个值的设计不能太小也不能太大，若 pctfree 设计得太大，则很容易产生行链，从而影响数据库的性能；若 pctused 设计得太大，则一旦减少一些行，就马上把自由空间利用上，造成数据太杂乱，也会影响到性能。因此应该综合考虑各种情况。

【例 9-9】创建表格 student_06，初始空间 20MB，下次分配空间 20MB，按照 10% 动态增长，数据块空闲空间低于 15% 导致新的数据块分配，数据块中数据占用空间低于 60% 会导致数据块重新接受数据装入。

```
CREATE TABLE student_06
(
    student_no          NUMBER(5),
    student_memo        VARCHAR2(200),
    ......
    Storage
    (
        initial    20M
        next      20M
        pctincrease 10
    )
    pctfree    15
    pctused    65
```

```
);
```

9.4.3 定期回收无用表空间

上述两种方法是在创建对象时通过合理设计对象结构和设置参数来节省空间，这当然是减少存储空间的有效办法。此外，还可以删除一些不再使用的对象，以释放相应的空间，以此来减少存储空间的使用。

1. 删除无用对象

数据库里的某些对象在使用了一段时间之后就没用了，对于这些对象应马上删除并回收空间，以免以后忘记。比如说某个临时表是为了移动数据而设的，则在工作完成之后应将其删除。

【例 9-10】删除无用的数据表 student_01。

```
DROP TABLE student_01;
```

对于其他对象也是如此，如索引、过程、函数等。

2. 删除表空间

如果不再需要一个表空间及其内容（该空间所包含的段或所有的数据文件），就可以将该表空间从数据库删除。除系统表空间（SYSTEM、SYSAUX、TEMP）外，Oracle 数据库中的任何空间都可以被删除。

删除表空间的语句为 DROP TABLESPACE，其语法格式如下所示：

```
DROP TABLESPACE 表空间名
including contents
cascade constraints;
```

其中，including contents 表示是否删除表空间中对象和其他内容，若不带此参数，而表空间又不为空时，则会返回错误并将此删除操作停止，若带上此参数，则连带所有内容和表空间一起删除；cascade constraints 表示当此表空间中对象与其他表空间的对象有关联时使用，如某个表与其他表空间中的某个表有一对多关联，若带上此选项，则会将此关联取消，若不带此参数，而又存在关联，则会在删除表空间时出现错误并将删除操作停止。

需要注意的是，不能删除包含任何活动段的表空间。如果表空间中的一个表当前正在被使用，或者表空间包含一个活动的撤销段，就不能删除该表空间。为此，应该先使表空间脱机，然后再将其删除。

【例 9-11】下面的语句就说明了删除一个空的表空间的过程。

```
ALTER TABLESPACE test OFFLINE;
DROP TABLESPACE test;
```

程序执行结果如图 9.13 所示。

注意

一旦一个表空间被删除，该表空间的数据就不能再恢复了，因而要确保一个将被删除的表空间所包含的所有数据将来都不再需要。

图 9.13　修改并删除表空间

3. 删除表空间数据文件

表空间只是一个逻辑概念，所以删除一个表空间只是删除了一个逻辑概念，而物理存在的数据文件并没有被删除。为了能够真正地回收空间，需要在操作系统状态下将物理数据文件删除。在对一个已删除的表空间的数据文件进行删除之前，需要将数据库关闭，这是因为在现场启动过程中，Oracle 系统要打开联机表空间中的所有数据文件，并且只有当表空间脱机或关闭数据库服务时才关闭相应的数据文件。

删除表空间中数据文件的过程如下所示。

Step 1 用下面的语句关闭数据库。

SHUTDOWN normal;

Step 2 删除 test 表空间的数据文件，删除数据文件的方法和删除操作系统中其他文件的方法完全一样。

9.4.4 归档历史表空间

随着时间的推移，数据库中会累积一些以后不再使用或很少使用的数据。这些数据往往需要占用大量的存储空间，显然是很不合理的。但我们又不能把它们全部删除，因为担心以后可能还会用到，为此需要先进行存档，回收相应的空间，待用到这些数据时再将其恢复即可。

对历史数据进行归档，释放相应空间的步骤如下。

1. 创建历史表空间

创建历史表空间的语句如下：

```
CREATE TABLESPACE eygle_history
datafile 'D:\oracle\oradata\eygle_history01.dbf' size 20M
online;
```

程序执行结果如图 9.14 所示。

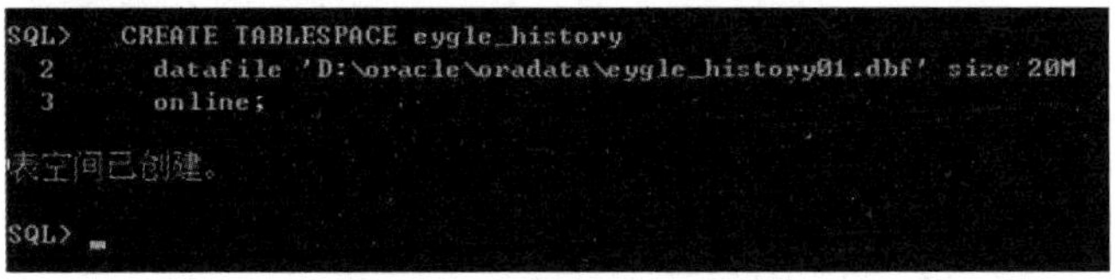

```
SQL>    CREATE TABLESPACE eygle_history
  2       datafile 'D:\oracle\oradata\eygle_history01.dbf' size 20M
  3       online;

表空间已创建。

SQL>
```

图 9.14　创建历史表空间

2. 分离历史数据

将所有历史数据分离出来，存储到对应的历史表中，并将与之对应的历史表放在历史表空间中。

假设有两个表 tbl_01 和 tbl_02，则可以按照下面方法来做。

```
CREATE TABLE his_tbl_01
AS
    SELECT *
    FROM tbl_01
    tablespace eygle_history;
CREATE TABLE his_tbl_02
AS
    SELECT *
    FROM tbl_02
    tablespace eygle_history;
```

3. 删除原数据表释放空间

删除 tbl_01 和 tbl_02 以释放它们所占用的空间。

```
 DROP TABLE tbl_01;
 DROP TABLE tbl_02;
```

4. 备份历史表空间

对历史表空间进行备份的方法非常简单，只需将历史表空间的数据文件拷贝到其他介质上即可。

5. 删除历史表空间中的数据文件

删除历史表空间的数据文件的步骤和方法已经在上一小节中作过详细的介绍，在此不再赘述。

上述 5 个操作步骤结束后，就完成了对历史数据的存档工作，并释放历史数据所占用的存储空间。当然，也可以使用 ALTER TABLESPACE 的 BACKUP 来进行备份，其基本原理与步骤是相同的。

第 10 章

备份与恢复机制

在数据库系统中，由于人为操作或自然灾害等因素可能造成数据丢失或被破坏，从而对用户造成重大损害。Oracle 数据库提供了备份与恢复机制，从而可以使用户放心地使用。其中，备份是将数据信息保存起来，恢复是将原来备份的数据信息还原到数据库中。

10.1 备份与恢复的方法

数据库的备份是对数据库信息的一种操作系统备份。这些信息可能是数据库的物理结构文件，也可能是某一部分数据。在数据库正常运行时，就应该考虑到数据库可能出现故障，而对数据库实施有效的备份，以保证可以对数据库进行恢复。数据库恢复是基于数据库备份的。数据库恢复的方法取决于故障类型和备份方法。

在不同条件下需要使用不同的备份与恢复方法，某种条件下的备份信息只能由对应方法进行还原或恢复。备份与恢复主要有三种方法：逻辑备份与恢复、脱机备份与恢复、联机备份与恢复。

- 逻辑备份与恢复：用 Oracle 提供的实用工具软件，如导出/导入工具（exp、imp）、数据泵导入/导出工具（impdp、expdp）、装入器（SQL*Loader），将数据库中的数据进行卸出与装入。
- 脱机备份与恢复：指在关闭数据库的情况下对数据库文件的物理备份与恢复，是最简单、最直接的方法。也称为冷备份与恢复。
- 联机备份与恢复：指在数据库处于打开的状态下（归档模式）对数据库进行的

备份与恢复。只有能进行联机备份与恢复的数据库才能实现不停机使用，也称为热备份与恢复。

10.2 使用数据泵进行逻辑备份和恢复

逻辑备份与恢复具有多种方式（数据库级、表空间级、方案级和表级），可实现不同操作系统之间、不同 Oracle 版本之间的数据传输。在此介绍使用数据库泵和 OEM 进行逻辑备份与恢复的方法。

在以前的 Oracle 版本中，可以使用 exp 和 imp 程序进行导出/导入数据。在 Oracle 11g 中，增加了 expdp 和 impdp 程序来进行导出/导入数据，并且 expdp 与 impdp 比 exp 与 imp 速度更快，Oracle 12c 延续了这些方法。导出数据是指将数据库中的数据导出到一个导出文件中，导入数据是指将导出文件中的数据导入到数据库中。

使用 expdp 和 impdp 实用程序时，导出文件只能存放在目录对象指定的操作系统目录中。用 CREATE DIRECTORY 语句创建的目录对象指向操作系统中的某个目录。格式为：

```
CREATE DIRECTORY OBJECT_NAME AS 'DIRECTORY_NAME'
```

其中，OBJECT_NAME 为目录对象名，DIRECTORY_NAME 为操作系统目录名，目录对象指向后面的操作系统目录。

> **提示**
>
> 数据泵除了可以进行数据库的备份与恢复外，还可以在数据库方案间、数据库间传输数据，实现数据库的升级和减少磁盘碎片等作用。

下面举例创建目录对象并授予对象权限：

```
SQL>CONNECT sys /zzuli
SQL>create directory dir_obj1 as 'e:\d1';
SQL>create directory dir_obj2 as 'e:\d2';
SQL>grant read,write on directory dir_obj1 to scott;
SQL>grant read,write on directory dir_obj2 to scott;
SQL>select * from dba_directories where directory_name like 'DIR%';
```

执行结果如图 10.1 所示。

10.2.1 使用 expdp 导出数据

expdp 程序所在的路径为：E:\app\Administrator\product\12.1.0\db_1\BIN。

expdp 语句的格式为：

```
expdp username/password parameterl [,parameter2,...]
```

其中，username 为用户名，password 为用户密码，parameterl、parameter2 等参数的名称和功能如表 10.1 所示。

图 10.1　创建目录对象并授权

表 10.1　expdp 参数的名称和功能

参数	功能
ATTACH	把导出结果附加在一个已经存在的导出作业中
CONTENT	指定导出的内容
DIRECTORY	指定导出文件和日志文件所在的目录位置
DUMPFILE	指定导出文件的名称清单
ESTIMATE	指定估算导出时所占磁盘空间的方法
ESTIMATE_ONLY	指定导出作业是否估算所占磁盘空间
EXCLUDE	指定执行导出时要排除的对象类型或相关对象
FILESIZE	指定导出文件的最大大小
FLASHBACK_SCN	导出数据时允许使用数据库闪回

参数	功能
FLASHBACK_TIME	指定时间值来使用闪回导出特定时刻的数据
FULL	指定是否执行数据库导出
HELP	指定是否显示 expdp 命令的帮助
INCLUDE	指定执行导出时要包含的对象类型或相关对象
JOB_NAME	指定导出作业的名称
LOGFILE	指定导出日志文件的名称
NETWORK_LINK	指定网络导出时的数据库链接名
NOLOGFILE	禁止生成导出日志文件
PARALLEL	指定导出的并行进程个数
PARFILE	指定导出参数文件的名称
QUERY	指定过滤导出数据的 WHERE 条件
SCHEMAS	指定执行方案模式导出
STATUS	指定显示导出作业状态的时间间隔
TABLES	指定执行表模式导出
TABLESPACES	指定导出的表空间列表
TRANSPORT_FULL_CHECK	指定检查导出表空间内部的对象和未导出表空间内部的对象间的关联方式
TRANSPORT_TABLESPACES	指定执行表空间模式导出
VERSION	指定导出对象的数据库版本

使用 expdp 程序，可以导出文件、导出表、导出方案、导出表空间等。

10.2.2　使用 impdp 导入数据

impdp 程序所在的路径为：E:\app\Administrator\product\12.1.0\db_1\BIN。

impdp 的语法格式为：

```
impdp username/password parameter1 [, parameter2, …]
```

其中，username 为用户名，password 为用户密码，parameter1、parameter2 等参数的名称和功能如表 10.2 所示。

表 10.2　impdp 参数的名称和功能

参数	功能
ATTACH	把导入结果附加在一个已经存在的导入作业中
CONTENT	指定导入的内容

续表

参数	功能
DIRECTORY	指定导入文件和日志文件所在的目录位置
DUMPFILE	指定导入文件的名称清单
ESTIMATE	指定估算网络导入时生成的数据库量的方法
EXCLUDE	指定执行导入时要排除的对象类型或相关对象
FLASHBACK_SCN	导入数据时允许使用数据库闪回
FLASHBACK_TIME	指定时间值来使用闪回导入特定时刻的数据
FULL	指定是否执行数据库导入
HELP	指定是否显示 impdp 命令的帮助
INCLUDE	指定执行导入时要包含的对象类型或相关对象
JOB_NAME	指定导入作业的名称
LOGFILE	指定导入日志文件的名称
NETWORK_LINK	指定网络导入时的数据库链接名
NOLOGFILE	禁止生成导入日志文件
PARALLEL	指定导入的并行进程个数
PARFILE	指定导入参数文件的名称
QUERY	指定过滤导入数据的 WHERE 条件
REMAP_DATAFILE	把数据文件名变为目标数据库文件名
REMAP_SCHEMA	把源方案的所有对象导入到目标方案中
RENAP_TABLESPACE	把源表空间的所有对象导入到目标表空间中
REUSE_DATAFILES	在创建表空间时是否覆盖已存在的文件
SCHEMAS	指定执行方案模式导入
SKIP_UNUSABLE_INDEXES	导入时是否跳过不可用的索引
SQLFILE	导入时把 DDL 写入到 SQL 脚本文件中
STATUS	指定显示导入作业状态的时间间隔
STREAMS_CONFIGURATION	是否导入流数据
TABLE_EXISTS_ACTION	在表存在时导入作业要执行的操作
TABLES	指定执行表模式导入
TABLESPACES	指定导入的表空间列表
TRANSFORM	是否个性创建对象的 DDL 语句
TRANSPORT_DATAFILES	在导入表空间时要导入到目标数据库中的数据文件

参数	功能
TRANSPORT_FULL_CHECK	指定检查导入表空间内部的对象和未导入表空间内部的对象间的关联方式
TRANSPORT_TABLESPACES	指定执行表空间模式导入
VERSION	指定导入对象的数据库版本

使用 impdp 程序，可以导入数据、导入表、导入方案、导入表空间等。

10.3 脱机备份与恢复

脱机备份是在关闭数据库后进行的完全镜像备份，其中包括参数文件、网络连接文件、控制文件、数据文件和联机重做日志文件。脱机恢复是用备份文件将数据库恢复到备份时的状态。

10.3.1 脱机备份

脱机备份是指在数据库处于"干净"关闭状态下进行的"操作系统备份"，是对于构成数据库的全部文件的备份。需要备份的文件包括参数文件、所有控制文件、所有数据文件、所有联机重做日志文件。

脱机备份的具体操作过程如下：

Step 1 以 SYS 用户和 SYSDBA 身份，在 SQL*Plus 中，以 IMMEDIATE 方式关闭数据库。

```
SQL>CONNECT sys /zzuli AS sysdba
SQL>shutdown immediate
```

Step 2 创建备份文件的目录，如：e:\OracleBak。

Step 3 使用操作系统命令或工具备份数据库所有文件。要备份的控制文件可以通过查询数据字典视图 v$controlfile 看到，要备份的数据文件可以通过查询数据字典视图 dba_data_files 看到，要备份的联机重做日志文件可以通过查询数据字典视图 v$logfile 看到，如图 10.2 所示。

> **提 示**
>
> 要备份的参数文件存放在主目录中的 database 目录中（C:\app\yhy\product\12.1.0\ dbhome_1\dbs）。要备份的网络链接文件存放在主目录中的 NETWORK\ADMIN 目录中（C:\app\yhy\product\12.1.0\dbhome_1），如果定制了 SQL*Plus，还要备份 C:\app\yhy\product\12.1.0\dbhome_1\sqlplus\ADMIN 目录中的文件。

图 10.2　查询数据字典视图得到的结果

Step 4　备份完成后，如果继续让用户使用数据库，需要以 OPEN 方式启动数据库，如图 10.3 所示。

图 10.3　以 OPEN 方式启动数据库

10.3.2　脱机恢复

脱机恢复的具体操作步骤为：

Step 1　以 SYS 用户和 SYSDBA 身份，在 SQL*Plus 中，以 IMMEDIATE 方式关闭数据库。

Step 2　把所有备份文件全部拷贝到原来所在的位置。

Step 3　恢复完成后，如果继续让用户使用数据库，需要以 OPEN 方式启动数据库。

10.4　联机备份与恢复

可以用恢复管理器（Recovery Manager，RMAN）来实现联机备份与恢复数据库文件、归档日志和控制文件。

RMAN 程序所在的路径为：E:\app\Administrator\product\12.1.0\db_1\BIN。

RMAN 命令的主要参数有：

- target：后面跟目标数据库的连接字符串。
- catalog：后面跟恢复目录。
- nocatalog：指定没有恢复目录。

10.4.1　归档日志模式的设置

要使用 RMAN，首先必须将数据库设置为归档日志（ARCHIVELOG）模式。其具体操作过程如下：

Step 1 以 SYS 用户和 SYSDBA 身份登录到 SQL*Plus。

Step 2 以 IMMEDIATE 方式关闭数据库，同时也关闭了数据库实例，然后以 mount 方式启动数据库，此时并没有打开数据库实例。

```
SQL>CONNECT sys /zzuli AS sysdba
SQL>shutdown immediate
SQL>startup mount
```

Step 3 把数据库实例从非归档日志模式（NOARCHIVELOG）切换为归档日志模式（ARCHIVELOG）。其语句为：

```
SQL>alter database archivelog;
```

Step 4 查看数据库实例信息。

```
SQL>select dbid, name, log_mode, platform_name from v$database;
```

可以看到当前实例的日志模式已经修改为 ARCHIVELOG。

10.4.2　创建恢复目录所用的表空间

需要创建表空间存放与 RMAN 相关的数据。打开数据库实例，创建表空间。

```
SQL>CONNECT sys /zzuli AS sysdba
SQL>alter database open;
SQL>create tablespace rman_ts datafile 'f:\rman_ts.dbf' size 200M;
```

其中，rman_ts 为表空间名，数据文件为 rman_ts.dbf，表空间大小为 200MB。

执行结果如图 10.4 所示。

10.4.3　创建 RMAN 用户并授权

创建用户 rman，密码为 zzuli，默认表空间为 rman_ts，临时表空间为 temp，给 rman

用户授予 connect、recovery_catalog_owner 和 resource 权限。其中，拥有 connect 权限可以连接数据库，创建表、视图等数据库对象；拥有 recovery_catalog_owner 权限可以对恢复目录进行管理；拥有 resource 权限可以创建表、视图等数据库对象。

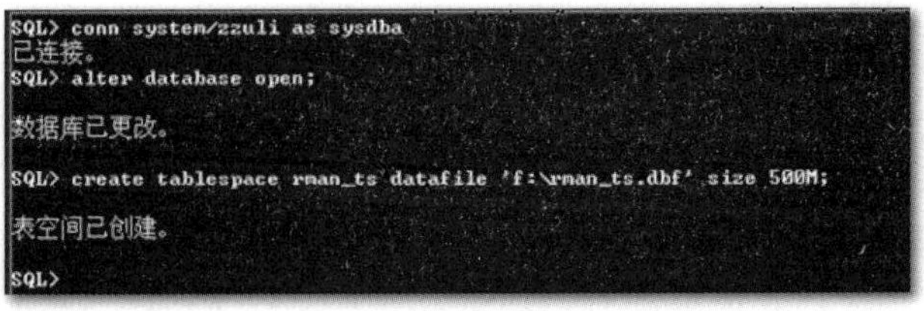

图 10.4　创建表空间

SQL>CONNECT sys /zzuli AS sysdba
SQL>create user rman identified by zzuli default tablespace rman_ts temporary tablespace temp;
SQL>grant connect, recovery_catalog_owner, resource to rman;

执行结果如图 10.5 所示。

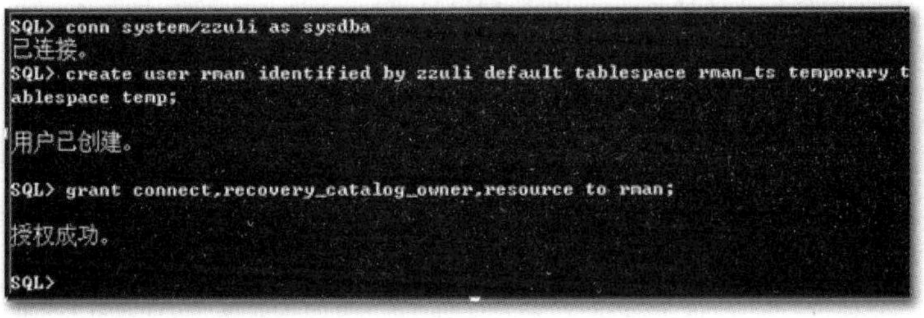

图 10.5　创建 rman 用户并授权

10.4.4　创建恢复目录

在 RMAN 目录下先运行 RMAN 程序打开恢复管理器。

C:\app\yhy\product\12.1.0\dbhome_1>RMAN catalog rman/zzuli target orc

再使用表空间创建恢复目录，恢复目录为 rman。

RMAN >create catalog tablespace rman_ts;

10.4.5　注册目标数据库

只有注册的数据库才可以进行备份和恢复，使用 register database 命令可以对数据库进行注册。

RMAN>register database;

10.4.6　使用 RMAN 程序进行备份

使用 run 命令定义一组要执行的语句，进行完全数据库备份。

```
RMAN>run {
2> allocate channel dev1 type disk;
3> backup database;
4> release channel dev1;
5> }
```

也可以备份归档日志文件：

```
RMAN>run {
2> allocate channel dev1 type disk;
3> backup archivelog all;
4> release channel dev1;
5> }
```

在备份后，可以使用 list backup 命令查看备份信息。

```
RMAN>list backup;
```

10.4.7　使用 RMAN 程序进行恢复

要恢复备份信息，可以使用 restore 命令还原数据库。如恢复归档日志：

```
RMAN>run {
2> allocate channel dev1 type disk;
3>restore archivelog all;
4> release channel dev1;
5> }
```

10.5　自动备份与恢复

使用闪回（Flashback）技术可以实现基于磁盘上闪回恢复区的自动备份与恢复。闪回技术包括：闪回数据库、闪回表、闪回回收站、闪回查询、闪回版本查询、闪回事务查询等。

10.5.1　闪回数据库

使用闪回数据库可以快速将 Oracle 数据库恢复到以前的某个时间。要使用闪回数据库，必须首先配置闪回恢复区。

接着在 SQL*Plus 中配置闪回数据库。

```
SQL>CONNECT sys /zzuli AS sysdba
SQL>shutdown immediate
SQL>startup mount
SQL>alter database flashback on;
SQL>alter database open;
```

设置日期时间显示方式：

```
SQL>alter session set nls_date_format='yyyy-mm-dd hh24:mi:ss';
```

从系统视图 v$flashback_database_log 中查看闪回数据库日志信息：

```
SQL>select * from v$flashback_database_log;
```

使用 flashback database 语句闪回恢复的数据库：

```
SQL>flashback database
2 to timestamp(to_date('2013-05-28 12:30:00', 'yyyy-mm-dd hh24:mi:ss'));
```

闪回恢复后，再打开数据库实例时，需要使用 resetlogs 或 noresetlogs 参数。

```
SQL>alter database open resetlogs;
SQL>select * from hr.mydep;
```

10.5.2　闪回表

使用 flashback table 语句可以闪回表。

【例 10-1】闪回表示例，以下语句将首先删除表 hr.mydep1 中的部分记录，然后使用 flashback 把删除的记录闪回。

```
SQL>set time on
SQL>create table hr.mydep1 as select * from hr.department;
SQL>delete from hr.mydep1 where department_id=10;
SQL>flashback table hr.mydep1
2 to timestamp(to_tate('2013-05-29 10:00:00', 'yyyy-mm-dd hh24:mi:ss'));
```

10.5.3　闪回回收站

Oracle 中有一个回收站对象（Recyclebin），类似于 Windows 的回收站，可以使用闪回回收站。

查看回收站中的数据：

```
SQL>select object_name, original_name, createtime, droptime from dba_recycle
```

从回收站中恢复数据：

```
SQL>flashback table hr.mydep1 to before drop;
```

删除回收站中的数据可以使用 purge 命令：

```
SQL>purge table hr.mydep1;
```

清空回收站，可以使用：

```
SQL>purge dba_recyclebin;
```

10.5.4　闪回查询

闪回查询可以查询指定时间点表中的数据。要使用闪回查询，必须将 UNDO_MANAGEMENT 设置为 AUTO。

```
SQL>set time on
```

创建示例表：

```
SQL>create table hr.mydep4 as select *from hr.departments;
```

删除记录：

```
SQL>delete from hr.mydep4 where department_id=300;
SQL>commit;
```

使用 select 查询不到刚才删除的记录,但使用闪回查询可以找到:

```
SQL> select * from hr.mydep4 as of timestamp
    2 to timestamp(to_tate('2013-05-29 10:00:00', 'yyyy-mm-dd hh24:mi:ss')) where department_id=300;
```

10.5.5 闪回版本查询

闪回版本查询可以对查询提交后的数据进行审核。查询方法是在 select 语句中使用 version between 子句。

【例 10-2】创建一个学生成绩表。

```
SQL>create table student (name Varchar2(10), score Number);
```

插入一条记录:

```
SQL>insert into student values('zs', 68);
```

更新表中数据:

```
SQL>update student set score=98 where name='zs';
```

提交:

```
SQL>commit;
```

使用闪回版本查询:

```
SQL>select versions_starttime,versions_operation,name,score
    2 from student versions between timestamp minvalue and maxvalue;
```

10.5.6 闪回事务查询

闪回事务保存在表 flashback_transaction_query 中,对已经提交的事务,也可以通过闪回事务查询。

【例 10-3】已经提交的事务,通过闪回事务查询。

```
SQL>CONNECT sys /zzuli AS sysdba
SQL>select table_name, undo_sql from flashback_transaction_query where rownum<5;
```

10.6 几种备份与恢复方法的比较

逻辑备份与恢复是利用实用程序(数据泵)实现数据库、方案、表结构和数据的备份与恢复。有许多可选参数,比脱机备份与恢复灵活,也能实现数据的传递和数据库的升级。

脱机备份是在关闭数据库的状态下,把数据库文件拷贝到要备份的地方,脱机恢复是个逆过程。

联机备份与恢复是在数据库打开的状态下使用 RMAN 技术来备份与恢复。

自动备份与恢复是使用闪回技术实现基于磁盘的自动备份与恢复,大大减少了管理开销。

第11章

控制文件及日志文件的管理

Oracle 数据库包含有三种类型的物理文件，分别是数据文件、控制文件和日志文件，其中数据文件是用来存储数据的，而控制文件和日志文件则用于维护和保障 Oracle 数据库的正常运行。所以保证控制文件和日志文件的可用性和可靠性是确保 Oracle 数据库正常、可靠运行的前提条件。

11.1 控制文件

控制文件是 Oracle 数据库最重要的物理文件，每个 Oracle 数据库都必须有一个控制文件。在启动数据库实例时，Oracle 会根据初始化参数定位控制文件，然后根据控制文件实例和数据库之间建立关联。若控制文件被损坏，则整个 Oracle 数据库将无法启动。

11.1.1 控制文件概述

1. 控制文件的概念

在 Oracle 数据库中，控制文件是一个很小的二进制文件，它维护着数据库的全局物理结构，用以支持数据库成功地启动和运行。创建数据库时，就提供了与之对应的控制文件。在数据库使用过程中，Oracle 不断地更新控制文件，所以只要数据库是打开的，控制文件就必须处于可写状态。如果控制文件不能被访问，那么数据库也就不能正常工作了。

由于控制文件在数据库中的重要地位，所以控制文件的保护工作非常重要，系统提供了用户文件备份和多路复用机制。当控制文件损坏时，用户可以通过备份来恢复控制文件。系统还提供了手工创建控制文件和控制文件备份成文本文件的方式，从而使用户能够更加灵活地管理和保护控制文件。

控制文件是 Oracle 非常重要的文件，安全地管理控制文件对数据库的日常维护、备份和恢复都有重要意义。

2．控制文件的内容

控制文件中记录了对应数据库的结构信息（数据文件与日志文件）和数据库当前的参数设置，其中主要包含如下内容：

- 对应数据库的名称。
- 数据库数据文件和日志文件列表（文件名称和对应路径信息）。
- 数据库的创建时间。
- 数据库的表空间信息。
- 数据文件脱机范围。
- 日志历史。
- 归档日志信息。
- 备份组和备份块信息。
- 备份数据文件和重做日志信息。
- 数据文件拷贝信息。
- 当前日志序列号。
- 检查点信息（CHECKPOINT）。

3．控制文件的管理

Oracle 数据库的控制文件是在数据库创建的同时创建的，一般情况下，控制文件至少有一个副本。当 Oracle 数据库的实例启动时，控制文件用于标识数据库和日志文件，在进行数据库操作时它们必须被打开。当数据库的物理组成更改时，Oracle 将自动更改该数据库的控制文件来记录相应的变化。数据恢复时，也要使用控制文件。如果数据库的物理结构发生了变化，用户应该立即备份控制文件。

一旦控制文件被毁损，数据库便无法顺利启动。也因为如此，控制文件的管理与维护工作显得格外重要。由于控制文件对整个数据库起着非常重要的作用，因此数据库管理员（DBA）在管理控制文件时，需要采用多种策略或准则来保护控制文件，目前采用的方法主要包括：多路复用控制文件、控制文件的备份管理和控制文件的存储策略等。

11.1.2 多路复用控制文件

为了提高数据库的可靠性，至少要为数据库建立两个控制文件，并且分别保存在不同的磁盘中进行多路复用，这样可以避免由于单个设备故障而无法启动数据库的危险，该管理策略被称为多路复用控制文件。换句话说，多路复用控制文件是指在系统不同的位置上同时维护多个控制文件的副本，在这种情况下，如果多路复用控制文件中的某个磁盘发生物理损坏导致控制文件损坏，数据库将被关闭，此时就可以利用另一个磁盘中保存的控制文件来恢复被损坏的控制文件，然后再重新启动数据库，达到保护控制文件的目的。在这种情况下，不需要对数据库进行介质恢复。

在初始化参数 CONTROL_FILES 中列出了所有多路复用的控件文件名。Oracle 将会根据 CONTROL_FILES 同时修改所有的控制文件，但只读取其中第一个控制文件中的信息。在整个数据库运行期间，如果任何一个控制文件变为不可用时，那么实例就不能再继续运行。

1. CONTROL_FILES 参数

如前所述，系统通过 CONTROL_FILES 参数定位并打开控制文件，如果需要进行多路复用控制文件，就必须先更改 CONTROL_FILES 参数。CONTROL_FILES 参数的更改需要使用 ALTER SYSTEM 语句：

```
alter system set control_files=
    'F:\APP\ADMINISTRATOR\ORADATA\ORCL\CONTROL01.CTL',
    'F:\APP\ADMINISTRATOR \ORADATA\ORCL\CONTROL02.CTL',
    'F:\APP\ADMINISTRATOR \ORADATA\ORCL\CONTROL03.CTL',
    'F:\ORCLDATA\CONTROL\CONTROL04.CTL'
    scope=spfile;
```

运行结果如图 11.1 所示。

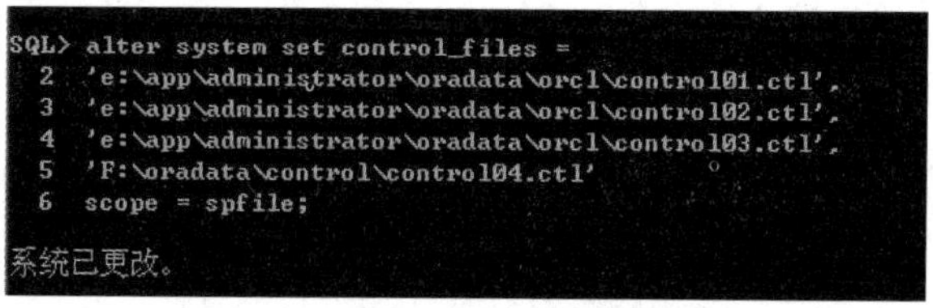

图 11.1　更改控制文件参数示意图

其中，前 3 个控制文件是创建数据库时创建的控制文件，第 4 个控制文件是用户新添加的，并且位于不同的磁盘上，目前还没有创建该文件，需要关闭数据库来创建。

2. 复用控制文件

对 CONTROL_FILES 参数进行设置后，需要创建对应的控制文件，达到复用控制文件的效果，其具体操作过程如下：

Step 1 退出 SQL * Plus，关闭数据库。

Step 2 打开 Windows 的"服务"窗口，在其中找到相关的服务，即 OracleDBConsoleSID 和 OracleServiceSID 服务，将这些服务停止。

提示

单击"开始"→"设置"→"控制面板"→"管理工具"→"服务"命令，可打开"服务"窗口。

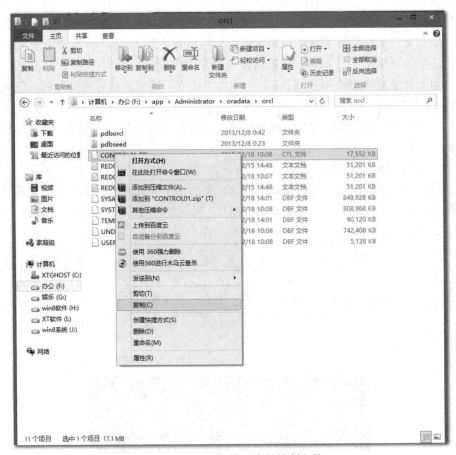

Step 3 将原有控制文件复制成新添加的控制文件，如图 11.2 所示。

图 11.2　复制数据库对应的控制文件

Step 4 重新启动数据库，对数据字典 V$CONTROLFILE 进行查询来确认添加的控制文件是否启用，语法如下，运行结果如图 11.3 所示。

```
SELECT name FROM v$controlfile;
```

```
SQL> select name from v$controlfile;

NAME
----------------------------------------------------------------

F:\APP\ADMINISTRATOR\ORADATA\ORCL\CONTROL01.CTL
F:\APP\ADMINISTRATOR\FAST_RECOVERY_AREA\ORCL\CONTROL02.CTL

SQL>
```

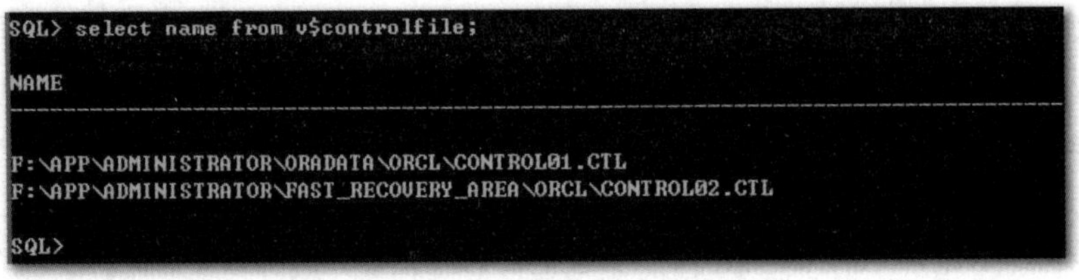

图 11.3　显示当前启用的控制文件

11.1.3 控制文件的创建

在一般情况下，若使用了复用控制文件，且将各个控制文件分别存储在不同的磁盘中，则全部控制文件丢失或损坏的可能性将非常小。如果数据库的所有控制文件全部丢失或损坏，唯一的补救方法就是手工创建一个新的控制文件。

手工创建控制文件是使用 CREATE CONTROLFILE 语句来实现的。其语法格式如下。

```
create controlfile
reuse database orcl
logfile
group 1('E:\app\administrator\oradata\orcl\redo01.log' size 10m),
group 2('E:\app\administrator\oradata\orcl\redo02.log' size 10m),
group 3('E:\app\administrator\oradata\orcl\redo03.log' size 10m),
datafile
'E:\app\administrator\oradata\orcl\example01.dbf'
'E:\app\administrator\oradata\orcl\sysaux01.dbf'
'E:\app\administrator\oradata\orcl\system01.dbf'
noresetlogs
maxlogfiles 50
maxlogmembers 3
maxinstances 6
maxdatafiles 200
archivelog;
```

在 CREATE CONTROLFILE 语句中，有一些永久性参数的设定。永久性参数是在创建数据库时设置的一些参数，主要包括数据库名称、MAXLOGFILES（最大的重做日志文件数）、MAXLOGMEMBERS（最大的重做日志组成员数）、MAXINSTANCES（最大实例数）等。此外，如果 DBA 需要改变数据库的某个永久性参数，也需要重新创建控制文件。

> **注 意**
>
> CREATE CONTROLFILE 语句有可能导致数据文件与日志文件的损坏。若在指定数据文件的名称和位置时漏掉了某个数据文件，则会使数据库彻底丢失这个数据文件，有时甚至会导致整个数据库无法使用，对于日志文件来说也是如此。因此，在设置数据文件和日志文件的列表时一定要保证其正确无误。

下面将对控制文件的创建过程进行介绍。

Step 1 查看数据库中所有的数据文件和重做日志文件的名称和路径。在创建新控制文件时，首先需要了解数据库中的数据文件和日志文件。如果数据库中所有的控制文件和日志文件都已经丢失，这时数据库已经无法打开，因此也就无法通过查询数据字典来获得数据文件和日志文件的信息，这时唯一的办法就是查看警告日志文件中的内容。如果数据库可以打开，那么可以通过执行下面的查询语句来生成相关的文件列表。

显示日志文件语句如下，运行结果如图 11.4 所示。

```
select member from v$logfile;
```

图 11.4　显示当前的日志文件

显示数据文件语句如下，运行结果如图 11.5 所示。

```
select name from v$datafile;
```

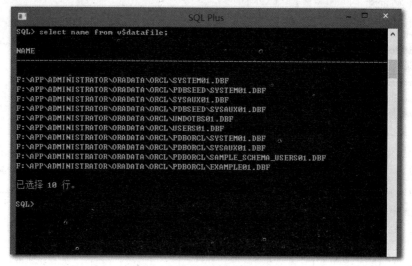

图 11.5　显示当前的数据文件

显示控制文件语句如下，运行结果如图 11.6 所示。

```
select name from v$controlfile;
```

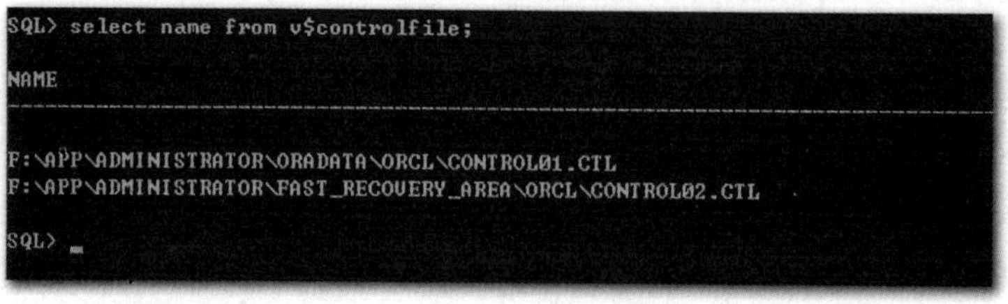

图 11.6　显示当前的控制文件

Step 2　关闭数据库。如果数据库处于打开状态，则可以采取正常模式关闭数据库，语句如下：

```
connect as sysdba;
shutdown immediate;
```

Step 3　在操作系统下备份所有的数据文件和重做日志文件。在使用 CREATE CONTROL FILE 语句创建新的控制文件时，如果操作不当可能会损坏数据文件和日志文件，因此，需要先对其进行备份。

Step 4　启动数据库实例，但不加载数据库，如图 11.7 所示。加载数据库时，实例将会打开控制文件，无法达到新创建控制文件的效果。

```
startup nomount
```

图 11.7　启动数据库实例

Step 5　利用步骤 1 得到的文件列表，执行 CREATE CONTROLFILE 命令创建一个新的控制文件，如图 11.8 所示。

Step 6　在操作系统下，对新建的控制文件进行备份。

Step 7　编辑初始化参数 CONTROL_FILES，使其指向新建的控制文件。如果在控制文件中修改了数据库的名称，还需要修改 DB_NAME 参数来指定新的数据库名称，使用语句如下，运行结果如图 11.9 所示。

```
alter system set control_files=
        'e:\app\administrator\oradata\orcl\control01.ctl',
```

```
'e:\app\administrator\oradata\orcl\control02.ctl',
'e:\app\administrator\oradata\orcl\control03.ctl'
scope = spfile;
```

```
SQL> create controlfile
  2  reuse database "orcl"
  3  logfile
  4  group 1 'e:\app\administrator\oradata\orcl\redo01.log',
  5  group 2 'e:\app\administrator\oradata\orcl\redo02.log',
  6  group 3 'e:\app\administrator\oradata\orcl\redo03.log'
  7  datafile
  8  'e:\app\administrator\oradata\orcl\system01.dbf',
  9  'e:\app\administrator\oradata\orcl\sysaux01.dbf',
 10  'e:\app\administrator\oradata\orcl\undotbs01.dbf',
 11  'e:\app\administrator\oradata\orcl\users01.dbf',
 12  'e:\app\administrator\oradata\orcl\example01.dbf',
 13  'e:\app\administrator\oradata\orcl\qsy'
 14  maxlogfiles 50
 15  maxlogmembers 3
 16  maxinstances 6
 17  maxdatafiles 200
 18  noresetlogs
 19  noarchivelog;

控制文件已创建。

SQL>
```

图 11.8　手工创建新的控制文件

```
SQL>
SQL> alter system set control_files =
  2  'e:\app\administrator\oradata\orcl\control01.ctl',
  3  'e:\app\administrator\oradata\orcl\control02.ctl',
  4  'e:\app\administrator\oradata\orcl\control03.ctl'
  5  scope = spfile;

系统已更改。

SQL>
```

图 11.9　指定新的控制文件

Step 8 根据情况，如果需要可以对数据库进行恢复。否则直接执行步骤 9。当丢失了某个联机日志文件或数据文件时，则需要对数据库进行恢复。关于数据库的恢复将在后面的章节中进行介绍。

Step 9 打开数据库，若没有执行恢复过程，则可按下面的方式正常打开数据库，如图 11.10 所示。

```
alter database open;
```

```
SQL> alter database open;
数据库已更改。

SQL>
```

图 11.10　打开数据库

如果在创建控制文件时使用了 RESETLOGS 语句，则可以按下面的方式，即以恢复方式打开数据库。

```
alter database open resetlogs;
```

现在，新的控制文件已经创建成功，并且数据库已经被新创建的控制文件打开。

11.1.4　控制文件的备份与恢复

为了提高数据库的可靠性，降低由于丢失控制文件而造成灾难性后果的可能性，DBA 需要经常对控制文件进行备份。特别是当修改了数据库结构之后，需要立即对控制文件进行备份。

1. 控制文件的备份

备份控制文件需要使用到 ALTER DATABASE BACKUP CONTROLFILE 语句。有两种备份方式：一种是备份为二进制文件，另一种是备份为脚本文件。

【例 11-1】下面的语句可以将控制文件备份为一个二进制文件，即复制当前的控制文件。

```
alter database backup controlfile
    to 'd:\backup_controlfile\control_14-01-25.bkp';
```

【例 11-2】下面的语句可以将控制文件备份为可读的文本文件。

```
alter database backup controlfile to trace;
```

将控制文件以文本形式备份时，所创建的文件也称为跟踪文件，该文件实际上是一个 SQL 脚本，可以利用它来重新创建新的控制文件。跟踪文件的存放位置由参数 USER_DUMP_DEST 决定，如图 11.11 所示。

```
show parameter user_dump_dest
```

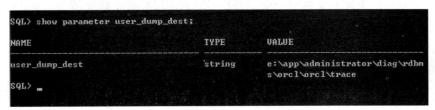

图 11.11　显示跟踪文件存放位置

跟踪文件所在的目录和跟踪文件 alert_orcl.log 的部分内容如图 11.12 所示。

2. 控制文件的恢复

当控制文件执行备份后，即使发生磁盘物理损坏，只需要在初始化文件中重新设置 CONTROL_FILES 参数的值，使它指向备份的控制文件，即可重新启动数据库。

现在假设参数 CONTROL_FILES 所指定的某个控制文件被损坏，该控制文件的目录仍然可以访问，并且有这个控制文件的一个多路复用副本，可以直接将其副本拷贝到对应目录，无需修改初始化参数，其具体操作步骤如下：

Step 1　关闭数据库。

```
connect / as sysdba;
shutdown immediate;
```

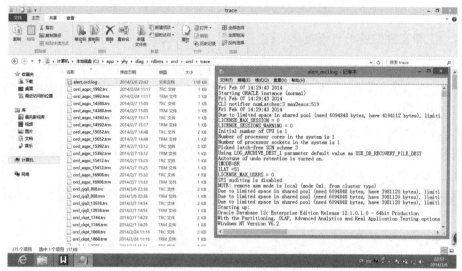

图 11.12　跟踪文件存放位置以及内容

Step 2　通过操作系统命令使用一个完好的镜像副本覆盖掉被损坏的控制文件。

Step 3　重新启动数据库。

startup

如果因为永久性介质故障的原因，不能访问 CONTROL_FILES 参数指定的某个控制文件，并且有这个控制文件的一个多路复用副本，那么需要修改初始化参数将控制文件指定到新的可访问位置上，其相应的操作步骤为：

Step 1　关闭数据库实例，使用操作系统命令将当前控制文件的镜像副本复制到一个新的可访问位置。

Step 2　编辑初始化参数 CONTROL_FILES，用新的控制文件的位置替换原来被损坏的位置。

Step 3　重新启动数据库。

startup

11.1.5　控制文件的查询与删除

1．控制文件的查询

控制文件是一个二进制文件，其中被分隔成许多部分，分别记录各种类型的信息。每一类信息称为一个记录文档段。控制文件的大小在创建时即被确定，其中各个记录文档段的大小也是固定的。

当对控制文件中的信息进行查询时，需要使用系统提供的数据字典视图。与控制文件信息查询相关的数据字典视图如表 11.1 所示。

表 11.1　可查询控制文件的数据字典视图列表

数据字典视图	包含信息
V$CONTROLFILE	包含所有控制文件的名称和状态信息
V$CONTROLFILE_RECORD_SECTION	包含控制文件中各个记录文档段的信息
V$PARAMETER	包含了系统的所有初始化参数，从中可以查询参数 CONTROL_FILES 的值

【例 11-3】对视图 V$CONTROLFILE_RECORD_SECTION 的查询。

通过查询，可以获取控制文件中各个记录文档段的基本信息，包括记录文档段的类型、文档段中每条记录的大小、记录文档段中能存储的条目数等，查询结果如图 11.13 所示。

```
select type,record_size,records_total,records_used
    from v$controlfile_record_section;
```

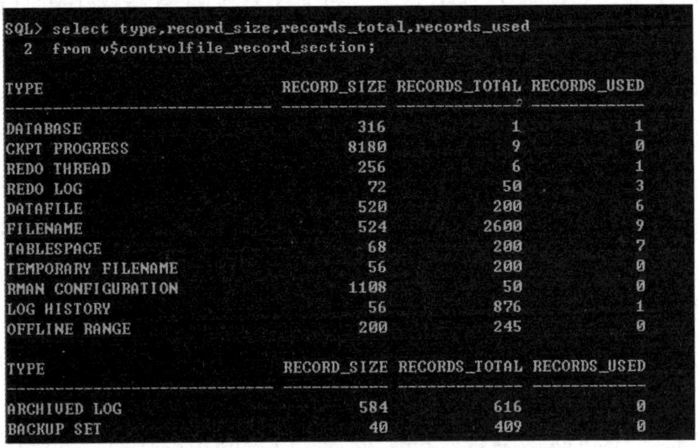

图 11.13　跟踪文件存放位置以及内容

以图中 DATAFILE 类型的记录文档段为例，从查询结果中可以看出，该数据库最多可以拥有 200 个数据文件，已经创建了 6 个数据文件。

2. 控制文件的删除

如果控制文件的位置不再适合时，可以从数据库中删除控制文件，其操作过程为：

Step **1**　关闭数据库（shutdown）。

Step **2**　编辑初始化参数 CONTROL_FILES，使其中不再包含要被删除的控制文件的名称。

Step **3**　重新启动数据库（startup）。

以上操作仅仅是将对应控制文件名称从初始化参数中去掉，并没有从磁盘上物理地删除对应文件。若需要，则可以从数据库中删除控制文件后，使用操作系统命令来删除不需要的控制文件。

注 意

    删除控制文件时，数据库必须一直拥有两个或两个以上的控制文件，否则数据库将无法启动。

11.2　日志文件

    日志文件也称为重做日志文件，是保证数据库安全和数据库备份与恢复的文件，是数据库安全和恢复的最基本保障。管理员可以根据日志文件和数据库备份文件，将崩溃的数据库恢复到最近一次记录日志时的状态。日志文件的管理策略和数据库的备份恢复策略是数据库管理员首先要考虑的问题。

11.2.1　日志文件及存储策略

    日志文件中记录了对数据库的所有修改信息，修改信息包括用户对数据的修改，以及管理员对数据库结构的修改等内容。由于日志文件的重要性，数据库管理员必须要制订一个切实的日志文件的管理策略。

    1．日志文件的内容

    Oracle 在重做日志文件中以重做记录的形式记录用户对数据库进行的操作。当需要进行数据库恢复时，Oracle 将根据重做日志文件中的记录，恢复丢失的数据。重做日志文件是由重做记录组成的，重做记录又称为重做条目，它由一组变更向量组成。每个变更向量都记录了数据库中某个数据块所做的修改。如果用户执行了一条 UPDATE 语句对某个表中的一条记录进行修改，同时将生成一条重做记录。这条重做记录可能由多个变更向量组成，在这些变更向量中记录了所有被这条语句修改过的数据块中的信息。被修改的数据块包括表中存储这条记录的数据块，以及回滚段中存储的相应回滚条目的数据块。

    重做记录中记录了事务对数据库的操作结果，事务修改前的数据则存放在回退段中。如果由于某些原因导致事务对数据库的修改结果在写入数据文件之前丢失，Oracle 将使用重做记录来重现该事务对数据库的修改操作。如果用户在事务提交前想撤销事务，Oracle 将通过回退条目来撤销事务对数据库所做的修改。

    2．日志文件的写入

    在 Oracle 中，用户对数据库所做的修改首先被保存在内存中，这样可以提高数据库的性能，因为对内存中的数据进行操作要比对磁盘进行操作快得多。Oracle 每隔一段时间就会启动 LGWR 进程将内存中的重做记录保存到重做日志文件中。

    重做记录将以循环方式在 SGA 区的重做日志高速缓存中进行缓存，并且由后台进程 LGWR 写入到重做日志文件中。当一个事务被提交时，LGWR 进程将与该事务相关的所有重做记录全部写入重做日志文件中，同时生成一个"系统变更码（SCN）"。系统变更码会随重做记录一起保存到重做日志文件中，以标识与重做记录相关的事务。只有当某个事务所产生的重做记录全部被写入重做日志文件后，Oracle 才会认为该事务提交成功。

在任何时候，Oracle 都只使用其中一个联机重做日志文件来存储日志缓冲区中的重做记录。正在被 LGWR 进程写入的重做日志文件处于"当前状态（CURRENT）"；正在被实例用于数据库恢复的重做日志文件处于"活动状态（ACTIVE）"；其他的重做日志文件处于"未活动状态（INACTIVE）"。通过查询数据字典视图 V$LOGFILE 可以获取重做日志文件的状态。

3. 日志切换

每个 Oracle 数据库都至少需要拥有两个重做日志文件，当一个重做日志文件被写满后，后台进程 LGWR 开始写入下一个重做日志文件；当所有日志文件都写满后，LGWR 进程再重新写入第一个重做日志文件。当前正被使用的一组重做日志文件称为联机重做日志文件。

LGWR 进程结束对当前重做日志文件的使用，开始写入下一个重做日志文件时，称为发生了一次"日志切换"。通常情况下，在当前的重做日志文件被写满时才会发生日志切换。但是，DBA 可以根据自己的需要通过手工方式强制进行日志切换。在切换日志时，Oracle 实例将被迫暂停工作，直到 LGWR 得到可以使用的重做日志文件为止。

每当发生日志切换时，Oracle 将会生成一个"日志序列号"，并将这个序列号分配给即将开始使用的重做日志文件。如果数据库处于归档模式下，日志序列号将随同重做日志文件被一起保存。日志序列号不会重复，同一个重做日志文件在循环写入时将赋予不同的日志序列号。在进行数据库恢复时，Oracle 通过识别日志文件的序列号，按照先后次序使用这些重做日志文件。在安装 Oracle 12c 时，默认创建三组重做日志文件。图 11.14 显示了重做日志的循环写入方式，图中每个重做日志文件下侧的数字表示其日志序列号。

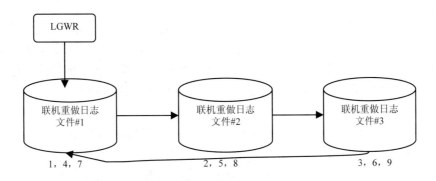

图 11.14　重做日志文件的循环写入示意图

4. 恢复过程

由于重做记录记录了数据库中的修改信息，因此，即使发生故障导致数据库崩溃，Oracle 也可以利用重做信息来恢复丢失的数据。在进行数据库恢复时，Oracle 会读取每个变更向量，然后将其中记录的修改信息重新应用到相应的数据块上，完成数据库的恢复工作。由于重做记录中不仅记录了对数据文件所做的修改操作，还同时记录了对回滚段所做的修改操作，所以，重做日志文件不仅可以保护用户数据库，还能够保护回滚段数据。

5. 存储策略

由于数据库恢复是根据重做日志文件中的记录来进行的，为了提高数据的可靠性，在数据库中通常采用数据文件和重做日志文件相分离的存储策略，将数据文件和重做日志文件存放在不同的磁盘上。一般来说，多个磁盘同时发生硬件故障的可能性是较小的，所以大多数情况下，可以使用重做日志文件对系统进行恢复。比如，可以在 E 盘和 F 盘上分别建立相应的目录，将数据文件存放在 E 盘而把日志文件存放在 F 盘，这样把数据文件和日志文件放在不同的文件卷上，提高了系统安全性的同时，还有利于系统运行时性能的提高。

11.2.2 增加日志组和日志成员

在一个 Oracle 数据库中，至少需要两个重做日志文件组，每组包含一个或多个重做日志成员，一个重做日志成员物理地对应一个重做日志文件。在现实作业系统中为确保日志的安全，基本上对日志文件采用镜像的方法。在同一个日志文件组中，其日志成员的镜像个数最多可以达到 5 个。

通常，DBA 会在创建数据库时按照计划创建所需要的重做日志组和各个组中成员的日志文件。但是在一些特殊情况下，需要通过手工方式为数据库添加新的重做日志组或成员，或是改变重做日志文件的名称和位置，以及删除重做日志组或成员。

1. 日志组和日志成员

（1）多路复用联机日志

为了提高数据库的可靠性，Oracle 提供了多路复用联机重做日志文件的功能。当采用多路复用联机日志时，LGWR 会将同一个重做日志信息同时写到多个同样的联机重做日志文件中。这样，即使某个重做日志文件被损坏，数据库仍然能够继续运行，而不会受到任何影响。图 11.15 显示了多路复用重做日志文件的工作情况。

（2）日志组和日志成员

互为镜像的多个重做日志文件组成了一个"重做日志组"，重做日志组中的每个重做日志文件称为"日志组成员"，日志组中的所有成员必须具有相同的大小。LGWR 进程将同步地向一个重做日志组中的所有成员写入重做记录。在图 11.15 中，重做日志文件 Log1_1 和 Log1_2 为一组成员，它们位于不同的磁盘，并且互为镜像。位于同一组的重做日志都同时处于活动状态，由 LGWR 同时进行填写，LGWR 绝对不会同时填写不同组中的成员，如 LOG1_1 和 LOG2_1。

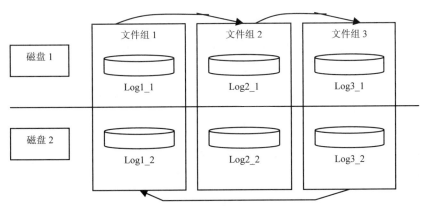

图 11.15　多路复用重做日志文件示意图

　　建立多路复用的重做日志文件后，最好将同一个日志组中的不同成员分别存放在独立的磁盘中。这样即使某个磁盘发生物理损坏，也只会损失重做日志组中的一个成员，LGWR 进程可以继续向该重做日志组的其他成员文件中写入数据，从而实现实例不中断地运行。如果某个日志文件被损坏，Oracle 会将其标识为 INVALID，然后在 LGWR 进程的跟踪文件和数据库警告文件中记录下它的日志组编号和成员编号，以帮助 DBA 确定故障，并进一步排除故障。

　　另外，如果需要对重做日志文件进行归档，将重做日志组的成员分布到不同的磁盘上，可以减少 LGWR 与 ARCn 进程之间的 I/O 冲突。如果条件允许，最好也能够将数据文件和日志文件分别存放在不同的磁盘中，避免 LGWR 进程与 DBWR 进程之间的 I/O 冲突。

　　（3）日志文件的大小

　　在采用多路复用的联机重做日志文件时，同一组的所有成员必须拥用同样的大小。不同组中的成员可以具有不同的大小，但是，组之间拥有不同大小的文件并不会带来任何好处。反而在没有设置基于时间的检查点时，检查点将在日志切换时发生。因此，如果所有的重做日志文件都具有相同的大小，就可以保证有规律地执行检查点。

　　（4）日志文件的数目

　　在为数据库实例确定合理的重做日志文件时，往往要经过反复的试验和测试。理想的情况是，在保证 LGWR 进程永远不会出现等待的前提下，尽量使用最少的重做日志文件。

　　对于规模较小的数据库，由于其事务较少，所产生的重做记录也比较少，因此往往只需要使用两个重做日志组就能满足日志管理的需求。但是，对于那些规模较大的数据库应用而言，两个重做日志组是远远不够的，必须添加更多的重做日志组才能够避免 LGWR 进程出现等待状态。

确定重做日志文件数的最有效的方法就是反复试验测试。如果 LGWR 进程出现等待状态，它将在自己的跟踪文件和数据库警告文件中进行记录。通过查看 LGWR 进程的跟踪文件和数据库警告文件中的记录，可以得知 LGWR 进程是否出现等待状态，并计算出等待状态的频率。如果 LGWR 进程经常因为检查点未完成而等待，就需要添加更多的重做日志文件组。

在设置或更改数据库实例的重做日志文件组之前，需要考虑数据库对联机重做日志文件的限制。参数 MAXLOGFILES 为数据库指定联机重做日志文件的最大组数，参数 MAXLOGMEMBER 为每个组指定成员的最大数量，修改这两个值的唯一办法就是重新创建数据库的控制文件。

提 示

　　日志成员镜像个数受参数 MAXLOGNUMBERS 的限制；如果需要确定系统正在使用哪一个日志文件组，可以查询数据字典"V$LOG"，进一步要找到正在使用的日志组中的某个日志文件则可以查询数据字典"V$LOGFILE"，管理员可以通过语句 ALTER SYSTEM SWITCH LOGFILE 来强行地进行日志切换；要查询数据库运行在何种模式下可以查询数据字典"V$DATABASE"，在数据字典"V$LOG_HISTORY"中记录着历史日志的信息。

---

2. 创建重做日志组及其成员

如果发现 LGWR 经常处于等待状态，就要考虑为其添加日志组及其成员。要创建新的重做日志组和成员时，用户必须具有 ALTER DATABASE 系统权限。一个数据库最多可以拥有日志组的数量受到参数 MAXLOGFILES 的限制。

（1）创建重做日志组

要创建联机重做日志文件的新组，可以使用带 ADD LOGFILE 子句的 ALTER DATABASE 语句。

【例 11-4】向数据库添加一个新的重做日志组，其运行结果如图 11.16 所示。

```
SQL>alter database add logfile
    ('e:\app\administrator\oradata\orcl\redo04.log',
    'f:\oradata\log\redo04b.log')
    Size 10m;
```

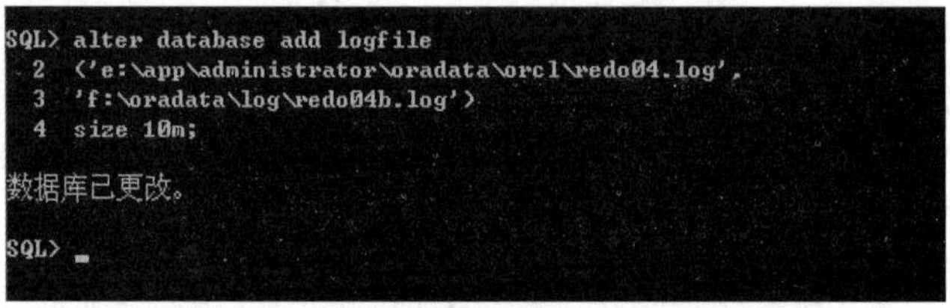

图 11.16　添加新的重做日志组

　　新增的重做日志组具有两个成员，每个成员文件的大小均为 10MB。一般情况下，日志文件的大小在 10MB 到 50MB 之间，Oracle 默认的日志文件大小为 50MB。

　　在上述的示例中没有为 ALTER DATABASE ADD LOGFILE 语句指定 GROUP 子句，这时 Oracle 会自动为新建的重做日志组设置编号，一般在当前组号之后递增。也可以显式地利用 GROUP 子句来指定新建的重做日志组的编号。

　　【例 11-5】创建新的日志组，并将新的日志组指定为第 4 组。

```
alter database add logfile group 4 ('e:\app\administrator\oradata\orcl\redo004.log',
'f:\oradata\log\redo004b.log') size 10m;
```

　　使用组号可以更加方便地管理重做日志组，但是，对日志组的编号必须为连续的，不要跳跃式地指定日志组编号。也就是说，不要将组号编为 10、20、30 等这样不连续的数，否则会耗费数据库控制文件中的空间。

　　如果要创建一个非复用的重做日志文件，则可以使用如下的语句：

```
alter database add logfile 'e:\app\administrator\oradata\orcl\redo01.log' reuse;
```

　　如果要创建的日志文件已经存在，则必须在 ALTER DATABASE 语句中使用 REUSE 子句，覆盖已有的操作系统文件。在使用了 REUSE 的情况下，不能再使用 SIZE 子句设置重做日志文件的大小，重做日志文件的大小将由已存在日志文件的大小决定。

　　（2）创建日志成员文件

　　在某些情况下，不需要为数据库创建一个新的重做日志组，只需要为已经存在的重做日志组添加新的成员日志文件。例如，由于某个磁盘发生物理损坏，导致日志组丢失了一个成员日志文件，这时就需要通过手工方式为日志组添加一个新的日志成员文件。

　　为重做日志组添加新的成员，使用带 ADD LOGFILE MEMBER 子句的 ALTER DATABASE 语句即可。

　　【例 11-6】为第 1 组添加了一个新的成员日志文件，其运行结果如图 11.17 所示。

```
alter database add logfile member 'f:\oradata\log\redo01b.log' to group 1;
```

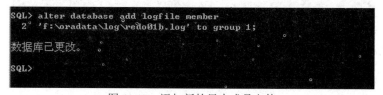

图 11.17　添加新的日志成员文件

　　此外，也可以通过指定重做日志组中的其他成员的名称，以确定要添加的成员所属的重做日志组。

　　【例 11-7】为第 2 组添加一个新成员，结果如图 11.18 所示。

```
alter database add logfile member 'f:\oradata\log\redo02b.log' to
('e:\app\administrator\oradata\orcl\redo02.log' );
```

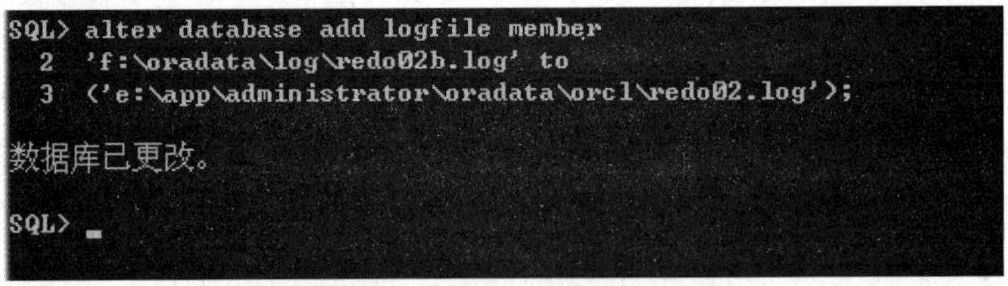

```
SQL> alter database add logfile member
  2  'f:\oradata\log\redo02b.log' to
  3  ('e:\app\administrator\oradata\orcl\redo02.log');

数据库已更改。

SQL> _
```

图 11.18　添加新的日志成员文件

3. 重新定义和重命名日志成员

在重做日志文件创建后，有时还需要改变它们的名称和位置。例如，原来系统中只有一个磁盘，因此重做日志组中的所有成员都存放在同一个磁盘上；而后来为系统新增了一个磁盘，这时就可以将重做日志组中的一部分成员移动到新的物理磁盘中。

修改重做日志文件的名称和位置的具体操作步骤如下：

Step 1 关闭数据库。

```
connect /as sysdba
shutdown
```

Step 2 在操作系统中重新命名重做日志文件，或者将重做日志文件复制到新的位置上，然后再删除原来位置上的文件。

Step 3 重新启动数据库实例，加载数据库，但是不打开数据库。

```
startup mount;
```

Step 4 使用带 RENAME FILE 子句的 ALTER DATABASE 语句重新设置重做日志文件的路径和名称，使用语句如下，运行结果如图 11.19 所示。

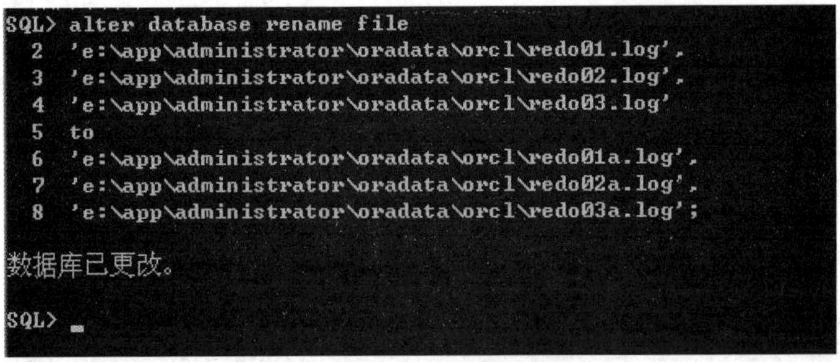

```
SQL> alter database rename file
  2  'e:\app\administrator\oradata\orcl\redo01.log',
  3  'e:\app\administrator\oradata\orcl\redo02.log',
  4  'e:\app\administrator\oradata\orcl\redo03.log'
  5  to
  6  'e:\app\administrator\oradata\orcl\redo01a.log',
  7  'e:\app\administrator\oradata\orcl\redo02a.log',
  8  'e:\app\administrator\oradata\orcl\redo03a.log';

数据库已更改。

SQL> _
```

图 11.19　重新设置日志文件名称

```
SQL>alter database rename file
 'e:\app\ administrator \oradata\orcl\redo03.log',
 'e:\app\ administrator \oradata\orcl\redo02.log',
 'e:\app\ administrator \oradata\orcl\redo01.log'
 to
 'e:\app\ administrator \oradata\orcl\redo03a.log',
 'e:\app\ administrator \oradata\orcl\redo02a.log',
 'e:\app\ administrator \oradata\orcl\redo01a.log';
```

Step 5 打开数据库。

alter database open;

Step 6 备份控制文件。

重新启动数据库后，对联机重做日志文件的修改将生效。通过查询数据字典 V$LOGFILE 可以获知数据库现在所使用的重做日志文件，运行结果如图 11.20 所示。

select member from v$logfile;

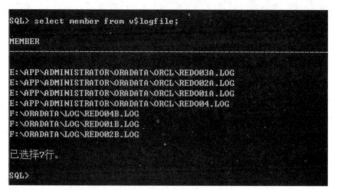

图 11.20 数据库当前使用的重做日志文件

4. 删除重做日志组及其成员

在某些情况下，DBA 也许希望删除重做日志的某个完整的组，或减少某个日志组中的成员使其更加对称。如果发生存放日志文件的磁盘损坏，就需要删除该损坏磁盘的日志文件，以防止 Oracle 把重做记录写入到不可访问的文件中。

（1）删除日志成员文件

在删除成员日志文件时要注意以下几点：

● 删除成员日志文件后，可能会产生各个重做日志组所包含的成员数不一致。在删除某个日志组中的一个成员后，数据库仍然可以运行，但是一个日志组如果只有一个成员文件，这个成员文件被破坏，数据库将会崩溃。

● 每个重做日志组中至少要包含一个可用的成员。那些处于无效状态的成员日志文件对于 Oracle 来说都是不可用的。可以通过查询 v$LOGFILE 数据字典视图来查看各个成员日志文件的状态。

● 只能删除状态为 INACTIVE 的重做日志组中的成员文件。如果要删除的成员日志文件所属的重做日志组处于 CURRENT 状态，则必须执行一次手工日志切换。

● 如果数据库处于非归档模式下，在删除成员日志文件之前，必须确定它所属的重做日志组已经被归档。

要删除一个成员日志文件，只需要使用带 DROP LOGFILE MEMBER 子句的 ALTER DATABASE 语句。

【例 11-8】删除 4 号日志组的第 2 个成员，其运行结果如图 11.21 所示。

```
alter database drop logfile member 'e:\app\administrator\oradata\log\redo04.log';
```

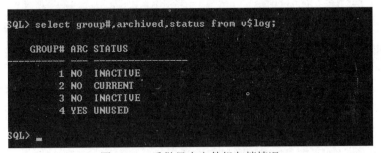

图 11.21　删除日志成员文件

需要说明的是，语句只是在数据字典和控制文件中将重做日志成员的信息删除，并不会在操作系统中物理地删除相应的文件，需要确认删除成功后手工在操作系统中删除文件。

（2）删除整个日志组

如果某个重做日志组不再需要使用，可以将整个日志组删除。删除一个日志组时，其中的成员文件也将被删除。在删除日志组时，需要注意如下限制：

● 无论日志组中有多少个成员，一个数据库至少需要两个日志组。

● 只能删除处于 INACTIVE 状态的日志组。如果要删除 CURRENT 状态的重做日志组，必须执行一次手工切换日志，将它切换到 INACTIVE 状态。

● 如果数据库处于归档模式下，在删除重做日志组之前必须确定它已经被归档。可以查询 V$LOG 数据字典视图。

查看是否已经对日志组进行过归档，如图 11.22 所示。

```
select group#, archived, status from v$log;
```

```
SQL> select group#,archived,status from v$log;

   GROUP# ARC STATUS
   ------ --- ---------
        1 NO  INACTIVE
        2 NO  CURRENT
        3 NO  INACTIVE
        4 YES UNUSED

SQL>
```

图 11.22　重做日志文件组归档情况

要删除一个重做日志组，需要使用带有 DROP LOGFILE 子句的 ALTER DATABASE 语句。

【例 11-9】删除 4 号重做日志组。

```
alter database drop logfile group 4;
```

上述语句只是在数据字典和控制文件中将重做日志组的记录信息删除，并不会物理地删除操作系统中相应的文件，还需要手工在操作系统中将相应的文件删除。

5. 清空重做日志文件

在数据库运行过程中，联机重做日志文件可能会因为某些原因而损坏，如果出现了这种情况，数据库最终将会由于无法将损坏的重做日志文件归档而停止。如果发生这种情况，可以在不关闭数据库的情况下，手工清空日志文件中的内容，以避免出现数据库停止运行的情况。

清空重做日志文件就是将重做日志文件的内部全部初始化，相当于删除该重做日志文件，然后再重新创建日志文件。在清空一个重做日志组时，将同时清空该组中所有成员日志文件。清空一个重做日志文件或日志文件组，只需要使用带有 CLEAR LOGFILE 子句的 ALTER DATABASE 语句。

【例 11-10】清空 2 号日志组中的成员文件。

```
SQL>alter database clear logfile group 2;
```

在执行上述语句时必须注意如下两种情况，在这两种情况下不可能清空重做日志：

● 如果仅有两个日志组。

● 被清空的重做日志文件组处于 CURRENT 状态。

如果要清空的重做日志文件组尚未归档，则必须使用 UNARCHIVED 子句，避免 Oracle 对该重做日志文件组进行归档。

【例 11-11】清空未归档的 2 号日志组中的成员文件。

```
alter database clear unarchived logfile group 2;
```

6. 查看重做日志文件信息

对于 DBA 而言，可能经常要查询日志文件，以了解其在使用中的情况。要了解 Oracle 数据库的日志文件信息，可以查询如表 11.2 所示的数据字典视图。

表 11.2 可查询联机日志信息的数据字典视图列表

数据字典视图	包含信息
V$LOG	显示控制文件中的日志文件信息
V$LOGFILE	日志组和日志成员信息
V$LOG_HISTORY	日志历史信息

下面列出了 v$LOG 的结构信息，如图 11.23 所示。

```
desc v$log
```

其中，比较重要的列包括：

● GROUP#：日志文件组号。

● SEQUENCE#：日志序列号。

● STATUS：该组状态（CURRENT/INACTIVE/ACTIVE）。

● FIRST_CHANGE#：重做日志组上一次写入时的系统改变号（SCN），也称为检查点号。在使用日志文件对数据库进行恢复时，将会用到 SCN 号。这里只需要知道，日志文件中记录了 SCN 号。

图 11.23   V$LOG 数据字典结构信息

11.2.3   设置日志自动存档功能

Oracle 数据库有两种日志模式，第一种是非归档日志模式（NOARCHIVELOG），第二种是归档日志模式（ARCHIVELOG）。其中，非归档日志在切换日志时，原日志文件的内容会被新的日志内容所覆盖。而对于归档日志模式而言，Oracle 会首先对原日志文件进行归档存储，且在归档未完成之前不允许覆盖原日志。

1. 归档日志

Oracle 利用重做日志文件记录对数据库所做的修改，因为重做日志文件是以循环方式使用的，在重新写入重做日志文件时，原来保存的重做记录会被覆盖。为了完整地记录数据库的全部修改过程，Oracle 提出了归档日志的概念。

在重做日志文件被覆盖之前，Oracle 能够将已经写满的重做日志文件通过复制保存到指定的位置，保存下来的所有重做日志文件被称为"归档重做日志"，这个过程就是"归档过程"。只有数据库处于归档模式时，才会对重做日志文件执行归档操作。归档操作可以由后台进程 ARCn 自动完成，也可以由 DBA 手工来完成。

归档日志文件中不仅包含了被覆盖的日志文件，还包含重做日志文件的使用顺序号。在归档模式下，Oracle 的系统进程 LGWR 进程在写入下一个重做日志文件之前，必须等待该重做日志文件完成归档，否则 LGWR 进程将被暂停执行，直到对重做日志文件归档完成。为了提高归档的速度，可以考虑启动多个 ARCn 进程加速归档的速度。

归档日志记录了数据库运行于归档模式后，用户对数据库进行的所有修改操作。利用归档日志，DBA 可以获取数据库的历史修改信息，以及对数据库进行恢复。

2. 归档模式与非归档模式

是否需要进行归档，取决于对数据库应用环境的可靠性和可用性的要求。如果任何源于磁盘物理损坏而造成的数据丢失都是不允许的，那么应该让数据库运行在归档模式下。这样，在发生磁盘故障后，DBA 能够使用归档重做日志文件和数据库备份来恢复丢失的数据。

在非归档模式下，数据库只具有从实例崩溃中恢复的能力，只能对仍然保留在重做日志文件中的、最近对数据库所做的修改进行恢复，而无法进行介质恢复。换言之，在非归档模式下，只能将数据库恢复到最近一次进行完全备份的状态。因此，如果数据库运行于非归档模式下，DBA 必须经常定时地对数据库进行完全备份。

如果数据库运行在归档模式下，Oracle 将对重做日志文件进行归档操作。在对已经写满的重做日志文件进行归档时，将在控制文件中记录重做日志文件的状态，LGWR 进程等待直到归档完毕后才能继续使用这个重做日志组。在发生日志切换时，将立即对已写满的重做日志文件进行归档操作。

对重做日志文件进行归档具有如下优势：

- 如果发生磁盘物理损坏，则可以使用数据库备份与归档重做日志恢复已经提交的事务，保证不会发生任何数据丢失。
- 利用归档日志文件，可以实现使用数据库打开状态下创建的备份文件来进行数据库恢复。
- 如果为当前数据库建立一个数据库备份，通过持续地为备份数据库备份应用归档重做日志，可以保证源数据库与备份数据库的一致性。

在归档模式下，DBA 需要计划如何对重做日志文件进行归档。归档操作可以自动进行，也可以通过手工方式执行归档操作。为了提高效率、简化操作，通常使用自动归档操作。

对于一般数据库而言，后台进程 ARCn 的存在对系统整体性能的影响并不明显。但是对于某些大型的数据库而言，由于重做日志文件比较大，自动归档操作将对系统性能造成很大的影响。如果 ARCn 进程频繁地执行归档操作，将会消耗大量的 CPU 时间和 I/O 资源。相反，如果 ARCn 进程执行间隔过长，虽然减少了所使用的资源，但是由于 LGWR 进程需要等待 ARCn 完成，使 LGWR 进程出现等待的几率增加。

3．归档模式的切换

安装 Oracle 12c 时．数据库是运行在非归档模式下，从而避免对创建数据库的过程中生成的重做日志进行归档。当数据库开始正常运行后，就可以将它切换到归档模式下，保证数据库中数据的完全恢复。这时需要将数据库在归档模式与非归档模式之间进行切换，使用带有 ARCHIVELOG 或 NOARCHIVELOG 子句的 ALTER DATABASE 语句。

从 Oracle 10g 开始，改变日志模式已经变得很简单，很容易管理。在 12c 版本中，默认情况下，归档日志会存放到快速恢复区所对应的目录中，并按照特定的格式生成归档日志文件名。当想要将归档日志放在默认的路径下时，只需执行 ALTER DATABASE ARCHIVELOG 语句，其操作步骤如下。

Step**1** 关闭数据库。

```
shutdown immediate
```

Step 2 重新启动实例，但不加载数据库。

```
startup mount
```

Step 3 使用 ALTER DATABASE 语句将数据库切换到归档模式，然后再打开数据。

```
alter database archivelog;
alter database open;
```

Step 4 使用如下的语句查看数据库是否已经处于归档模式，如图 11.24 所示。

```
archive log list;
```

图 11.24　查询当前数据库归档情况

可以看出，数据库已经被置于归档模式，并且启用了自动归档，以及归档的重做日志等信息。

4．归档日志信息查询

（1）归档目标

当归档重做日志时，要确定归档日志文件的保存位置，这个保存位置叫做归档目标。归档目标由初始化参数 DB_RECOVERY_FILE_DEST 决定。DBA 可以为数据库设置多个归档目标，不同的归档目标最好存放在不同的磁盘中。

归档目标的设置由初始化参数 LOG_ARCHIVE_DEST_n 来完成，其中 n 为 1～10 的整数，即可以为数据库指定 1～10 个归档目标。在进行归档时，Oracle 会将重做日志组以相同的方式归档到每一个归档目标中。设置归档目标时，既可以指定本地系统作为归档目标（使用 LOCATION 关键字），也可以选择远程数据库作为归档目标（使用

SERVICE 关键字）。

将归档目标指定为本地系统的语句为：

```
alter system set log_archive_dest_1=location='f:\oradata\archive';
```

使用 SERVICE 关键字将归档目标指定为远程数据库的语句为：

```
alter system set log_archive_dest_2=service='QSY';
```

其中，QSY 是一个远程备用服务器的服务名。

（2）ARCHIVE LOG LIST 命令

在 SQL * Plus 中使用 ARCHIVE LOG LIST 命令，可以显示当前数据库的总体归档信息，如图 11.24 所示。

通过该命令可以得知：数据库处于归档模式下；自动归档功能被启动；已经归档的最早联机重做日志序号为 11；当前正在归档序号为 13 的重做日志。

（3）数据字典视图查询

如果需要查询更详细的归档信息，可对系统包含归档信息的数据字典视图进行查询，与其相关的数据字典视图如表 11.3 所示。

表 11.3　可查询归档信息的数据字典视图列表

数据字典视图	包含信息
V$DATABASE	查询数据库的归档模式
V$ARCHIVED_LOG	包含控制文件中所有的已经归档的日志信息
V$ARCHIVED_DEST	包含所有的归档目标信息
V$ARCHIVE_PROCESSES	包含已经启动的 ARCn 进程的状态信息
V$BACKUP_REDOLOG	包含所有已经备份的归档日志信息
V$LOG	包含所有重做日志组的信息

【例 11-12】通过查询 V$DATABASE 视图来获知数据库是否处于归档模式，使用语句及运行结果如图 11.25 所示。

图 11.25　查询当前数据库归档模式

【例 11-13】查询已经启动的 ARCn 进程的状态，使用 V$ARCHIVE_PROCESSES 视图，使用语句和查询结果如图 11.26 所示。

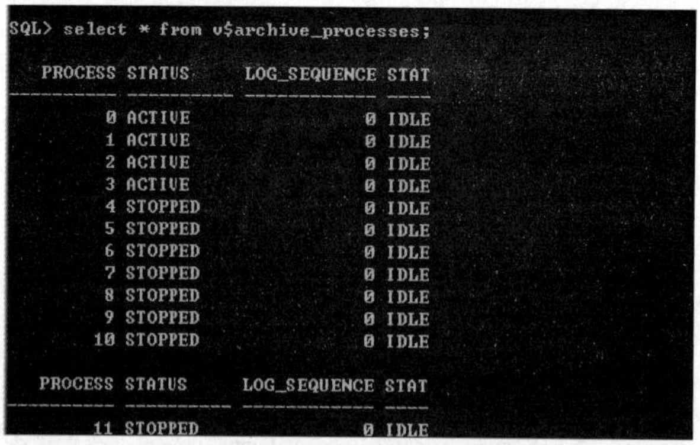

图 11.26　查询所有归档目标信息

11.2.4　监视日志工作

在重做日志文件中记录了数据库中曾经发生过的所有操作，当对重做日志进行了归档后，所有已经执行的操作都将被记录在案。DBA 可以利用这些归档日志将数据库恢复到任意的状态，还可以利用 LogMiner 工具对日志进行分析，以便对数据库操作进行跟踪和统计分析。

1．LogMiner 概述

DBA 使用 LogMiner 工具可以对数据库用户的操作进行统计，或者撤销数据库中已经做过的、指定的操作。此外，DBA 还能够通过分析日志文件来追踪某个用户的所有操作。

LogMiner 分析工具实际上由一组 PL/SQL 包和一些动态视图（Oracle 内置包的一部分）组成，其主要用途如下：

- 可以离线跟踪数据库的变化，而不会影响在线系统的性能，当数据库发生逻辑错误时，获取发生错误的确切时间或 SCN。
- 回退数据库的变化，回退特定的数据变化，减少 POINT-IN-TIME RECOVERY 的执行。
- 优化和扩容计划：可通过分析日志文件中的数据以分析数据增长模式。
- 监控特定表所做的异动。
- 追踪特定用户的行为。

系统基于 LogMiner 对 Oracle 日志进行分析，实现数据恢复和数据异常修改追查，以供部门或更高层管理人员对数据库运作进行监督管理。

2．LogMiner 的原理

在 Oracle 重做日志文件中记录的信息包括数据库的更改历史、更改类型（INSERT、UPDATE、DELETE、DDL 等）、更改对应的 SCN 号，以及执行这些操作的用户信息等。LogMiner 在分析日志时，将重构等价的 SQL 语句和 UNDO 语句分别记录在 V$LOGMNR

_CONTENTS 视图的 SQL_REDO 和 SQL_UNDO 中。

等价语句指的是非原始 SQL 语句。例如，我们最初执行的是"delete from tablename where b < c"，如果删除了 10 条记录，那么 LogMiner 重构的是等价的 10 条 DELETE 语句，而不是一条语句。V$LOGMNR_CONTENTS 视图中显示的并非是实际操作的现实，从数据库角度来讲这是很容易理解的，它记录的是元操作。因为同样是"delete from tablename where b < c"语句，在不同的数据环境中，实际删除的记录数可能各不相同，因此记录这样的语句并没有什么实际意义。LogMiner 重构的是在实际情况下转化成元操作的多个单条语句。

Oracle 重做日志中记录的并非原始的对象（如表以及其中的列）名称，而只是它们在 Oracle 数据库中的内部编号。因此，为了使 LogMiner 重构出的 SQL 语句易于识别，我们需要将这些编号转化成相应的名称，这就需要用到数据字典。

LogMiner 提供如下动态视图，用户可以像使用其他视图一样进行查询。

● V$LOGMNR_CONTENTS 显示日志存储的所有信息，用户从此视图中提取所有数据库的变化信息。

● V$LOGMNR_DICTIONARY 显示有关 LogMiner 字典文件的信息，显示的信息包括数据库名称和状态信息。

● V$LOGMNR_LOGS 显示有关指定的日志文件的信息，每个日志文件的信息占一行。

● V$LOGMNR_PARAMETERS 显示有关可选的 LogMiner 参数的信息，包括启动和结束系统变更码（SCN）以及启动和结束时间。

LogMiner 以独享的方式运行，上述视图只有在 LogMiner 启动后，才有数据供用户使用，其他会话不能查看上述视图中的内容。

3. LogMiner 的系统结构

系统结构如图 11.27 所示，系统运行前，数据库系统用户接口首先登录到 Oracle 服务器，创建要分析的日志文件列表，启动 LogMiner 载入日志文件，加载分析规则，得到用户所需信息。

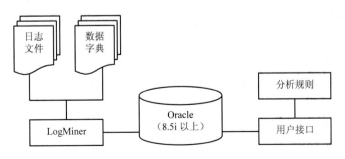

图 11.27　基于 LogMiner 的 Oracle 日志分析系统结构图

4. LogMiner 的使用

（1）LogMiner 的安装

要安装 LogMiner 工具，就必须先运行两个脚本：dbmslm.sql 和 dbmslmd.sql，在本书实例中，其所在目录是 C:\app\yhy\product\12.1.0\dbhome_1\RDBMS\ADMIN，且必须以 SYS 用户身份运行。其中第一个脚本用来创建 DBMS_LOGMNR 包，该包用来分析日志文件；第二个脚本用来创建 DBMS_LOGMNR_D 包，该包用来创建数据字典文件。安装示例如图 11.28 所示（应先以 SYS 账户建立连接）。

图 11.28　运行 LogMiner 对应脚本

（2）数据字典的创建

创建字典文件的目的就是让 LogMiner 引用所涉及到的内部数据字典，提供它们实际的名字而不是系统内部的对象编号。数据字典文件是一个文本文件，用于存放表及对象 ID 号之间的对应关系。当使用字典文件时，它会在表名和对象 ID 号之间建立一一对应的关系。如果要分析的数据库中的表有变化，则会影响到数据库的数据字典也发生变化，这时就需要重新创建字典文件。

如果想要使用字典文件，数据库至少应该处于 MOUNT 状态。然后执行 DBMS_LOGMNR_D.BUILD 过程将数据字典信息提取到一个外部文件中。其具体操作过程如下：

Step 1　确认设置了初始化参数 UTL_FILE_DIR，并确认 Oracle 对该目录拥有读写权限，然后启动实例，显示参数 UTL_FILE_DIR 的语句如下，运行结果如图 11.29 所示。

```
SQL>show parameter utl
```

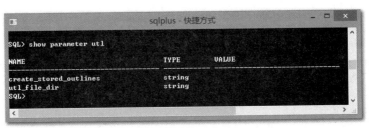

图 11.29　显示 UTL_FILE_DIR 参数

> **提　示**
>
> 　　参数 UTL_FILE_DIR 指定的目录主要用于存放 DBMS_LOGMNR_D.BUILD 过程所产生的字典信息文件。若未设置该参数，则可以通过如下的语句修改：SQL>alter system set ull_file_dir='e:\orcldata\logminer' scope=spfile;。

Step 2　重启数据库（STARTUP）。由于 UTL_FILE_DIR 参数不是一个动态参数，在为其设置参数值后还需要重新启动数据库来使其生效。

Step 3　执行 PL/SQL 过程 DBMS_LOGMNR_D.BUILD 创建字典文件。

```
execute dbms_logmnr_d.build(dictionary_filename=>'f:\oradata\log\sqltrace.ora',
dictionary_location=>'e:\oradata\log');
```

（3）指定待分析的日志文件列表

在使用 LogMiner 进行日志分析之前，必须指定它将对哪些重做日志文件进行分析，LogMiner 可以一次对多个重做日志文件进行分析。

执行 DBMS_LOGMNR.ADD_LOGFILE 过程可以指定要分析的重做日志文件，可以依次添加多个重做日志文件，或删除已经添加的重做日志文件。下面是指定重做日志文件列表的具体操作步骤：

Step 1　确保数据库实例已经启动（STARTUP）。

Step 2　通过指定 DBMS_LOGMNR.ADD_LOGFILE 过程的 NEW 选项来创建重做日志文件列表。以下代码将建立一个重做日志文件列表，并向其中添加一个重做日志文件。

```
SQL>execute dbms_logmnr.add_logfile(logfilename=>'e:\app\administrator
\oradata\orcl\redo01a.log',options=>dbms_logmnr.new)
```

Step 3　根据需要，使用 ADDFILE 选项继续向列表中添加其他的重做日志文件。比如，利用下面的语句向列表中添加重做日志文件：

```
SQL>execute dbms_logmnr.add_logfile(logfilename=>'e:\app\ administrator
\oradata\orcl\redo02a.log',options=>dbms_logmnr.addfile)
```

Step 4　如果需要，还可以通过指定 DBMS_LOGMNR.ADD_LOGFILE 过程的 REMOVEFILE 选项来删除重做日志文件。下述代码将重做日志文件 REDO02A.LOG 从日志文件列表中删除。

```
SQL>execute dbms_logmnr.add_logfile(logfilename=>'e:\app\ administrator
    \oradata\orcl\redo02a.log',options=>dbms_logmnr.removefile)
```

> **提 示**
>
> DBMS_LOGMNR.ADD_LOGFILE 过程的 OPTIONS 各选项意义为，NEW 表示创建一个新的日志文件列表；ADDFILE 表示向列表中添加日志文件；REMOVEFILE 与 ADDFILE 相反，表示在列表中删除日志文件。

（4）启动 LogMiner

为 LogMiner 创建了字典文件，并且指定了要分析的重做日志文件列表后，就可以启动 LogMiner 开始分析日志文件了。执行 DBMS LOGMNR.START_LOGMNR 过程将启动 LogMiner。启动 LogMiner 进行日志分析的操作过程为：

Step 1 执行 DBMS_LOGMNR.START_LOGMNR 过程启动 LogMiner。执行该过程时，需要在参数 DICTFILENAME 中指定一个已经建立的字典文件。如下面的语句在执行 DBMS_LOGMNR.START_LOGMNR 过程时，指定了前面所创建的字典文件 f:\oradata\log\sqltrace.ora，语句如下：

```
execute dbms_logmnr.start_logmnr(dictfilename=>'f:\oradata\log\sqltrace.ora');
```

> **提 示**
>
> 如果不指定字典文件，那么生成的分析结果中将使用 Oracle 内部的对象标识和数据格式，这些数据的可读性非常差。指定字典文件后，Oracle 会将内部对象标识和数据类型转换为用户可读的对象名称和外部数据格式。

Step 2 如果没有为 DBMS_LOGMNR.START_LOGMNR 过程指定其他参数，在分析的结果中将包含重做日志文件的所有内容，因此，还需要对数据进行过滤。DBMS_ LOGMNR.START_LOGMNR 过程提供了基于分析日志时间和 SCN 号的参数：

- STARTSCN/ENDSCN，表示定义分析的起始、结束 SCN 号。
- STARTTIME/ENDTIME，表示定义分析的起始、结束时间。

（5）分析日志文件

到现在为止，已经分析得到了重做日志文件中的内容。动态性能视图 V$LOGMNR _CONTENTS 中包含 LogMiner 分析得到的所有的信息。分析的结果中包含了执行的 SQL 语句数据库对象名、会话信息、回退信息以及用户名等。

需要注意的是，动态性能视图 V$LOGMNR_CONTENTS 中的分析结果仅在运行过程 DBMS_LOGMNR.START_LOGMNR 的会话的生命期中存在。因为所有的 LogMiner 分析结果都存储在 PGA 内存中，所有其他的进程是看不到的。同时，随着进程的结束，分析结果随之消失。

（6）结束 LogMiner

为正确地结束 LogMiner 会话，可以使用 DBMS_LOGMNR.END_LOGMNR 进程：

```
execute dbms_logmnr.end_logmnr;
```

过程 DBMS_LOGMNR.END_LOGMNR 将终止日志分析事务，并且释放 PGA 内存区域，分析结果也将随之不再存在。若没有执行该过程，则 LogMiner 将保留所有它分配的资源直到 LogMiner 的会话结束为止。

第 12 章

数据库控制

本章将主要讨论如何在数据库中保证数据的完整性，这里的完整性是一个广义概念，包括数据的并行性和一致性。在单用户的数据库系统中，无需对数据的并行性和一致性做过多的考虑。但在多用户并发系统中，存在多个用户同时对某一数据进行读写操作的情况，此时该如何保证数据的一致性呢？

为了确保数据的并行性和一致性，本章重点讨论事务和锁的概念。数据库系统的并发控制是以事务为单位进行的，而事务中用到的数据或资源，可以使用内部锁定的机制来限制事务对所需共同资源的存取操作，从而确保数据的并行性和一致性。

12.1 用事务控制操作

12.1.1 什么是事务

事务（Transaction）是用户定义的一个数据库操作序列，是一个不可分割的整体。这些操作要么全做，要么全不做。事务是对数据库进行操作的最基本的逻辑单位，可以是一组 SQL 语句、一条 SQL 语句或整个程序，通常情况下，一个应用程序里包含多个事务。此外，事务还是恢复和并发控制的基本单位。

1. 事务的特性

事务具有以下四个最重要的特性，按照每个特性的英文单词的首字母组合成为 ACID 属性。

（1）原子性（Atomicity）

原子性是指事务是一个不可分割的工作单位，事务中的操作要么都发生，要么都不发生。下面通过一个例子来加深读者对该特性的理解。

在某银行的数据库系统里，有两个储蓄账号 A（该账户目前余额为 1000 元）和 B（该账户目前余额为 1000 元），我们定义从 A 账户转账 500 元到 B 账户为一个完整的事务，处理过程如图 12.1 所示。

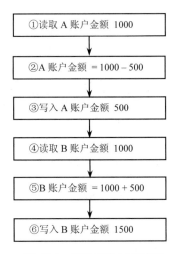

图 12.1　转账事务处理流程

在正确执行的情况下，最后 A 账户余额为 500 元，B 账户余额为 1500 元，二者的金额之和等于事务未发生之前的和，称之为数据库的数据从一个一致性状态转移到了另一个一致性状态，数据的完整性和一致性得到了保证。

假如在事务处理的过程中，在完成了步骤③，未完成步骤⑥的过程中突然发生电源故障、硬件故障或软件错误，这样数据库中的数据就变为了 A=500，B=1000，很显然，数据库中数据的一致性已经被破坏，不能反映数据库的真实情况。因此在这种情况下，必须将数据库中的数据恢复到 A=1000，B=1000 的真实情况，这就是事务的回滚操作。事务里的操作步骤不可分割，要么全部完成，要么都不完成，没有全部完成就必须回滚，这就是原子性的基本含义。

怎样才能实现事务的原子性呢？很简单，对于事务中的写操作的数据项，数据库系统在磁盘上记录其旧值，事务如果没有完成，就将旧值恢复回来。

（2）一致性（Consistency）

事务必须使数据库从一个一致性状态变换到另一个一致性状态。因此，当数据库中只包含了成功事务提交的结果时，就说数据库处于一致性状态。

（3）隔离性（Isolation）

即使每个事务都能确保一致性和原子性，但如果有几个事务并发执行，在执行的过程中发生了事务间的交叉，也会导致数据库发生不一致的情况。事务的隔离性是指一个事务的执行不能被其他事务干扰，即一个事务内部的操作及使用的数据对并发的其他事务是隔离的，并发执行的各个事务之间不能互相干扰。

（4）持久性（Durability）

持久性是指一个事务一旦被提交，它对数据库中数据的改变就是永久性的，接下来的其他操作和数据库故障不应该对其有任何影响。

2. 事务的状态

对数据库进行操作的各种事务共有五种状态，如图 12.2 所示。下面分别介绍这五种状态的含义。

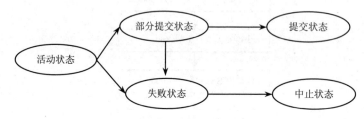

图 12.2　事务状态变化图

（1）活动状态

事务在执行时的状态叫活动状态。

（2）部分提交状态

事务中最后一条语句被执行后的状态叫部分提交状态。事务虽然已经完成，但由于实际输出可能在内存中，在事务成功前还可能会发生硬件故障，有时不得不中止，进入中止状态。

（3）失败状态

事务不能正常执行的状态叫失败状态。导致失败状态发生的可能原因有硬件原因或逻辑错误，这样事务必须回滚，就进入了中止状态。

（4）提交状态

事务在部分提交后，将往硬盘上写入数据，最后一条信息写入后的状态叫提交状态，进入提交状态的事务就成功完成了。

（5）中止状态

事务回滚，并且数据库已经恢复到事务开始执行前的状态叫中止状态。

注　意

提交状态和中止状态的事务统称为已决事务，处于活动状态、部分提交状态和失败状态的事务称为未决事务。

12.1.2 设置事务

事务的设置主要包括以下操作。

1. 设置只读事务

如果将事务设置为只读，将不建立回滚信息，适合以 SQL 查询语句组成的事务。下面给出将事务设置为只读的程序。

```
set transaction read only;
```

该程序的执行结果如图 12.3 所示。

图 12.3　设置事务为只读状态

2. 设置读写事务

设置事务为读写事务，是事务的默认方式，将建立回滚信息。

下面给出将事务设置为读写的程序。

```
set transaction read write;
```

该程序的执行结果如图 12.4 所示。

图 12.4　设置事务为读写状态

3. 为事务分配回滚段

可以为事务分配和指定回滚段。Oracle 赋予用户可以自行分配回退段，其目的是灵活地调整性能。用户可以按照不同的事务来分配大小不同的回滚段，一般的分配原则如下。

- 若没有长时间运行查询读取相同的数据表，则可以把小的事务分配给小的回滚段，这样查询结果容易保存在内存中。
- 若长时间运行的查询读取相同的数据表，则可以把修改该表的事务分配给大的回滚段，这样读一致的查询结果就不用改写回滚信息。
- 可以将插入、删除和更新大量数据的事务分配给那些足以保存该事务的回滚信息的回滚段。

下面给出为事务设置回滚段的程序。

```
set transaction use rollback segment system;
```

该程序的执行结果如图 12.5 所示。

图 12.5 设置事务的回滚段

12.1.3 事务提交

在 Oracle 数据库管理系统中,为了保证数据的一致性,在 SGA 内存中将为每个客户机建立工作区,客户机对数据库进行操作处理的事务都在工作区内完成。只有在输入事务提交命令后,工作区内的修改内容才写入到数据库上,称为物理写入,这样可以保证在任意的客户机没有物理提交修改以前,其他客户机读取的数据库中的数据是完整的、一致的,如图 12.6 所示。

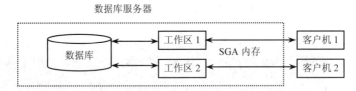

图 12.6 事务提交示意图

下面从四个方面来介绍事务的提交。

1. 提交前 SGA 的状态

在事务提交前,Oracle 中 SQL 语句执行完毕,SGA 内存中的状态如下。

● 回滚缓冲区生成回滚记录,回滚信息包含所有已经修改值的旧值。

● 日志缓冲区生成该事务的日志,在事务提交前已经写入物理磁盘。

● 数据库缓冲区被修改,这些修改在事务提交后才写入物理磁盘。

2. 提交的工作

事务的提交将完成下列主要工作。

● 在相关的事务表中记录提交的事务,给每个事务赋予唯一的一个系统变更号(System Change Number,SCN),将其记录在表中。

- SGA 数据缓冲区内的数据写入物理数据表。
- 由 LGWR（日志写入进程）将 SGA 日志缓冲区内的日志项写入联机日志文件。
- 解除对记录和表的封锁。
- 标记该事务已经完成。

3. 提交的方式

事务提交的方式包括如下三种：

- 显式提交：使用 commit 命令使当前事务生效。
- 自动提交：在 SQL* Plus 里执行 "set autocommit on;" 命令。
- 隐式提交：除了显式提交之外的提交，如发出 DDL 命令、程序中止和关闭数据库等。

12.1.4 事务回滚

事务的回滚是指撤销未提交事务中 SQL 命令对数据所做的修改，已经提交的事务不能进行回滚。整个事务的回滚将完成如下主要工作。

- 利用回滚段中存储的数据来撤销未提交事务中 SQL 命令所做的修改。
- 解除对所有数据的事务封锁。
- 结束事务。

12.1.5 设置回退点

回退点又称为保存点，即指在含有较多 SQL 语句的事务中间设定的回滚标记，其作用类似于调试程序的中断点。利用保存点可以将事务划分成若干小部分，这样就不必回滚整个事务，可以回滚到指定的保存点，有更大的灵活性。

回滚到指定保存点将完成如下主要工作。

- 回滚保存点之后的部分事务。
- 删除在该保存点之后建立的全部保存点，该保存点保留，以便多次回滚。
- 解除保存点之后表的封锁或行的封锁。

> **注　意**
> 以上介绍的回滚事务称之为显式回滚，还有一种回滚叫隐式回滚。如果系统在事务执行期间发生错误、死锁和中止等情况时，系统将自动完成隐式回滚。

12.2　用锁控制并发存取

锁是在事务访问相同资源的时候，防止事务之间的有害性交互的机制，这些资源包括用户系统对象、内存和数据字典中的共享数据结构。Oracle 通过不同类型的锁，代表用户允许或阻止其他用户对相同资源的同时访问，从而实现数据的完整性、并行性与一致性。

12.2.1　为何加锁

作为共享资源的数据库可以供多个用户同时访问，也就是说，在同一时刻，可能会有多个并发执行的事务访问数据库的同一资源。如何保证这些并发事务的执行不破坏数据的一致性和完整性呢？

一种办法就是让所有的事务一个一个串行执行，这样势必大大降低数据库的工作效率。还有一种办法就是提供一种对数据进行并发控制的机制。在同一时刻，可能有的事务获取数据后要进行处理，有的事务仅仅是需要查询该数据而不进行处理，这样查询和处理操作可以并发执行，互不干扰。涉及到同时修改数据的事务则按照一定的算法进行调度，这样就能既不破坏数据的一致性，又能大大提高数据库的执行效率。这种机制就是本节要介绍的锁。

1. 什么是锁

锁是对数据进行并发控制的机制。Oracle 使用锁来保证事务的隔离性，即事务内部的操作和使用的数据对并发执行的其他事务是隔离的、互不干扰的。换言之，锁其实就是事务可以对数据库资源进行操作的权限。

Oracle 的事务要执行，必须先申请对该资源的锁，按照获得的锁的不同，就能够对该资源进行锁赋予的操作；如果没有获得锁就不能执行对该资源的任何操作。当某种事件出现或该事务完成后，自动解除对资源的锁。

> **说　明**
>
> Oracle 所有的锁的管理和分配都是由数据库管理系统自动完成的，不需要用户进行干预，同时也提供了手工加锁的命令，供有经验的用户使用。

2. 锁的类型

按照锁的权限来分，Oracle 数据库管理系统提供了两种类型的锁，排他锁（Exclusive Lock）和共享锁（Share Lock）。按照锁所分配的资源来分，又可以分为数据锁、字典锁、内部锁、分布锁和并行缓冲管理锁，其中常见的是数据锁和字典锁，其他锁都是由管理系统自动管理的。

（1）按照权限划分

- 排他锁：又称为 X 锁或写锁。若事务 T1 对资源 R 加上 X 锁，则只允许 T1 读取和修改 R，其他事务可以读取 R，但不能修改 R，除非 T1 事务解除了加在 R 上的 X 锁。
- 共享锁：又称为 S 锁或读锁。若事务 T2 对资源 R 加上 S 锁，允许 T2 读取 R，其他事务可以读取 R。

（2）按照资源划分

● 数据锁：当用户对表格中的数据进行 INSERT、UPDATE 和 DELETE 操作时将要用到数据锁。数据锁在表中获得并保护数据。

● 字典锁：当用户创建、修改和删除数据表时将要用到字典锁。字典锁用来防止两个用户同时修改同一个表的结构。

3. 查询锁信息

Oracle 在动态状态表 V$lock 中存储与数据库中的锁有关的所有信息。首先，我们通过下面的程序来了解一下 V$lock 表的结构。

```
describe v$lock;
```

程序执行结果如图 12.7 所示。

图 12.7　V$lock 表的结构

其中，部分选项的含义如下：

（1）SID：会话标识符。

（2）TYPE：所获得的或等待的锁类型，可能的取值如下：

● TX 事务。

● TM DML 或表锁。

● MR 介质恢复。

● ST 磁盘空间事务。

（3）LMODE/REQUEST：包含锁的模式，可能的取值如下：

● 0：无。

● 1：空。

● 2：行共享（RS）。

● 3：行排他（RX）。

● 4：共享（S）。

● 5：共享行排他（SRX）。

● 6：排他（X）。

若 LMODE 列含有一个不是 0 或 1 的数值，则表明进程已经获得了一个锁。若 REQUEST 列含有一个不是 0 或 1 的数值，则表明进程正在等待一个锁。若 LMODE 列含有数值 0，则表明进程正等待获得一个锁。

（4）ID1：根据锁的类型的不同，此列中的数值有不同的含义。假如锁的类型是 TM，那么此列中的数值是将要被锁定或等待被锁定的对象的标识；假如锁的类型是 TX，那么此列中的数值是回滚段号码的十进制表示。

（5）ID2：根据锁类型的不同，此列中的数值有不同的含义。假如锁的类型是 TM，那么此列中的数值是 0；假如锁的类型是 TX，那么此列表示交换次数——也就是回滚槽重新使用的次数。

Oracle 使用锁在允许多个用户同时访问时维护数据的一致性和完整性。但是，当两个或两个以上的用户会话试图竞争同一对象的锁时，锁将成为坏消息。DBA 应该监控并管理数据库中对象的锁的争用。监控锁的方法包含如下三种：

（1）使用 CATBLOCK.SQL 和 UTLLOCKT.SQL

Oracle 提供了两个有用的锁监控脚本，称为 CATBLOCK.SQL 和 UTLLOCKT.SQL。这些脚本可在$ORACLE_HOME/rdbms/admin 目录中找到。脚本 CATBLOCK.SQL 创建许多从 V$lock 这样的数据字典视图中收集的与锁相关的信息的视图。第二个脚本 UTLLOCKT.SQL 查询由 CATBLOCK.SQL 创建的视图，以报告等待锁的会话及其相应的阻塞会话。CATBLOCK.SQL 必须在使用 UTLLOCKT.SQL 前运行。

（2）直接查询数据字典视图

以下脚本可用于确定数据库中持有和等待锁的会话。该脚本查询并连接 V$lock 和 V$SESSION 视图。

```
set echo off
set pagesize 60
Column SID FORMAT 999 heading "SessionID"
Column USERNAME FORMAT A8
Column TERMINAL FORMAT A8 Trunc
select B.SID,C.USERNAME,C.TERMINAL,B.ID2,B.TYPE,B.LMODE,B.REQUEST
from DBA_OBJECTS A, V$LOCK B, V$SESSION C
where A.OBJECT_ID(+) = B.ID1
  and B.SID = C.SID
  and C.USERNAME IS NOT NULL
order by B.SID,B.ID2;
```

程序执行结果如图 12.8 所示。

（3）使用 Oracle 企业管理器

使用 Oracle 企业管理器（Oracle Enterprise Manager）也可以得到会话的锁信息。这是获得锁信息最简单的方法之一。

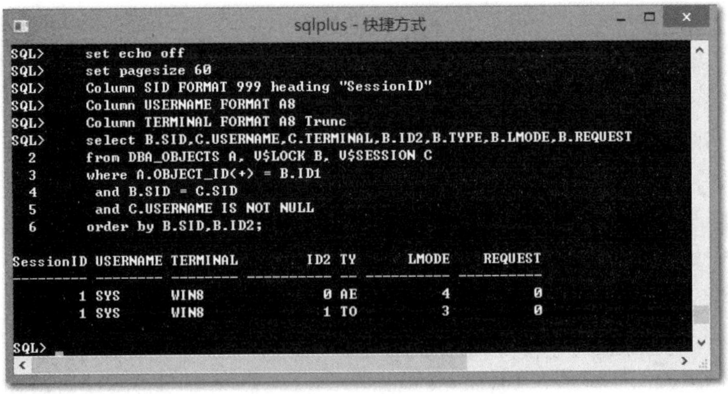

图 12.8　查询会话的锁信息

12.2.2　加锁的方法

下面介绍加锁的方法。

1. 行共享锁（Row Share，RS）

对数据表定义行共享锁后，如果被事务 A 获得，那么其他事务可以进行并发查询、插入、删除及加锁，但不能以排他方式存取该数据表。执行下面的程序可以实现向数据表增加行共享锁。

```
lock table ORDDATA.ORDDCM_ANON_ACTION_TYPES in row share mode;
```

程序执行结果如图 12.9 所示。

图 12.9　在数据表上加行共享锁

2. 行排他锁（Row Exclusive，RX）

对数据表定义行排他锁后，如果被事务 A 获得，那么 A 事务对数据表中的行数据具有排他权利。其他事务可以对同一数据表中的其他数据行进行并发查询、插入、修改、删除及加锁，但不能使用以下三种方式加锁。

● 行共享锁。

● 行共享排他锁。

● 行排他锁。

执行下列语句可定义行排他锁。

```
lock table ORDDATA.ORDDCM_ANON_ACTION_TYPES in row exclusive mode;
```

3. 共享锁（Share，S）

对数据表定义共享锁后，如果被事务 A 获得，其他事务可以执行并发查询、加共享锁但不能修改表，也不能使用以下三种方式加锁。

● 排他锁。

● 行共享排他锁。

● 行排他锁。

执行下列语句定义共享锁。

```
lock table xsjbxx in share mode;
```

4. 共享行排他锁（Share Row Exclusive，SRX）

对数据表定义共享排他锁后，如果被事务 A 获得，其他事务可以执行查询和对其他数据行加锁，但不能修改表，也不能使用以下四种方式加锁。

● 共享锁。

● 共享行排他锁。

● 行排他锁。

● 排他锁。

执行下列语句定义共享行排他锁。

```
lock table ORDDATA.ORDDCM_ANON_ACTION_TYPES in share row exclusive mode;
```

5. 排他锁（Exclusive，X）

排他锁是最严格的锁。如果被事务 A 获得，A 可以执行对数据表的读写操作，其他事务可以执行查询但不能执行插入、修改和删除操作。

执行下列语句定义排他锁。

```
lock table ORDDATA.ORDDCM_ANON_ACTION_TYPES   in exclusive mode;
```

程序执行结果如图 12.10 所示。

图 12.10　在数据表上加排他锁

第 13 章

Oracle 数据库的安全管理

本章主要介绍数据库安全性管理的内容。为了保护公司中最重要的财产，即数据资料，数据库管理员（DBA）必须深入了解 Oracle 如何保护公司数据，以及使用的工具。为此，本章重点介绍了数据库用户的管理、虚拟专用数据库的应用以及数据加密技术和备份加密技术。通过本章的学习，DBA 可以全面掌握 Oracle 12c 数据库在安全管理方面的操作。

13.1 Oracle 数据库安全性概述

数据库的安全性是指保护数据库以防止不合法的使用所造成的数据泄漏、更改或破坏。Oracle 12c 作为大型分布式的网络数据库系统，在数据库系统存放有大量为许多用户共享的数据，其安全性问题更为突出。下面我们就来了解一下 Oracle 12c 保证数据库的安全性的体系结构和安全机制。

13.1.1 Oracle 12c 的安全性体系

Oracle 12c 的安全性体系包括以下几个层次：
（1）物理层的安全性
数据库所在节点必须在物理上得到可靠的保护。
（2）用户层的安全性
哪些用户可以使用数据库，使用数据库的哪些对象，用户具有什么样的权限等。
（3）操作系统的安全性
数据库所在的主机的操作系统的弱点将可能提供恶意攻击数据库的入口。

（4）网络层的安全性

Oracle 12c 主要是面向网络提供服务，因此，网络软件的安全性和网络数据传输的安全性是至关重要的。

（5）数据库系统层的安全性

通过对用户授予特定的访问数据库对象的权利的办法来确保数据库系统的安全。在 Oracle 12c 中包括角色、系统权限、对象权限和概要文件等内容，通常所说的 Oracle 12c 的安全性就是指数据库系统层的安全性。

13.1.2 Oracle 12c 的安全性机制

Oracle 数据库系统层的安全机制可以分为两种：系统安全机制和数据安全机制。这两种机制的侧重点有所不同，下面将对其进行简单介绍。

1. 系统安全性机制

系统安全性机制是指在系统级控制数据库的存取和使用的机制，Oracle 12c 提供的系统安全性机制的作用包括以下几个方面。

- 防止未授权的数据库存取，必须是有效的用户名/口令的组合并被授权的用户才能连接数据库。
- 防止未授权用户对数据库对象的存取，对合法用户授予相应的方案对象的各种权限才能进行存取操作。
- 控制对磁盘的使用，用户可用的表空间及分配的空间数量。
- 控制对系统资源的使用，控制用户使用 CPU 时间、磁盘 I/O 等。
- 对用户的动作进行审计，将用户对数据库实施的操作记录下来供管理员分析使用。

2. 数据安全性机制

数据安全性机制是指在对象级控制数据库的存取和使用的机制，Oracle 12c 提供的数据安全性机制的作用包括以下几个方面：

- 用户可存取某一指定的方案对象。
- 在对象上允许进行哪些操作。

提示

上述内容只是介绍了 Oracle 12c 中安全性管理的机制，后面内容将介绍实现这些安全性机制的主要手段。

13.2 用户管理

标识用户是 Oracle 数据库管理的最基本要求之一。每个连接到数据库的用户必须是系统的合法用户。用户要想使用 Oracle 的系统资源（如数据、对象等），就必须提供用户名和密码，这样才能访问与账户关联的资源。每个用户必须有一个密码，并且只能和数据库中的一个模式相关联。

本节将给出创建、改变和删除用户的示例。

13.2.1 创建用户

创建用户可以采用 CREATE USER 命令来完成。下面是 CREATE USER 命令的语法。

```
CREATE USER username IDENTIFIED BY password
      OR IDENTIFIED EXTERNALLY
      OR IDENTIFIED GLOBALLY AS 'CN=user'
[DEFAULT TABLESPACE tablespace]
[TEMPORARY TABLESPACE temptablespace]
[QUOTA [integer K[M]] [UNLIMITED] ON tablespace]
[PROFILES profile_name]
[PASSWORD EXPIRE]
[ACCOUNT LOCK or ACCOUNT UNLOCK]
```

其中，部分选项的说明如下：

- username：用户名，一般由字母、数字和"#"及"_"构成，长度不超过 30。
- password：用户口令，一般由字母、数字和"#"及"_"构成。
- IDENTIFIED EXTERNALLY：表示用户名在操作系统下验证，这个用户名必须与操作系统中所定义的相同。
- IDENTIFIED GLOBALLY AS 'CN=user'：用户名由 Oracle 安全域中心服务器来验证，CN 名称表示用户的外部名。
- DEFAULT TABLESPACE tablespace：默认的表空间。
- TEMPORARY TABLESPACE temptablespace：默认的临时表空间。
- [QUOTA [integer K[M]] [UNLIMITED] ON tablespace]：用户可以使用的表空间的字节数。
- PROFILES profile_name：资源文件的名字。
- PASSWORD EXPIRE：立即将口令设置为过期状态，用户再登录进入前必须修改口令。
- ACCOUNT LOCK or ACCOUNT UNLOCK：用户是否被加锁，默认的是不加锁。

下面通过具体实例来介绍如何创建用户。

（1）创建用户，指定默认表空间和临时表空间

【例 13-1】创建用户名为 c##king01，口令为 king01，默认表空间为 users，临时表空间为 temp 的用户。

程序如下：

```
create user c##king01 identified by king01
    default tablespace users
    temporary tablespace temp;
```

程序执行结果如图 13.1 所示。

图 13.1 例 13-1 运行结果示意图

有时为了避免用户在创建表或索引对象时占用过多的空间，可以配置用户在表空间上的磁盘限额。

（2）创建用户，并配置磁盘限额

【例 13-2】创建用户名为 c##king02，口令为 king02，默认表空间为 users，临时表空间为 temp 的用户，并且不允许该用户使用 system 表空间。

程序如下：

```
create user c##king02 identified by king02
    default tablespace users
    temporary tablespace temp
    quota 0 on system;
```

程序执行结果如图 13.2 所示。

图 13.2 例 13-2 运行结果示意图

（3）创建用户，并配置用户在指定表空间上不受限制

【例 13-3】创建用户名为 c##king03，口令为 king03，默认表空间为 users，并且该用户使用 users 表空间不受限制。

程序如下：

```
create user c##king03 identified by king03
    default tablespace users
    quota unlimited on users;
```

程序执行结果如图 13.3 所示。

图 13.3　例 13-3 运行结果示意图

除非将一些基本的权限授予新的账户，否则账户甚至不可以登录。因此，至少需要授予 CREATE SESSION 权限或 CONNECT 角色。对于 Oracle Database 10g 版本及更早的版本，CONNECT 角色包含 CREATE SESSION 权限以及其他基本权限，例如 CREATE TABLE 和 ALTER SESSION。从 Oracle Database 10g 版本 2 开始，CONNECT 角色只有 CREATE SESSION 权限，因此不提倡通过给用户赋予 CONNECT 角色使用户获得 CREATE SESSION 和 CREATE TABLE 权限。

（4）使用户获得 CREATE SESSION 和 CREATE TABLE 权限

【例 13-4】将 CREATE SESSION 和 CREATE TABLE 权限授予 c##king01。

程序如下：

```
grant create session, create table to c##king01;
```

程序执行结果如图 13.4 所示。

图 13.4　例 13-4 运行结果示意图

在创建用户时，还需要注意以下几个方面的事项：

● 初始建立的数据库用户没有任何权限，不能执行任何数据库操作。

● 初始建立的数据库用户没有任何权限，所以为了使用户可以连接到数据库，必须为其授予 CREATE SESSION 权限。

● 如果建立数据库用户时不指定 TEMPORARY TABLESPACE 子句，Oracle 会将数据库默认临时表空间作为用户的临时表空间。

● 如果建立数据库用户时不指定 DEFAULT TABLESPACE 子句，Oracle 会将 SYSTEM 表空间作为用户默认的表空间。

● 如果建立数据库用户时没有为表空间指定 QUOTA 子句，那么用户在特定的表空间的配额为 0，用户将不能在相应的表空间上建立数据对象。

13.2.2 修改用户

通常，可以使用 alter user 命令来改变用户的特征，alter user 命令的语法基本等同于 create user 命令的语法。

【例 13-5】将用户 c##king01 在 USERS 表空间的限额改为 500MB。

程序如下：

```
alter user c##king01
    default tablespace users
    quota 500M on users;
```

程序执行结果如图 13.5 所示。

图 13.5　例 13-5 运行结果示意图

13.2.3 删除用户

可以使用 drop user 命令来删除用户。此命令唯一的参数是需要删除的用户名以及 cascade 选项。如果没有使用 cascade 选项，则必须显式删除该用户拥有的任何对象，或将这些对象转移到另一个模式。

【例 13-6】删除用户 c##king01，如果 c##king01 拥有任何对象，也自动删除这些对象。

程序如下：

```
drop user c##king01 cascade;
```

程序执行结果如图 13.6 所示。

图 13.6　例 13-6 运行结果示意图

13.2.4 查询用户

大量数据字典视图都包含与用户和用户特征相关的信息。表 13.1 列出了最常见的视图和表。通过查询这些表，可以获得用户信息。

表 13.1 与用户相关的数据字典视图和表

数据字典视图	说明
DBA_USERS	包含用户名、加密的密码、账户状态以及默认的表空间
DBA_TS_QUOTAS	用户和表空间的磁盘空间利用率以及限制，针对其限额不是 UNLIMITED 的用户
DBA_PROFILES	可以赋予用户的配置文件，这些用户具有赋予配置文件的资源限制
USER_HISTORY$	具有用户名、加密密码和时间戳的密码历史记录。如果将初始参数 RESOURCE_LIMIT 设置为 TRUE，则用于实施密码重用规则，使用 alter profile 参数 password_reuse_* 可以限制密码重用

【例 13-7】通过查询数据表 DBA_USERS 来获取用户 c##KING03 的信息。
程序如下：

```
select   USERNAME, USER_ID,PASSWORD   from   DBA_USERS where username = 'C##KING03';
```

程序执行结果如图 13.7 所示。

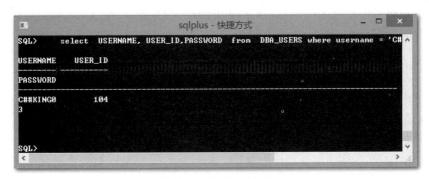

图 13.7 查询用户信息

13.3 虚拟专用数据库

虚拟专用数据库（Virtual Private Database，VPD）将服务器实施的细粒度访问控制和安全应用程序上下文结合起来。支持上下文的函数返回一个谓词，即 where 子句，该子句自动附加到所有的 select 语句或其他 DML 语句。换句话说，由 VPD 控制的表、视图、同义词上的 select 语句将根据 where 子句返回行的子集，该子句由通过应用程序上下文生效的安全策略函数自动生成。VPD 的主要组成部分是行级别的安全性（RLS），也称为"细粒度的访问控制（FGAC）"。

由于 VPD 在语句解析期间透明地生成谓词，因此无论用户是否正在运行特别的查询、检索应用程序中的数据或查看 Oracle Forms 中的数据，都可以一致地实施安全策略。Oracle 可以使用索引、视图和并行操作来优化查询，而以其他的方式则不能够进行优化。这相对于使用应用程序或其他方式过滤结果的查询，使用 VPD 可能会产生较少的系统开销。

提 示

Oracle 服务器在解析时将谓词应用于语句，所以应用程序不需要使用特殊的表、视图等来实现该策略。

从维护的角度来看，安全策略可以在安全函数中定义，使用角色和权限很难创建这种安全函数。类似地，应用程序服务器提供商（Application Server Provider，ASP）可能只需要建立一个数据库来为相同应用程序的多个客户服务，使用 VPD 策略来确保一个顾客的雇员只可以查看他们自己的数据。DBA 可以使用少量的 VPD 策略维护一个较大的数据库，而不是针对每个客户都使用一个单独的数据库。

使用列级别的 VPD，DBA 可以约束对表中特定列的访问。查询返回相同数量的行，但如果用户的上下文不允许访问列，则在约束的列中返回 NULL 值。

VPD 策略可以是静态的、上下文相关的或动态的，它们可以极大地改进性能，因为它们不需要在每次运行查询时调用策略函数，这是由于在会话中将其缓存以方便以后使用。使用上下文相关的策略时，如果应用程序上下文改变，则在语句解析时调用策略函数。例如，实施"雇员只可以看到他们自己的薪水历史记录，但经理可以看到他们雇员的所有薪水情况"这种业务规则的策略。如果执行语句的雇员没有改变，就不需要再次调用策略函数，从而减少由于 VPD 策略实施而产生的系统开销量。

可以使用 create context 命令创建应用程序上下文，并且使用程序包 DBMS_RLS 管理 VPD 策略。下面将详细介绍这些函数，并且使用在 Oracle 数据库安装期间提供的示例模式来创建一个 VPD 示例。

13.3.1 基于行的 VPD

1. 应用程序上下文

使用 create context 命令，可以创建应用程序定义的属性名称，这些属性用于实施安全策略。此外，还可以定义函数和过程的程序包名称，这些函数和过程用于设置用户会话的安全上下文。

```
--创建上下文
create context hr_security using vpd.emp_access;
```

```
--创建程序包
create or replace package emp_access as
procedure set_security_parameters;
end;
```

在该示例中，上下文名称是 HR_SECURITY，用于在会话期间为用户建立特征或属性的程序包名称为 EMP_ACCESS。在登录触发器中调用过程 SET_SECURITY_PARAMETERS，因为上下文 HR_SECURITY 只绑定到 EMP_ACCESS，因此没有其他的过程可以改变会话属性。这可以确保在连接到数据库后用户或任何其他进程都不可以改变安全的应用程序上下文。

在用于实现应用程序上下文的典型程序包中，使用内置的上下文 USERENV 来检索有关用户会话自身的信息。

例如，下面对 SYS_CONTEXT 的调用将检索数据库会话的用户名和 IP_ADDRESS。

```
declare
    username    varchar2(30);
    ip_addr     varchar2(30);
begin
    username := SYS_CONTEXT('USERENV','SESSION_USER');
    ip_addr  := SYS_CONTEXT('USERENV','IP_ADDRESS');
end;
```

类似地，可以在 SQL select 语句中使用 SYS_CONTEXT 函数：

```
SQL> select SYS_CONTEXT('USERENV','SESSION_USER') username from dual;
USERNAME
------------------------
KING01
```

使用 USERENV 上下文和数据库中授权信息的一些组合，可以使用 DBMS_SESSION. SET_CONTEXT，将值赋予所创建的应用程序上下文中的参数：

```
dbms_session.set_context('HR_SECURITY','SEC_LEVEL','HIGH');
```

在该示例中，应用程序上下文变量 SEC_LEVEL 在 HR_SECURITY 上下文中设置为 HIGH。可以根据不同的条件来分配该值，如根据用户 ID 来分配安全级别的映射表。

为了确保针对每个会话设置上下文变量，可以使用登录触发器来调用与该上下文关联的过程。前面提及，在分配的程序包中只可以设置或改变上下文中的变量。下面是一个示例登录触发器，该触发器调用过程以建立上下文：

```
create or replace trigger vpd.set_security_parameters
    after logon on database
    begin
        vpd.emp_access.set_security_parameters;
    end;
```

在该示例中，过程 SET_SECURITY_PARAMETERS 将需要调用 DBMS_SESSION. SET_CONTEXT。

2．安全策略实现

示例模式正常工作后，就可以建立安全环境，下一步就是定义用于生成谓词的函数，这些谓词将附加到受保护表的每个 select 语句或 DML 命令。用于实现谓词生成的函数有两个参数：对象的拥有者、对象的名称。一个函数只可以处理一种操作类型的谓词生成，例如 select，或者适用于所有的 DML 命令，这取决于该函数如何关联受保护的表。下面的示例显示了包含两个函数的程序包主体：一个函数将用于控制 select 语句中的访问，另一个函数将用于任何其他的 DML 语句。

```
create or replace package body get_predicates is
    function emp_select_restrict(owner varchar2, object_name varchar2)
        return varchar2 is
        ret_predicate varchar2(1000);   -- where 子句部分
    begin
        return ret_predicate;
    end emp_select_restrict;
    function emp_dml_restrict(owner varchar2, object_name varchar2)
        return varchar2 is
        ret_predicate varchar2(1000);   -- where 子句部分
    begin
        return ret_predicate;
    end emp_dml_restrict;
end; -- package body
```

每个函数返回一个包含表达式的字符串，该表达式被添加到 select 语句或 DML 命令的 where 子句。用户或应用程序永远不会看到这个 WHERE 子句的值，它在解析时自动添加到该命令。

开发人员必须确保这些函数总是返回有效的表达式。否则，任何对受保护表的访问总会失败。

3．使用 DBMS_RLS

内置的程序包 DBMS_RLS 包含大量子程序，DBA 使用这些子程序维护与表、视图和同义词关联的安全策略。需要创建和管理策略的用户都必须被授予程序包 SYS.DBMS_RLS 上的 EXECUTE 权限。

我们将要用到的是一个最常用的子程序 ADD_POLICY，ADD_POLICY 的语法如下：

```
DBMS_RLS.ADD_POLICY
(
    object_schema          IN   varchar2 null,
    object_name            IN   varchar2,
    policy_name            IN   varchar2,
    function_schema        IN   varchar2 null,
    policy_function        IN   varchar2,
    statement_types        IN   varchar2 null,
    update_check           IN   boolean false,
```

```
    enable                          IN    boolean true,
    static_policy                   IN    boolean false,
    policy_type                     IN    binary_integer null,
    long_predicate                  IN    in boolean false,
    sec_relevant_cols               IN    varchar2,
    sec_relevant_cols_opt           IN    binary_integer null
);
```

其中，参数说明如下：

● object_schema：包含由策略保护的表、视图或同义词的模式。

● object_name：由策略保护的表、视图或同义词的名称。

● policy_name：添加到该对象的策略的名称。

● function_schema：拥有策略函数的模式。

● policy_function：函数名称，该函数为针对 object_name 的策略生成谓词。如果函数是程序包的一部分，则在此处必须也指定程序包名，用于限定策略函数名。

● statement_types：应用策略的语句类型。

● update_check：对于 INSERT 或 UPDATE 类型，该参数是可选项，它默认为 FALSE。如果该参数为 TRUE，则对 INSERT 或 UPDATE 语句也要检查该策略。

● enable：该参数默认为 TRUE，表明添加该策略时是否启用它。

● static_policy：如果该参数为 TRUE，该策略为任何访问该对象的人产生相同的谓词字符串，除了 SYS 用户或具有 EXEMPT ACCESS POLICY 权限的任何用户。该参数的默认值为 FALSE。

● policy_type：如果该值不是 NULL，则覆盖 static_policy。

● long_predicate：该参数默认为 FALSE。如果它为 TRUE，谓词字符串最多可为 32KB。否则，限制为 4000B。

● sec_relevant_cols：实施列级别的 VPD，只应用于表和视图。在列表中指定受保护的列，使用逗号或空格作为分隔符。

● sec_relevant_cols_opt：允许在列级别 VPD 过滤查询中的行出现在结果集中，敏感列返回 NULL 值。该参数的默认值为 NULL，如果不是默认值则需指定 DBMS_RLS.ALL_ROWS，用于显示敏感列为 NULL 的所有列。

提示

如果不介意用户看到行的部分内容，仅仅屏蔽包含机密信息的列，例如 Social Security Number（社会保障号）或薪水情况，则使用参数 sec_relevant_cols 非常方便。在本章后面的示例中，将根据定义的第一个安全策略对公司大多数雇员过滤敏感数据。

在下面的程序中，将名为 EMP_SELECT_RESTRICT 的策略应用于表 HR.EMPLOYEES。模式 VPD 拥有策略函数 get_predicates.emp_select_restrict，该策略显式地应用于表上的 SELECT 语句。

```
DBMS_RLS.ADD_POLICY(
        object_schema       => 'HR',
        object_name         => 'EMPLOYEES',
        policy_name         => 'EMP_SELECT_RESTRICT',
        function_schema     => 'VPD',
        policy_function     => 'get_predicates.emp_select_restrict',
        statement_types     => 'SELECT',
        enable => TRUE
);
```

因为没有设置 static_policy，它默认为 FALSE，这意味着该策略是动态的，并且在每次解析 select 语句时检查该策略。

使用子程序 ENABLE_POLICY 是临时禁用策略的一种简单方法，并且不需要在以后将策略重新绑定到表：

```
dbms_rls.enable_policy
(
    object_schema => 'HR',
    object_name => 'EMPLOYEES',
    policy_name => 'EMP_SELECT_RESTRICT',
    enable => FALSE
);
```

如果为相同的对象指定多个策略，则在每个谓词之间添加 AND 条件。如果需要在多个策略的谓词之间使用 OR 条件，则很可能需要修订策略。每个策略的逻辑需要整合到一个策略中，该策略在谓词的每个部分之间具有 OR 条件。

4. 创建 VPD

下面我们将通过一个实例来说明如何创建一个 VPD。在实例中我们将用到与 Oracle 12c 一起安装的示例模式，主要是用到了该实例模式中的一个数据表 HR.EMPLOYEES，该数据表中存储着公司所有雇员的信息。为了实现不同雇员在查询表中数据时，系统能够自动根据雇员地位和所属部门对查询进行限制（例如，部门经理可以查看本部门所有雇员信息，但不能查询其他部门雇员信息；普通雇员只能查询自己的信息，不能查询其他雇员信息），我们可以通过建立一个 VPD 的方法来做到这一点。

13.3.2 基于列的 VPD

为了实施只有 HR 雇员可以看到薪水信息的需求，需要稍微修改策略函数，启用具有列级别约束的策略：

```
DBMS_RLS.ADD_POLICY(
        object_schema       => 'HR',
        object_name         => 'EMPLOYEES',
        policy_name         => 'EMP_SELECT_RESTRICT',
        function_schema     => 'VPD',
        policy_function     => 'get_predicates.emp_select_restrict',
```

```
        statement_types      => 'SELECT',
        enable => TRUE,
        sec_relevant_cols => 'SALARY',
        sec_relevant_cols_opt => dbms_rls.all_rows
);
```

参数 SEC_RELEVANT_COLS_OPT 指定程序包常量 DBMS_RLS.ALL_ROWS，用于表明仍然希望看到查询结果中的所有行，但是具有返回 NULL 值的相关列（在当前情况中是 SALARY）。否则，将不会看到包含 SALARY 列的查询中的任何行。

13.4　透明数据加密（TDE）

数据加密可以增强数据的保密性和安全性。数据库用户可能具有访问表中大多数列的合法需求，但如果对其中一列进行加密，并且用户不知道加密密钥，则无法使用相关的信息。同样的问题也适用于需要通过网络安全发送的信息。

可以采用两种方法进行数据加密：一种方法是使用程序包 DBMS_CRYPTO；另一种方法是透明数据加密，这种方法以全局方式存储加密密钥，并包含加密整个表空间的方法。本节重点介绍的是透明数据加密方法。透明数据加密是一种基于密钥的访问控制系统，它依赖于外部模块实施授权。包含加密列的每个表都有自己的加密密钥，加密密钥又由为数据库创建的主密钥来加密，加密密钥以加密方式存储在数据库中，但主密钥并不存储在数据库中。重点要强调的是"透明"这一术语——当访问表中或加密表空间中的加密列时，授权用户不必指定密码或密钥。

下面我们通过一个完整的实例来说明如何进行透明数据加密。

13.4.1　创建 Oracle Wallet

通过程序创建并维护 Wallet：

Step 1 创建 Wallet。创建 Wallet 并设置密钥的程序如下。

```
SQL> alter system set encryption key identified by "zzuli";
```

> **提　示**
>
> 将 Wallet 密钥放在双引号中，这一点非常重要。如果不将 Wallet 密钥用双引号引起来，则密码将映射所有小写字母，Wallet 将不处于打开状态。

Step 2 打开 Wallet。数据库实例被停机并重新启动之后，如果此任务未以其他方式自动化，则需要使用 alter system 命令打开 Wallet，程序如下。

```
SQL> alter system set encryption wallet open identified by "zzuli";
```

Step 3 关闭 Wallet。通过关闭 Wallet，随时可以毫不费力地禁用对数据库中所有加密列的访问，程序如下。

```
SQL> alter system set encryption wallet close;
```

13.4.2 加密表

可以加密一个或多个表的一列或多列（不能加密 SYS 所拥有的对象），具体做法是，在 create table 命令中的列的数据类型后面添加 encrypt 关键字；或者是在已存在列的列名后面添加 encrypt 关键字。

13.4.3 加密表空间

已存在的表空间不能加密，要加密已有表空间的内容，则必须用 ENCRYPTION 选项创建一个新的表空间，并将已有的对象复制或移动到新的表空间。Oracle 企业管理器可以很容易地创建一个新的加密表空间。

> 提 示
>
> Wallet 必须处于打开状态才能创建加密的表空间。

由于表空间中至少要有一个数据文件，所以必须为表空间增加数据文件。

13.5 对备份进行加密

备份加密，即对备份出来的文件采用一定的加密算法，防止备份文件被拷贝到别的地方随意恢复。采用加密方法的备份，如果在异地还原的话，需要提供正确的密码才能做到。对备份进行加密的方法主要有以下几种：透明加密模式、基于密码的加密模式和混合加密模式。

13.5.1 透明加密模式

这种方法不需要设置密码，很适合在本地的备份与恢复，如果备份不需要传到其他的机器上，建议采用这样的加密方法。

在开始使用透明数据加密特性之前，需要在数据库中进行设置。在之前的 Oracle 版本中，最简单的方法就是通过 Oracle Wallet Manager utility 设置这个"wallet"文件。在 Oracle 数据库 12c 中这个设置非常简单，因为现在只需要在数据库的网络配置文件中添加合适的配置目录即可。配置步骤如下：

Step 1 配置 SQLNET.ORA，设置加密方式与文件地址。

```
ENCRYPTION_WALLET_LOCATION=(SOURCE=(METHOD=FILE)(METHOD_DATA=(DIRECTORY=D:ora
datawallet)))
```

Step 2 创建 wallet，包括设置密码、生成信任文件、并启动 wallet。

```
SQL> alter system set encryption key authenticated BY "zzuli";
```

Step 3 用如下方式打开或关闭 wallet，开启加密特性。

打开 wallet。

```
SQL> alter system set wallet open identified by "zzuli";
```

关闭 wallet。

```
SQL> alter system set encryption wallet close;
```

当然，也可以在 RMAN 下用 CONFIGURE 命令配置透明加密。

13.5.2　基于密码的加密模式

基于密码的加密是最简单的加密模式，在备份的时候可通过以下语句设置备份密码，然后备份数据库或对应的表空间、数据文件等。

```
RMAN> set encryption on identified by "mypass" only;
RMAN> backup database;
```

恢复的时候，则需要指定解密的密码。

```
RMAN> set decryption identified by "mypass";
RMAN> restore database;
```

这种方法虽简单，但其存在一缺点，即密码是明文的。

13.5.3　混合加密模式

在透明模式下，启动了 Oracle Encryption Wallet，这样的备份是无法到别的机器上去恢复的。此时，可以通过设置加密的密码，如使用命令"RMAN> set encryption on identified by "mypass""进行加密的密码设置。

对比密码方式，它仅仅是少了 only 关键字，这种情况下，如果在本地备份与恢复，是不需要密码的，如果是在异地恢复（如在别的机器上恢复该备份），只需要设置解密的密码即可。

```
RMAN> set decryption on identified by "mypass";
RMAN> restore database;
```

第三种方式是前面两种方式的混合模式。

第14章

留言板系统

本章将介绍如何使用 Oracle 12c 技术和 JSP 技术开发一个留言板系统。留言板是一种最为简单的网络论坛。借助留言板，用户可以以粘贴留言的方式给管理员、版主或其他用户进行留言或提问。留言板系统因其使用方便、操作简单而受到很多人的青睐，富有很强的生命力。

本章主要介绍留言板系统的设计思路和制作过程，重点介绍了如何实现用户添加和查看留言功能，以及如何实现管理员回复和删除留言等功能。系统利用 Oracle 12c 数据库存储用户留言和管理员信息等数据，利用 JSP 技术从数据库提取数据，从而实现留言的动态显示和及时更新。

通过对该实例的学习，读者可以熟悉留言板系统的开发和设计过程。

14.1 系统概述

14.1.1 留言板系统的应用背景

随着互联网技术的发展，网络信息资源也不断的丰富，而以动态性和交互性为特征的网络论坛是当中最丰富、最开放和最自由的网络信息资源，是最受欢迎的一种信息交流的方式，而留言板实际上就是一种最为简单的网络论坛系统。

目前实现留言板功能的技术工具有很多种，主要有 JSP、ASP 和 ASP.NET，其中 JSP 在技术上居于领先地位，也必将成为将来网络开发的趋势。

留言板上的信息具有范围广、内容杂、动态变化性强等特点，但是它最重要的特点是交互性。交互性是指用户能够参加到信息的交流过程中来，可发布自己的信息并且得到其他用户的反馈，这是网络论坛信息最基本和最重要的特征。

14.1.2 留言板系统的总体需求

留言板系统主要是实现前台的添加留言、浏览留言，后台的浏览留言、回复留言、删除留言以及修改管理员密码等功能的系统。留言板系统常常作为一个门户网站的子系统存在。本章的留言板系统将选取一些比较典型的功能加以实现。

留言板提供网站访客的留言功能，它接收访问者输入的信息，将其存入网站数据库，并且通过 Web 页面将访客的留言显示出来。因此一个留言板可以分为提交留言和显示留言两部分。

提交留言功能将数据存入数据库，显示留言功能将数据库中的信息显示于页面上。为简单起见，下面我们仅考虑提交留言和显示留言这两个最基本的模块，而不考虑诸如用户注册、管理员维护等功能，那么我们得到一个最基本的留言板，可用图 14.1 来表示其结构。

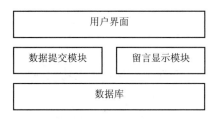

图 14.1 简单留言板结构图

图中的数据提交模块和留言显示模块是整个留言板的核心，它们完成界面和数据库之间的数据处理逻辑。用户界面将用来提供这两个功能与用户之间交互的接口。在本例中，将使用符合 Web 标准的代码来实现用户界面，使用 CSS 来控制界面的样式。

14.1.3 留言板系统的功能分析

系统用户主要有普通用户和管理员两大类。针对上述两类用户分别实现如下的功能：
（1）针对普通用户实现的主要功能（系统前台主要功能）
● 浏览留言。
● 添加留言。
（2）针对管理员实现的主要功能（系统后台主要功能）
● 身份验证。
● 修改密码。
● 发布信息。

- 回复留言。
- 删除留言。

14.1.4 留言板系统的设计思路

该留言板的设计思路为：

（1）页面模块化

本实例把页面中一些常用的部分集成为模块，例如页面的头和尾部，这样设计新的页面时如果有重复出现的部分，只需要拿现成的模块来组装就可以了。

（2）网页活动配置

形象页是由一整张图片切割而成的，然后在相应的位置加上链接，要在什么位置显示什么，在什么位置进行切割，无法形成规律，所以此页面的设计思想为：利用原有的图片，在配置时进行链接地址的配置，即可以对需要进行链接的图片指定链接的地址。

14.2　系统功能模块设计

14.2.1 系统框架

我们把留言板系统分成了系统支持层、系统功能层和决策层，系统框架图如图 14.2 所示。

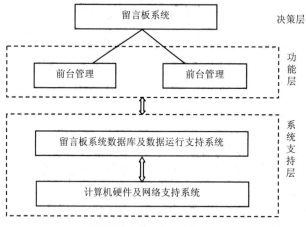

图 14.2　系统框架图

其中：系统支持层是系统运行所必需的软硬件环境；功能层是系统已经具备的功能模块集合；决策层辅助管理人员进行决策。本文主要讨论的是功能层的设计与实现。

14.2.2 系统功能模块划分

根据 14.1.3 节中的系统功能分析，可以给出系统的功能模块图。系统功能模块图如图 14.3 所示。

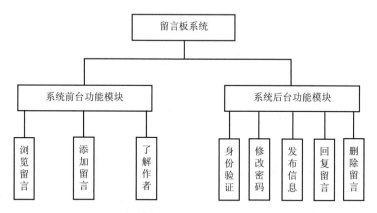

图 14.3　系统功能模块图

14.3　数据库设计

数据库技术是信息资源管理最有效的手段。数据库设计是指对于一个给定的应用环境，构造最优的数据库模式，建立数据库及其应用系统，有效存储数据，满足用户信息要求和处理要求。数据库结构设计的好坏将直接对应用系统的效率及实现的效果产生影响。合理的数据库结构设计可以提高数据存储的效率，保证数据的完整和一致。设计数据库系统时应该充分了解用户各个方面的需求，包括现有的及将来可能增加的需求。数据库设计一般包括如下几个方面。

- 数据库需求分析。
- 数据库概念结构设计。
- 数据库逻辑结构设计。
- 数据库实施（数据库表的创建）。

14.3.1 数据库需求分析

由于本系统面向的用户有两大类，即普通用户和管理员。所以进行数据库需求分析时必须要考虑到这两方面的因素。

对于普通用户来说，他们所关心的就是留言的浏览、留言的添加。

- 用户可以查看留言。
- 用户可以添加留言。

对于管理员来说，他们所关心的是信息的发布、留言的查看、留言的回复。针对管理员可以总结出如下的需求信息。

- 信息发布。
- 回复留言。
- 删除留言。
- 修改密码。

经过上述系统功能分析和需求总结，考虑到将来功能上的扩展，设计如下的数据项和数据结构。

- 管理员信息，数据项包括：账号、密码等信息。
- 留言信息，数据项包括：流水号、留言人姓名、留言时间、留言内容、邮箱地址、QQ 号码等信息。

14.3.2 数据库概念结构设计

根据 14.3.1 节中的分析结果，可以设计出能够满足用户需求的各种实体，以及它们之间的关系，为后面的逻辑结构设计打下基础。这些实体包含各种具体信息，通过它们相互之间的作用形成数据的流动。

本实例根据上面的设计规划出的实体有：管理员实体、留言实体、普通用户实体。

实体之间的 E-R 图如图 14.4 所示。

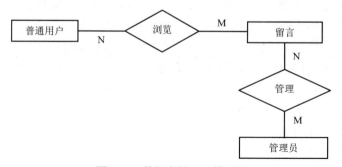

图 14.4　数据库的 E-R 模型图

管理员实体图如图 14.5 所示。

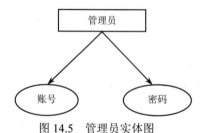

图 14.5　管理员实体图

由于系统不准备单独记录普通用户的信息，所以我们把留言实体和留言人实体（普通用户）合并成一个实体，即留言实体，如图 14.6 所示。

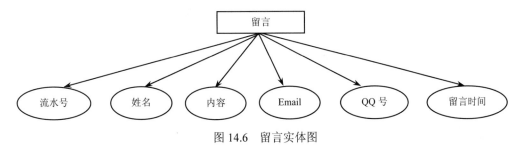

图 14.6 留言实体图

14.3.3 数据库逻辑结构设计

数据库的概念结构设计完毕后，现在可以将上面的数据库概念结构转化为某种数据库系统所支持的实际数据模型，也就是数据库的逻辑结构。根据数据量的大小不同，系统可以使用不同的数据库。本系统使用的是 Oracle 12c 数据库。Oracle 12c 数据库功能强大，使用方便，数据存储量比较大，安全性也比较高。

留言系统的数据库中各个表的设计结果以表格的形式展现。其中，每个表格表示数据库中的一个用户表。

管理员表主要用于保存后台管理员信息，表结构如表 14.1 所示。

表 14.1 管理员表（admins）

字段名	数据类型	长度	主键/否	描述
ADMINID	varchar2	20	是	管理员账号
ADMINPASSWORD	varchar2	12		管理员密码

留言表主要用于保存留言信息和留言人信息，表结构如表 14.2 所示。

表 14.2 留言表（liuyan_temp）

字段名	数据类型	长度	主键/否	描述
ID	number	6	是	序号
XM	varchar2	20		姓名
IP	varchar2	20		IP 地址
EMAIL	varchar2	100		Email 地址
QQ	varchar2	20		QQ 号码
CONTENT	varchar2	600		留言内容
SJ	date	7		留言时间

14.3.4 数据库表的创建

数据库的逻辑结构设计完毕后，就可以开始创建数据库和数据表了。

1. 创建数据库

首先，编写一个创建数据库的 SQL 文件，保存为 createDB.sql，其内容如下：

```
Create database GUESTBOOK
maxinstances 4
maxloghistory 1
maxlogfiles 16
maxlogmembers 3
maxdatafiles 10
logfile group 1 'e:\oracle\oradata\guestbook\redo01.log' size 10M,
group 2 'e:\oracle\oradata\guestbook\redo02.log' size 10M
datafile 'e:\oracle\oradata\guestbook\system01.dbf' size 50M
autoextend on next 10M extent management local
sysaux datafile 'e:\oracle\oradata\guestbook\sysaux01.dbf' size 50M
autoextend on next 10M
default temporary tablespace temp
tempfile 'e:\oracle\oradata\guestbook\temp.dbf' size 10M autoextend on next 10M
undo tablespace UNDOTBS1 datafile 'e:\oracle\oradata\guestbook\undotbs1.dbf' size 20M
character set ZHS16GBK
national character set AL16UTF16
user sys identified by sys
user system identified by system
```

然后，调用该文件创建数据库 GUESTBOOK。

```
sql>@C:\createDB.sql;
```

这样我们就成功创建了数据库 GUESTBOOK。

2. 创建数据表

首先，编写一个创建数据表的 SQL 文件，保存为 createTable.sql，其内容如下：

```
//管理员表
CREATE TABLE ADMINS (
    ADMINID varchar2 (20) not null primary key,
    ADMINPASSWORD varchar2 (12)
) ;
//留言表
CREATE TABLE LIUYAN_TEMP (
    ID number(6) not null primary key,
    XM varchar2 (20),
    IP varchar2 (20),
    EMAIL varchar2 (100),
    QQ varchar2 (20),
    CONTENT varchar2 (600),
    SJ date not null
) ;
```

然后，调用该文件创建数据表。

sql>@C:\createTable.sql;

这样我们就成功创建了系统所需要的所有数据表。

14.3.5 数据库的连接

数据库生成后就要与网页建立动态链接。系统为方便起见，将数据库接口语句写在了一个 Java 文件里面，凡是涉及数据库操作的 Java 只要继承这个 Java 就行了。数据库接口语句源代码如下所示。

```java
/*************************JDBC.java****************************/
package guestbook;
//引入包
import java.sql.*;
//创建类 jdbc
public class jdbc {
  public jdbc() {}
  Connection conn = null ;        //初始化连接对象
  //初始化数据库用户名和密码:
    String UserId = "dbuser01";
 String UserPassword = "123";
//加载驱动程序，并返回连接
public java.sql.Connection getConn(){
    try{
        //加载驱动程序
        Class.forName("oracle.jdbc.driver.OracleDriver ");
        String url="jdbc:oracle:thin:@localhost:1521:guestbook";
        //创建数据库连接
        con=DriverManager.getConnection(url, UserId,UserPassword);
}
    catch(Exception e){
        e.printStackTrace();
      }
    return this.conn ;
  }
}
/*----------------------------------------------------------------*/
```

有了数据库接口语句，我们对数据进行增加、删除、修改、检查的操作的 Java 类都只要继承 JDBC.java 这个父类就可以了，即加上语句 JDBC connection = new JDBC()，这样就可以建立网页与数据库的动态链接了。

14.4 系统主要功能模块的设计与实现

14.4.1 用户登录模块

系统有两类用户：一类是普通用户，另一类是管理员。下面分别介绍他们是如何登录系统的。

1. 普通用户登录

对于普通用户而言系统并没有要求其进行注册，所以只需要输入网站地址就可以登录系统，并进入如图 14.7 所示的主页面。

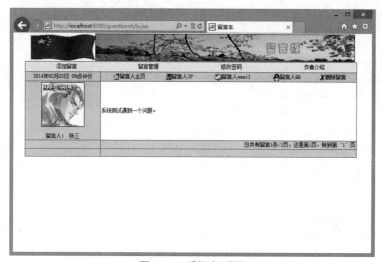

图 14.7 系统主页面

在用户进入主页面的过程中，实际上是先进入到 index.jsp 页面，然后才进入到主页面。index.jsp 具体代码如下：

```
/***********************index.jsp***********************/
<%@ page contentType="text/html; charset=GBK" %>
<html>
<head><title>index</title></head>
<body>
<h1>
<%
//设置 login 属性
session.setAttribute("login","0");
//设置 loginname 属性
session.setAttribute("loginname","");
//进入留言板主页面
```

```
response.sendRedirect("ly.jsp");
%>
</h1></body></html>
/*-----------------------------------------------------------------------------------------*/
```

> **提 示**
>
> index.jsp 主要实现两个功能: 一是设置 session 的值, 用于区分不同类型的用户; 二是引导用户进入系统主页面。

系统主页面提供的主要功能:

（1）分页显示

根据事先设置的每页显示的留言数量对留言进行分页显示。

（2）显示留言

把留言展现到用户面前供用户浏览。

（3）提供导航功能

借助于页面上方的导航栏可以非常容易地进入到"添加留言"、"留言管理"、"修改密码"页面; 借助于每条留言上方的图标和文字描述可以轻松进行留言的回复、留言的删除、查看留言人的 IP 或浏览留言人的个人主页。

和主页面有关的核心代码如下:

```
/**********************ly.jsp*****************************************/
<%@page contentType="text/html; charset=gb2312" language="java" import="java.sql.*" errorPage="" %>
<html><head><title>留言本</title>
<meta http-equiv="Content-Type" content="text/html; charset=gb2312">
<link href="images/web.css" rel="stylesheet" type="text/css">
</head>
<script language="JavaScript">
function openw(url) {   var newwin=window.open(url,"NewWin","toolbar=no,
    resizable=no,location=no,directories=no,status=no,menubar=no,
    scrollbars=no,top=220,left=220,width=500,height=330");
  newwin.focus();
}
function opend(url) {   var newwin=window.open(url,"NewWin","toolbar=no,
    resizable=yes,location=no,directories=no,status=no,menubar=no,
    scrollbars=no,top=100,left=50,width=650,height=350");
  newwin.focus();
}
</script><body leftmargin="0" topmargin="1">
<jsp:useBean id="guestbook" scope="page" class="guestbook.jdbc" />
<%
Connection con = guestbook.getConn() ;          //建立数据库连接
Statement stmt = con.createStatement() ;        //创建 Statement 对象
String sql = "select * from liuyan_temp order by id desc" ;
ResultSet rs = stmt.executeQuery(sql) ;         //执行查询语句
```

```
String pages = request.getParameter("page") ;
  //获得用户选择的页码，根据页码显示记录
int pageInt = 1 ,i=1;
if(pages==null){}else{pageInt = Integer.parseInt(pages);}
while(i<20*(pageInt-1)&&rs.next()){i++ ;}    //通过循环语句遍历整个结果集
%>
<table width="775" border="0" align="center" cellpadding="0" cellspacing="1">
<tr><td align="center"><img src="images/flag.gif" width="160" height="59" border="0"><img
      src="images/logo.gif" width="600" height="59" border="1"></td>
</tr>
<tr><td>
<table width="100%" border="0" cellpadding="2" cellspacing="1" bgcolor="#16831C">
<tr><td colspan="2" bgcolor="#E8FCE2"><div align="center">
    <table width="100%" border="0" cellpadding="1" cellspacing="1">
        <tr><td><div align="center"><a href="#" onClick="return
            opend('ly_new.jsp')">添加留言</a></div></td>
            <td><div align="center"><a href="login.jsp">留言管理</a></div></td>
            <td><div align="center"><a href="#" onClick="return
            opend('ly_modify.jsp')">修改密码</a></div></td>
             <td><div align="center"><a href="#" onClick="return opend('my.jsp')">
             作者介绍</a></div></td>
        </tr>
    </table>
    </div></td></tr>
        <%
        i=0;
        String str = "#E8FCE2",str1="" ;
        java.util.Random rd = new java.util.Random() ;
        while(rs.next()&i<20){
        i++ ;
        String id = rs.getString("id") ;                //获得 ID 列的值
        String sj = rs.getString("sj") ;                //获得 sj 列的值
        String url = rs.getString("url");               //获得 url 列的值
        String ip = rs.getString("ip") ;                //获得 IP 列的值
        String email = rs.getString("email") ;          //获得 email 列的值
        String qq = rs.getString("qq")                  //获得 QQ 列的值
        String content = rs.getString("content") ;      //获得 content 列的值
        String xm = rs.getString("xm") ;                //获得 xm 列的值
         if(str.equals("#E8FCE2")){
         str = "#D1E79E" ;}else{
         str =   "#E8FCE2" ;
         }
        %>
<tr><td width="23%" bgcolor="<%=str%>"><div align="center"><%=sj%></div></td>
     <td width="77%" bgcolor="<%=str%>">
     <table width="100%" border="0" cellpadding="0" cellspacing="0">
```

```
<tr><td> <div align="center"><a href="<%=url%>"><img src="images/HOME.gif"
    alt="个人主页" width="16" height="16" border="0"
    align="absmiddle"></a>留言人主页</div></td>
  <td><div align="center"><img src="images/ip.gif" alt="<%=ip%>" width="13" height="15"
    align="absmiddle">留言人 IP</div></td>
  <td><div align="center"><a href="mailto:<%=email%>"><img
    src="images/EMAIL.gif" alt="<%=email%>" width="16" height="16"
    border="0" align="absmiddle"></a>留言人 email</div></td>
  <td><div align="center"><img src="images/oicq.gif" alt="<%=qq%>" width="16" height="16"
    align="absmiddle">留言人 QQ</div></td>
  <td><div align="center"><a href="del.jsp?id=<%=id%>"><img
    src="images/dele_1.gif" alt="删除" width="14" height="16"
    border="0" align="absmiddle">删除留言</div></a></td>
</tr></table></td>
</tr>
<tr><td align="center" valign="middle" bgcolor="<%=str%>">
  <img src="images/tx/<%=rd.nextInt(30)+1%>.gif" width="100" height="100"><br><br>
  留言人：<%=xm%> </td>
  <td bgcolor="#FFFFFF" style="word-break:break-all">
    <%=content%>
  </td>
</tr>
<%
}
%>
<tr bgcolor="#F9CDBB"><td> </td>
<%
  sql = "select count(*) from liuyan_temp" ; //计算留言表中的记录数量
  rs = stmt.executeQuery(sql) ;
  while(rs.next()) i = rs.getInt(1) ;
%>
  <td><div align="right">总共有留言<%=i%>条/<%=(i+19)/20%>页，
    这是第<%=pageInt%>页，转到第
    <%
    //分页显示，每页显示 20 条留言
    for(int j=1;j<(i+40)/20;j++){
    %>
    <a href="ly.jsp?page=<%=j%>">^<%=j%>^</a>
    <%
    }
    try {
      rs.close();                //关闭结果集
      stmt.close();
      con.close();               //关闭数据库连接
    }
    catch (Exception ex) {
```

```
                }
            %>
            页</div></td>
        </tr>
        <tr>
            <td bgcolor="<%=str%>"> </td>
            <td bgcolor="<%=str%>"> </td>
        </tr>
    </table>
</td>
</tr>
</table>
</body>
</html>
/*------------------------------------------------------------------*/
```

2. 管理员用户登录

管理员可以先以普通用户的身份进入系统，然后通过单击"留言管理"链接进入到管理员登录页面。也可以直接输入网站地址并加上 login.jsp 进入管理员登录页面，如图 14.8 所示。

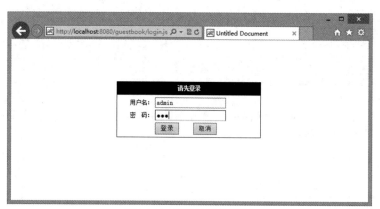

图 14.8　管理员登录页面

为了防止非法用户进入系统，需要对用户的身份进行验证。判断用户账号和密码是否正确，并作出相应处理的页面是 login_in.jsp，该页面的核心代码如下：

```
/*********************login_in.jsp*********************************/
//login_in.jsp 核心代码
<jsp:useBean id="guestbook" scope="page" class="guestbook.jdbc" />
<%
//获得用户输入的账号
String userid = request.getParameter("yhm") ;
//获得用户输入的密码
String userpassword = request.getParameter("yhmm");
```

```
//获得连接
Connection con = guestbook.getConn() ;
Statement stmt = con.createStatement() ;
//以用户输入的用户名和密码为条件到管理员表中查找满足条件的记录个数
String sql = "select count(*) from admins
        where adminID = '"+userid+"' and adminPassword= '"+userpassword+"'" ;
ResultSet rst = stmt.executeQuery(sql) ;        //结果集
int sl =0;
if(rst.next())      sl = rst.getInt(1);          //获得查询结果（满足条件的行数）
//如果 sl 大于 0，表示该用户为合法用户
if (sl > 0)
{
    session.setAttribute("login","1");
    session.setAttribute("loginname",userid);
    response.sendRedirect("ly.jsp?page=1");
}
else
{
    out.println("账号或密码错误!");
%>
    <p><br>
    <a href="login.jsp">重新登录
<%
}
%>
/*----------------------------------------------------------------------------*/
```

提 示

  login_in.jsp 的主要功能，一是判断用户输入的账号和密码是否正确；二是设置 session 的 login 和 loginname 的值，为以后的修改密码和判断是否是管理员功能做准备。

如果用户输入的用户名或密码错误，系统将给出错误提示信息，如图 14.9 所示。

图 14.9　错误提示信息页面

如果用户输入的用户名和密码是正确的，系统进入主页面，如图 14.10 所示。

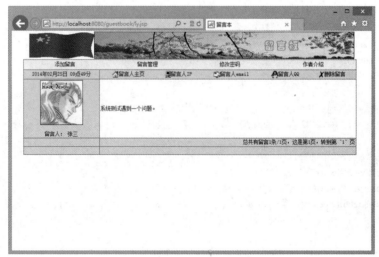

图 14.10　系统主页面

14.4.2　添加留言模块

用户进入主页面后，单击"添加留言"链接即可进入如图 14.11 所示的添加留言页面。

图 14.11　添加留言

信息填写完毕后，单击"提交"按钮，系统首先将用户录入的信息提取出来；然后进行格式转化，转化成后台数据库能够处理的格式；接着，把转化后的信息写入数据库；最后，关闭数据库连接。

执行上述任务的页面是 ly_in.jsp，具体代码如下：

```
/*********************ly_in.jsp**************************/
<%@page contentType="text/html; charset=gb2312" language="java" import="java.sql.*" errorPage="" %>
<html>
<head><title>Untitled Document</title>
<meta http-equiv="Content-Type" content="text/html; charset=gb2312">
</head>
<jsp:useBean id="guestbook" scope="page" class="guestbook.jdbc" />
<%
Connection con = guestbook.getConn() ;                    //建立连接
Statement stmt = con.createStatement() ;
String content = request.getParameter("content") ;        //获得传递过来的 content 的值
    content = guestbook.ex_chinese(content) ;             //进行格式转换
String qq = request.getParameter("qq") ;                  //获得传递过来的 QQ 的值
    qq = guestbook.ex_chinese(qq) ;                       //进行格式转换
String email = request.getParameter("email") ;
    email = guestbook.ex_chinese(email) ;
String url = request.getParameter("url") ;
    url = guestbook.ex_chinese(url) ;
String xm = request.getParameter("yhm") ;
    xm = guestbook.ex_chinese(xm) ;
String msg = "留言成功。" ;
    String sql = "insert into liuyan_temp(url,ip,email,qq,sj,content,xm) values('"+url+"',
        '"+request.getRemoteHost()+"','"+email+"','"+qq+"','"+guestbook.gettime()+"','"+content+"','"+xm+"')" ;
    stmt.executeUpdate(sql) ;                             //执行增加记录的操作
    try {
        stmt.close();
        con.close();                                     //关闭连接
    }
    catch (Exception ex) {
    }
%>
<body>
<p> </p><table border="1" align="center" cellspacing="0" bordercolorlight="000000"
    bordercolordark="FFFFFF" bgcolor="E0E0E0">
  <tr>
    <td> <table border="0" bgcolor="#0066CC" cellspacing="0" cellpadding="2" width="100%">
      <tr>
          <td width="342"><font color="FFFFFF">¤<%=msg%></font></td>
          <td width="18">  </td>
      </tr>
    </table>
    <table border="0" width="100%" cellpadding="4">
      <tr>
          <td width="59" align="center" valign="top"><font face="Wingdings" color="#FF0000"
            style="font-size:32pt">L</font></td>
          <td width="269">
```

```
            <p><%=msg%></p>
            </td>
        </tr>
        <tr>
            <td colspan="2" align="center" valign="top"> <input type="button" name="ok" value="关闭窗口"
                onclick="window.close()">
            </td>
        </tr>
    </table></td>
</tr>
<script language="javascript">
opener.location=opener.location;window.close();
    </script>
    </table>
    </body>
</html>
/*------------------------------------------------------------------------------------*/
```

添加留言成功后的结果如图 14.12 所示，可以发现新增的留言已经出现在主页面中。

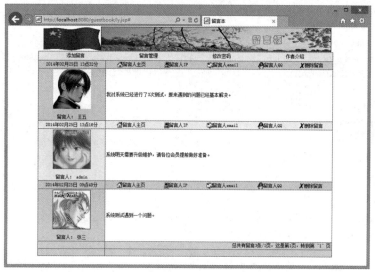

图 14.12   成功添加留言后的结果

14.4.3   回复留言模块

管理员给用户回复留言的方式是根据用户留言时给定的 Email 地址，以给用户发邮件的方式完成留言的回复。这样做的目的是使用户可以及时安全地获得回复，并且还起到了保护个人的隐私作用。

选择某个留言，然后单击该留言上方的"留言人 email"链接，即可进入回复留言页面，如图 14.13 所示。

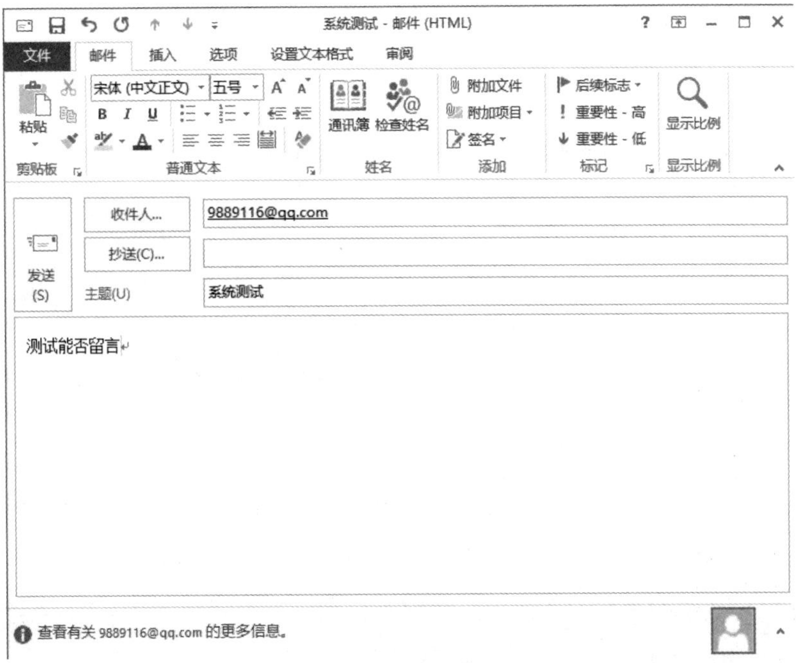

图 14.13　回复留言

在页面中填写信息后，直接单击"发送"按钮即可。

提　示

也允许用户直接通过 email 相互交流，因为某些用户提出的问题可能其他用户非常清楚如何解决，这样可以提高解决问题的效率。

14.4.4　访问留言人主页

选择某个留言，然后点击该留言上方的"留言人主页"链接，即可进入该留言人的个人主页，例如，我们单击留言人王五的个人主页链接（为了保护个人隐私，在系统测试时我们给王五输入的个人主页地址并不是一个真正的个人主页地址），得到结果如图 14.14 所示。

14.4.5　删除留言

首先，选中某个留言。然后单击该留言上方的"删除留言"链接即可删除该留言。删除留言的页面如图 14.15 所示。

图 14.14　留言人主页

图 14.15　删除留言

删除留言，并刷新页面后的结果如图 14.16 所示，可以发现李四的留言不见了。

普通用户无权删除留言，如果普通用户单击了"删除留言"链接，则出现如图 14.17 所示的提示信息页面。

图 14.16　成功删除留言后的结果

图 14.17　提示信息页面

判断用户是否管理员，并进行相应删除操作的 JSP 页面是 del.jsp，其具体代码如下：

```
/***************************del.jsp***************************/
<%@page contentType="text/html; charset=gb2312" language="java"
    import="java.sql.*"   errorPage="" %>
<html>
<head>
<title>Untitled Document</title>
<meta http-equiv="Content-Type" content="text/html; charset=gb2312">
</head>
<jsp:useBean id="guestbook" scope="page" class="guestbook.jdbc" />
<body>
<%
```

```
String login = (String)session.getAttribute("login") ;
if((login=="0") || (login == null)){
    out.println("您不是管理员,不能进行删除操作!");
}else{
Connection con = guestbook.getConn() ;
Statement stmt = con.createStatement() ;
String id = request.getParameter("id") ;
    String sql = "delete from liuyan_temp where id="+id ;
    stmt.executeUpdate(sql) ;
    try {
        stmt.close();
        con.close();
    }
    catch (Exception ex) {
    }
    response.sendRedirect("ly.jsp");
}
%>
</body>
</html>
/*-----------------------------------------------------------------------*/
```

> **提示**
>
> 　　语句<jsp:useBean id="guestbook" scope="page" class="guestbook.jdbc" />中涉及到的java类是 guestbook.jdbc，该类负责加载数据库驱动程序和建立数据库连接。
>
> 　　语句 String login = (String)session.getAttribute("login") 用于获得 session 的 login 值。系统根据获得的 login 值来判断用户是否是管理员。当 login =="0"或 login == null 时用户是普通用户，当 login=="1"时用户为管理员。

14.4.6　修改密码

　　管理员进入主页面后，单击"修改密码"链接即可进入修改密码窗口，如图 14.18 所示。

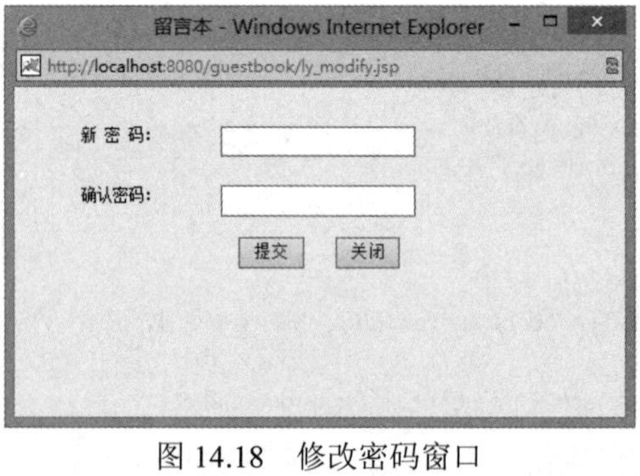

图 14.18　修改密码窗口

　　为了防止用户输入空密码并避免用户输入两个不一致的密码。在页面中我们使用 JavaScript 语句来判断密码和确认密码是否输入、密码和确认密码是否一致，涉及到的核心代码如下：

```
/*********************************************************/
<script  language="javascript">
<!-- Begin validation script
    function checkForm(){
        if(document.form1.mm.value==""){
        alert("请输入新密码！");
        return false;
        }
        if(document.form1.qrmm.value==""){
        alert("请输入确认密码！");
        return false;
        }
        if(document.form1.mm.value != document.form1.qrmm.value){
        alert("密码不一致，请重新输入密码！");
        return false;
        }
        return true;
    }
-->
</script>
/*------------------------------------------------------------------------------*/
```

　　如果用户不输入新密码或确认密码，系统将给出相应的提示信息，如图 14.19 所示。

　　如果用户输入的新密码和确认密码不一致，系统也将给出提示信息，如图 14.20 所示。

图 14.19　输入密码提示信息　　　　　　图 14.20　输入密码不一致提示信息

　　如果用户输入的密码非空，并且两次输入的密码是一致的，那么系统将修改该管理员的密码。修改管理员密码用到的 JSP 文件是 ly_newpwd.jsp，其核心代码如下：

```
/***********************ly_newpwd.jsp*******************/
<jsp:useBean id="guestbook" scope="page" class="guestbook.jdbc" />
<%
    String msg = "";
    String zh = (String)session.getAttribute("loginname") ;
```

```
        String login = (String)session.getAttribute("login") ;
        if((login=="0") || (login == null)){
    msg ="您不是管理员,无法修改密码!";
    }
else{
        Connection con = guestbook.getConn() ;
        Statement stmt = con.createStatement() ;
        String mm = request.getParameter("mm") ;
    mm = guestbook.ex_chinese(mm) ;
    String sql = ""
        sql ="update admins set adminpassword = '"+mm+"' where adminid ='"+zh+"'";
    stmt.executeUpdate(sql) ;
    try {
        stmt.close();
        con.close();
            msg = "修改密码成功!" ;
    }
    catch (Exception ex) {
        }
    }
}
%>
/*------------------------------------------------------------------------------------------*/
```

说 明

　　ly_newpwd.jsp 的主要功能一是获取 session 的 login 和 loginname 的值；二是根据 login 值判断用户是否是管理员；三是以 loginname 为条件修改对应的管理员的密码。

14.5　本章小结

　　一个功能比较完备的留言板系统的实例就构造完毕了。由于篇幅的限制，文中只介绍了部分源代码，不过只要读者理解了这部分内容，是完全有能力理解未讲解的那部分源代码的。

　　本章应用软件工程的设计思想，带领读者轻松地走完了一个系统的开发流程，相信读者通过本例的学习，对软件工程会有所了解。

第 15 章

新闻发布系统

在本章中,我们将介绍如何使用 Oracle 12c 技术和 JSP 技术开发一个新闻发布系统。重点介绍了如何实现新闻的自动创建,新闻的添加、删除、修改和查看;如何实现后台管理员对新闻和用户的各项管理。系统利用 Oracle 12c 数据库存储新闻和用户等数据,利用 JSP 技术从数据库提取数据,从而实现新闻的动态显示和及时更新。

通过对该实例的学习,读者可以熟悉新闻发布系统的开发和设计过程。

15.1 系统概述

15.1.1 新闻发布系统的应用背景

随着社会的发展和信息技术的进步,全球信息化的趋势越来越明显。任何一家大型企业不再局限于某一个地区,都在自觉不自觉地参与到全球化的市场竞争中。在这个全球化的竞争过程中,企业对信息的掌握程度、信息获取是否及时、信息能否得到充分利用、对信息的反应是否敏感准确,已越来越成为衡量一个企业市场竞争能力的重要因素。

现今的世界蕴涵着相当大的信息量,每天的信息搜集、发布、更新都需要投入很大的人力物力。在网络发展的新时代,越来越多的信息在网上发布,新闻作为信息的一个重要主题也不例外。这么大的信息量,如果单纯用静态网页一个一个地制作,不仅耗费人力物力,而且新闻本身的时效性也难以发挥出来。所以动态新闻发布及管理系统的产生顺应当前形势的发展，不仅节省人力物力，更加体现了新闻本身的时效性。

15.1.2　新闻发布系统的总体需求

　　新闻发布系统主要是实现前台的新闻浏览、新闻检索、新闻评论；后台的新闻发布、新闻删除与修改和系统用户的增加、修改、删除和查询等功能的系统。新闻发布系统常常作为一个门户网站的子系统存在。本章的新闻发布系统将选取一些比较典型的功能实现。总体描述如下：

　　系统对新闻进行了详细地分类，前台以分类形式显示新闻的详细信息，满足了人们浏览新闻网站时可以分类查看新闻信息的要求，同时提供新闻信息查询功能，方便用户快速查找相关的新闻信息。系统后台通过管理员设置和管理员添加等模块对系统管理员进行管理，保证了网站的安全性。

15.1.3　新闻发布系统的功能分析

　　系统由客户前台新闻浏览和后台新闻管理两大部分组成。

　　（1）客户前台新闻浏览部分主要功能

- 今日新闻的显示
- 各类新闻菜单的显示
- 单条新闻的显示。
- 新闻搜索。
- 年度新闻人物查看
- 新闻人物的投票
- 其他网站的链接

　　（2）后台新闻管理部分主要功能

- 系统超级管理员设置
- 修改超级管理员密码
- 普通管理员的管理
- 新闻大类管理
- 新闻小型管理
- 新闻管理
- 链接管理

15.1.4　新闻发布系统的设计思路

　　（1）页面模块化

　　本实例把页面中一些常用的部分集成为模块，例如页面的头和尾部，这样设计新的页面时如果有重复出现的部分，只需要拿现成的模块来组装就可以了。

（2）网页活动配置

形象页是由一整张图片切割而成的，然后在相应的位置加上链接，要在什么位置显示什么，在什么位置进行切割，无法形成规律，所以此页面的设计思想为：利用原有的图片，在配置时进行链接地址的配置，即可以对需要进行链接的图片指定链接的地址。

（3）后台维护与前台显示模块分开

本实例把后台管理员的维护模块和前台用户浏览信息模块独立开来，而又统一于同一个数据库，便于管理员管理维护数据，也便于用户浏览。用户权限的控制又增加了系统的安全性。

15.2　系统功能模块设计

根据 15.1.3 节中的系统功能分析，可以画出系统的框架图。系统框架图如图 15.1 所示。

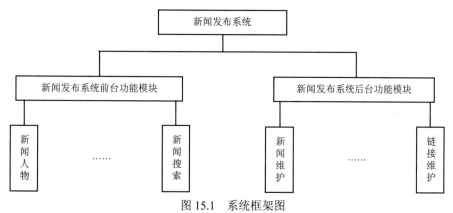

图 15.1　系统框架图

下面给出框架图中所涉及到的系统前台、后台功能模块图的详细描述。

系统前台功能模块结构如图 15.2 所示。

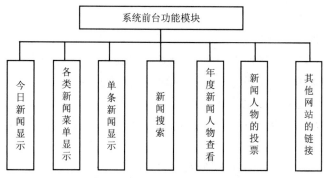

图 15.2　系统前台功能模块图

系统后台功能模块结构如图 15.3 所示。

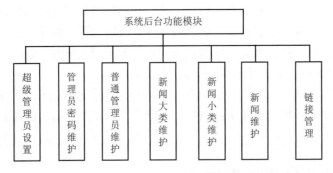

图 15.3　系统后台功能模块图

15.3　数据库设计

15.3.1　数据库需求分析

由于本系统面向的用户有两大类，即普通用户和管理员。所以进行数据库需求分析时必须要考虑到这方面的因素。

对于普通用户来说，他们所关心的就是新闻的浏览、新闻的搜索、新闻人物的投票、新闻人物票数的查看。通过系统的功能分析，针对一般新闻系统用户的需求，总结出如下需求信息。

- 用户可以根据类别查看新闻。
- 用户可以根据关键字查看新闻。
- 用户可以查看新闻人物的投票数。
- 用户可以对新闻人物投票。

对于管理员来说，他们所关心的是如何对栏目和新闻进行添加、删除、修改和查看。不同的管理员权限应有所不同。分别为超级管理员和普通管理员。针对管理员可以总结出如下的需求信息。

- 管理员有不同的权限。
- 管理员可以对栏目进行增加、删除、修改。
- 管理员可以对新闻进行增加、删除、修改。
- 超级管理员可以对普通管理员进行管理。

经过上述系统功能分析和需求总结，考虑到将来功能上的扩展，设计如下面所示的数据项和数据结构。

- 管理员信息，数据项包括数据库流水号、账号、密码、真实姓名、注册时间、管理标志。

- 新闻类型（栏目）信息，数据项包括数据库流水号、类型（栏目）名称、类型（栏目）建立日期等。
- 新闻信息，数据项包括数据库流水号、新闻类型、新闻详细类型、新闻标题、新闻内容、新闻发布日期。

15.3.2　数据库概念结构设计

根据 15.3.1 节中的分析结果，可以设计出能够满足用户需求的各种实体，以及它们之间的关系，为后面的逻辑结构设计打下基础。这些实体包含各种具体信息，它们通过相互之间的作用形成数据的流动。

本实例根据上面的设计规划出的实体有：管理员实体、栏目（新闻类别）实体、新闻实体、普通用户实体。

实体之间的 E-R 图如图 15.4 所示。

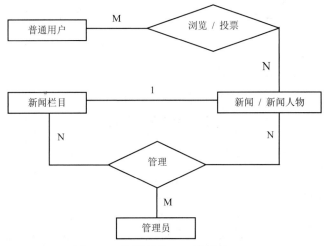

图 15.4　数据库的 E-R 模型图

管理员实体图如图 15.5 所示。

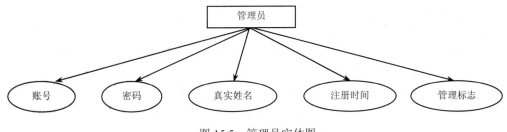

图 15.5　管理员实体图

新闻栏目（类型）实体图如图 15.6 所示。

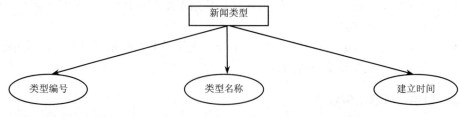

图 15.6　新闻类型实体图

新闻实体图如图 15.7 所示。

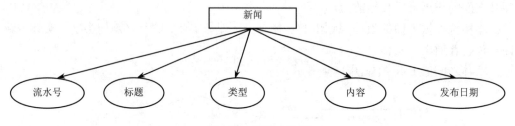

图 15.7　新闻实体图

新闻人物实体图如图 15.8 所示。

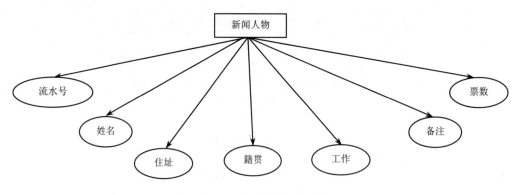

图 15.8　新闻人物实体图

15.3.3　数据库逻辑结构设计

　　数据库逻辑结构设计的主要任务：将基本 E-R 图转换为与选用 DBMS 产品所支持的数据模型相符合的逻辑结构。

　　数据库逻辑结构设计的过程：将概念结构转换为现有 DBMS 支持的关系、网状或层次模型中的某一种数据模型；在这里我们是把概念结构转化为关系模型。

　　从概念模型转化为关系模型时，E-R 图中的实体和关系都要用二维表格表示。

　　管理员表主要用于保存后台管理员信息，表结构如表 15.1 所示。

表 15.1　管理员表（manager）

字段名	数据类型	长度	主键/否	描述
ID	Number	6	是	序号
Name	Varchar2	50		管理员账号
Password	Varchar2	50		管理员密码
RealName	Varchar2	50		管理员真实姓名
IssueDate	Date			管理员注册时间
mark	Varchar2	50		管理员标示

新闻类型表主要用于保存新闻类型信息，表结构如表 15.2 所示。

表 15.2　新闻类型表（tb_newstype）

字段名	数据类型	长度	主键/否	描述
ID	Number	6	是	序号
TypeName	Varchar2	50		新闻类型名
modifydate	Date			新闻类型建立日期

新闻详细类型表主要用于保存新闻的详细类型，表结构如表 15.3 所示。

表 15.3　新闻详细类型表（tb_style）

字段名	数据类型	长度	主键/否	描述
ID	Number	6	是	序号
StyleName	Varchar2	50		新闻详细类型
STName	Varchar2	50		所属新闻类型
modifydate	Date			新闻类型建立日期

新闻表主要用于保存新闻的详细信息，表结构如表 15.4 所示。

表 15.4　新闻表（tb_news）

字段名	数据类型	长度	主键/否	描述
ID	Number	6	是	序号
Title	Varchar2	100		新闻标题
Content	Varchar2	600		新闻内容
Type	Varchar2	100		新闻类型
Style	Varchar2	50		新闻详细类型
IssDate	date			新闻发布日期

新闻人物投票表主要用于保存新闻人物投票信息，表结构如表 15.5 所示。

表 15.5　新闻人物投票表（tb_Vote）

字段名	数据类型	长度	主键否	描述
ID	Number	6	是	序号
Name	Varchar2	50		新闻人物姓名
Address	Varchar2	100		新闻人物地址
Country	Varchar2	100		新闻人物籍贯
Job	Varchar2	50		新闻人物工作
Remark	Varchar2	200		新闻人物备注
Num	Number	6		票数

超链接表主要用于保存超链接表的信息，表结构如表 15.6 所示。

表 15.6　超链接表（tb_Link）

字段名	数据类型	长度	主键否	描述
ID	Number	6	是	序号
Name	Varchar2	50		超链接表姓名
Address	Varchar2	50		超链接表地址
IssueDate	Date			超链接表发布时间

15.3.4　数据库表的创建

数据库的逻辑结构设计完毕后，就可以开始创建数据库和数据表了。

1. 创建数据库

首先，编写一个创建数据库的 SQL 文件，保存为 createDB.sql，其内容如下：

```
Create database NEWS
maxinstances 4
maxloghistory 1
maxlogfiles 16
maxlogmembers 3
maxdatafiles 10
logfile group 1 'e:\oracle\oradata\news\redo01.log' size 10M,
group 2 'e:\oracle\oradata\news\redo02.log' size 10M
datafile 'e:\oracle\oradata\news\system01.dbf' size 50M
autoextend on next 10M extent management local
sysaux datafile 'e:\oracle\oradata\news\sysaux01.dbf' size 50M
autoextend on next 10M
default temporary tablespace temp
```

```
tempfile 'e:\oracle\oradata\news\temp.dbf' size 10M autoextend on next 10M
undo tablespace UNDOTBS1 datafile 'e:\oracle\oradata\news\undotbs1.dbf' size 20M
character set ZHS16GBK
national character set AL16UTF16
user sys identified by sys
user system identified by system
```

然后，调用该文件创建数据库 NEWS。

```
sql>@C:\createDB.sql;
```

这样我们就成功创建了数据库 NEWS。

2. 创建数据表

首先，编写一个创建数据表的 SQL 文件，保存为 createTable.sql，其内容如下：

```
//管理员表
CREATE TABLE tb_manager (
        ID number(6) not null primary key,
        Name varchar2 (50),
        Password varchar2 (50),
        RealName varchar2 (50),
        IssueDate datetime,
        mark varchar2 (50)
);
//新闻类型表
CREATE TABLE tb_newsType (
        ID number(6) not null primary key,
        TypeName varchar2 (50),
        modifydate date
);
//新闻详细类型表
CREATE TABLE tb_Style (
        ID number(6) NOT NULL Primary Key,
        StyleName varchar2 (50)   ,
        STName varchar2 (50)    ,
        modifydate date NULL
)
;
//新闻表
CREATE TABLE tb_news (
        ID number(6) not null primary key,
        Title varchar2 (100),
        Content varchar2 (600),
        Type varchar2 (100),
        Style varchar2 (50),
        IssDate date not null
);
//投票表
```

```
CREATE TABLE tb_Vote (
      ID number(6) not null primary key ,
      Name varchar2 (50),
      Address varchar2 (50),
      Country varchar2 (50),
      Job varchar2 (50),
      Remark varchar2 (200),
      Num     number(6)
) ;
//超链接表
CREATE TABLE tb_Link (
      ID Number(6)   not null   primary key,
      Name varchar2 (50),
      Address varchar2 (50),
      IssueDate date not null
) ;
```

15.3.5　数据库的连接

数据库生成后就要与网页建立动态链接。系统为方便起见，将数据库接口语句写在了一个 Java 文件里面，凡是涉及数据操作的 Java 程序只要继承这个类就行了。

数据操作类型主要有查询和更新两大类。其中后者又可以细分为数据的增加、修改和删除三小类。

在程序里我们通过调用 java 自带的 executeQuery 和 executeUpdate 函数分别实现了数据的查询和更新任务。

数据库接口 JDBConnection.Java 源代码如下所示。

```
/********************JDBConnection.Java********************/
package com.victor.tool;
//引入包
import java.sql.SQLException;
import java.sql.Statement;
import java.sql.DriverManager;
import java.sql.ResultSet;
import java.sql.Connection;
import java.util.ArrayList;
import java.util.List;
import com.victor.domain.NewsActionForm;
//JDBC 类
public class JDBConnection {
  //初始化数据库用户名和密码:
  String UserId = "dbuser01";
  String UserPassword = "123";
  String url="jdbc:oracle:thin:@localhost:1521:news";
  String dri="oracle.jdbc.driver.OracleDriver";
  ResultSet rs = null;
```

```
Connection conect = null;
public JDBConnection() {
    try {
    Class.forName(dri);
    //打印提示信息
    //System.out.println("加载驱动成功！");
    }
      catch (java.lang.ClassNotFoundException e) {
        System.err.println(e.getMessage());
    }
}
//执行数据的查询操作
public ResultSet executeQuery(String sql) {
   try {
      conect = DriverManager.getConnection(url, UserId,UserPassword);
      //打印提示信息
      //System.out.println("连接数据库成功！");
      Statement stmt = conect.createStatement(ResultSet.TYPE_SCROLL_INSENSITIVE,
      ResultSet.CONCUR_READ_ONLY);
      rs = stmt.executeQuery(sql);
   }
   catch (SQLException ex) {
      System.err.println(ex.getMessage());
   }
   return rs;
}
//执行数据更新（如修改数据，删除数据）操作
 public int executeUpdate(String sql) {
   int result = 0;
   try {
         conect = DriverManager.getConnection(url, UserId,UserPassword);
      Statement stmt = conect.createStatement();
      result = stmt.executeUpdate(sql);
   }
   catch (SQLException er) {
      System.err.println(er.getMessage());
   }
   return result;
}
//关闭连接
 public void close() {
    try {
       if (conect != null) {
          conect.close();
       }
    }
    catch (Exception e) {
       System.out.println(e);
    }
    }
```

```
//测试数据库连接是否正确，如果正确就可以注释掉下面的代码
/*
public static void main(String args[])
    {
    JDBConnection jdb = new JDBConnection();
    String sql = "select * from tb_manager";
    ResultSet rs = jdb.executeQuery(sql);
    try {
            while (rs.next())
              System.out.println(rs.getString(2));
    }
    catch (SQLException ex) {
      System.out.println("异常");
            }
    }
*/
}
/*---------------------------------------------------------------------*/
```

为了测试连接数据库是否成功，我们可以启用主函数进行测试。如果能够查询出 tb_manager 表中的数据说明数据库连接是成功的。

下面我们给出在 MyEclipse 中测试连接数据库是否成功的步骤。

Step 1 修改 JDBConnection 源程序，启用 main 函数，如图 15.9 所示。

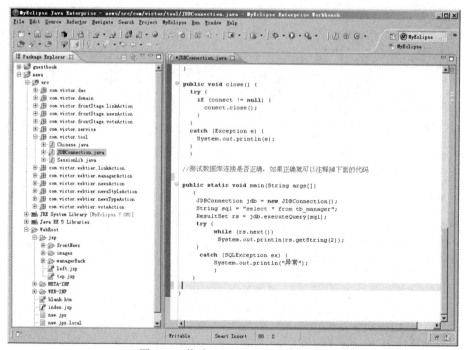

图 15.9 修改 JDBConnection 源程序

Step 2 选中 JDBConnection 程序，让其作为一个 Java Application 准备运行，结果如图 15.10 所示。

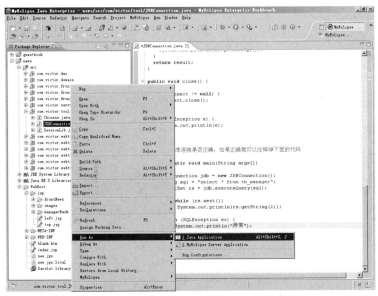

图 15.10　选中 JDBConnection 源程序

Step 3 运行程序，结果如图 15.11 所示。

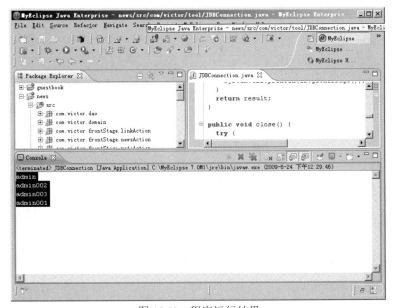

图 15.11　程序运行结果

测试结果表明数据库连接成功。有了数据库接口类后，我们对数据进行增加、删除、修改、查询的操作的 Java 程序都只要继承 JDBConnection.Java 这个类就可以了，即在程序中加上语句 JDBConnection connection = new JDBConnection()就可以建立网页与数据库的动态链接了。

15.4 网站总体框架

进行网站设计开发之前需要对网站的框架进行一个总体的规划，主要包括：文件布局、系统主页、类的分布等的规划。

15.4.1 文件布局

在编写代码之前，可以先把网站中可能用到的文件夹创建出来。例如，创建一个名为 image 的文件夹，用于保存网站中所需要的图片，这样可以方便以后的开发工作，也可以规范网站的整体架构。

文件布局在 MyEclipse 的效果图如图 15.12 所示。

图 15.12　文件布局

15.4.2 网站首页的运行结果

网站前台首页的运行结果如图 15.13 所示。

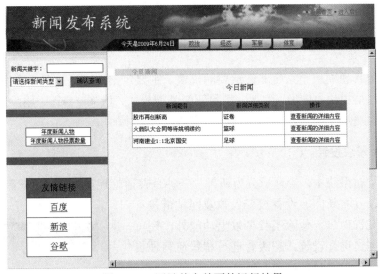

图 15.13 网站前台首页的运行结果

下面将前台首页中各部分的说明以列表形式给出，如表 15.7 所示。

表 15.7 前台首页各部分与文件对应关系说明

区域	名称	说明
1	网站导航	主要展示网站的旗帜广告和站内导航条
2	模块功能	主要用于显示模块中功能
3	内容显示	主要用于显示功能模块中的内容

网站后台首页的运行结果如图 15.14 所示。

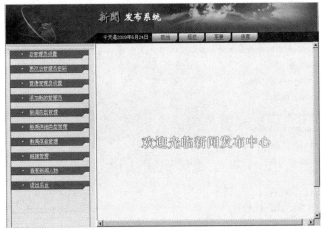

图 15.14 网站后台首页的运行结果

15.5 系统后台主要功能模块的设计与实现

系统后台管理模块是系统非常重要的模块，主要包括：管理员登录模块，增加、修改和删除管理员模块，增加、修改、删除新闻类型模块，增加、修改、删除新闻模块等。

下面我们对这些模块进行较为详细的介绍。

15.5.1 登录模块设计

在新闻发布系统中，管理员分为两种：一种是普通管理员，他可以对新闻类型进行定义，也可以发布新闻、设置投票人数及网站链接；另一种是超级管理员，他除了具备以上功能外，还可以对普通管理员进行设置。超级管理员和普通管理员都能通过后台登录页面登录到后台。

在前台首页中单击"进入后台"超链接，即可进入到管理员登录页面，如图 15.15 所示。

下面我们对该页面所涉及到的各个层的方法进行详细的说明。

图 15.15　管理员登录页面

1. 样式层的方法

由于管理员登录页面主要涉及的是管理员的信息，所以这里出现的属性都是管理员表中的属性。对每个属性我们都提供了两个方法，分别对应于取属性值和设置属性值，具体代码如下：

```java
/******************ManagerActionForm.java**************/
//引入包
package com.victor.domain;
import org.apache.struts.action.*;
//定义类
public class ManagerActionForm extends ActionForm {
    private Integer managerID;              //流水号（编号）
    private String managerIssueDate;        //日期
    private String managerMark;             //标识
    private String managerName;             //账号
    private String managerPassword;         //密码
    private String managerRealName;         //真实姓名
    private String managerType;             //管理员类型
    //构造方法
    public ManagerActionForm() {
        this.managerID = new Integer( -1);
        this.managerIssueDate = "";
        this.managerMark = "";
```

```
        this.managerName = "";
        this.managerPassword = "";
        this.managerRealName = "";
        this.managerType = "";
    }
    //获取 managerID 的值
    public Integer getManagerID() {
        return managerID;
    }
    //设置 managerID 的值
    public void setManagerID(Integer managerID) {
        this.managerID = managerID;
    }
    //获取 managerIssueDate 的值
    public String getManagerIssueDate() {
        return managerIssueDate;
    }
    //设置 managerIssueDate 的值
    public void setManagerIssueDate(String managerIssueDate) {
        this.managerIssueDate = managerIssueDate;
    }
    //获取 managerMark 的值
    public String getManagerMark() {
        return managerMark;
    }
    //设置 managerMark 的值
    public void setManagerMark(String managerMark) {
        this.managerMark = managerMark;
    }
    //获取 managerName 的值
    public String getManagerName() {
        return managerName;
    }
    //设置 managerName 的值
    public void setManagerName(String managerName) {
        this.managerName = managerName;
    }
    //获取 managerPassword 的值
    public String getManagerPassword() {
        return managerPassword;
    }
    //设置 managerPassword 的值
    public void setManagerPassword(String managerPassword) {
        this.managerPassword = managerPassword;
    }
    //获取 managerRealName 的值
```

```
    public String getManagerRealName() {
      return managerRealName;
    }
    //设置 managerRealName 的值
    public void setManagerRealName(String managerRealName) {
      this.managerRealName = managerRealName;
    }
    //获取 managerType 的值
    public String getManagerType() {
      return managerType;
    }
    //设置 managerType 的值
    public void setManagerType(String managerType) {
      this.managerType = managerType;
    }
}
/*------------------------------------------------------------------------*/
```

代码说明：

（1）构造方法是类中的一种方法，其功能为：共享类的名称，不返回任何内容，甚至不返回 void；由一个 new 运算符调用；变量初始化；获得参数（可选）。

（2）声明实例变量私有是强制使用 get 和 set 方法的典型做法。

2．持久层的方法

验证输入的内容是否正确有很多方法，本实例采用的是利用 SQL 语句的方法验证输入账号和密码，判断输入的账号及密码是否正确。

首先定义接口类 ManagerDao.java，在该接口类中给出和管理员表中数据操作有关的所有的方法声明。其中和管理员登录相关的方法如下。

```
/***********************ManagerDao.java***********************/
public interface ManagerDao {
    public ManagerActionForm managerCheck(ManagerActionForm managerActionForm);
    ……
}
/*------------------------------------------------------------------------*/
```

在 ManagerDaoImpl 实现了接口类 ManagerDao 的方法，其中对应于 managerCheck 方法的代码如下。

```
/*********************ManagerDaoImpl.java*********************/
public ManagerActionForm managerCheck(ManagerActionForm managerActionForm) {
    ManagerActionForm manager = null;
    JDBConnection connection = new JDBConnection();
    //根据用户输入的账号，获取与之对应的密码
    String sql = "select * from tb_manager where Name='" +
        managerActionForm.getManagerName() + "'";
    try {
```

```
            ResultSet rs = connection.executeQuery(sql);
            while (rs.next()) {
                manager = new ManagerActionForm();
                manager.setManagerPassword(rs.getString(3));
                }
            }
        catch (SQLException ex) {
        }
        connection.close();
        return manager;
    }
/*----------------------------------------------------------------------*/
```

3. 服务层的方法

首先定义服务层的接口类 ManagerFacade，其中和管理员登录相关的方法如下。

```
/********************ManagerFacade.java**************/
public interface ManagerFacade {
    public ManagerActionForm adminCheck(ManagerActionForm managerActionForm);
    ......
    }
/*----------------------------------------------------------------------*/
```

在 ManagerFacadeImpl 实现了接口类 ManagerFacade 的方法，其中对应于 adminCheck 方法的代码如下。

```
/*****************ManagerFacadeImpl.java************/
public class ManagerFacadeImpl implements ManagerFacade {
    private ManagerDao managerDao;
    public ManagerFacadeImpl() {
        this.managerDao = new ManagerDaoImpl();
}
public ManagerActionForm adminCheck(ManagerActionForm managerActionForm) {
    return this.managerDao.managerCheck(managerActionForm);
    }
/*----------------------------------------------------------------------*/
```

4. 控制层的方法

和管理员登录相关的控制层中的代码如下。

```
/*****************ManagerCheckAction .java************/
//核对账号和密码
public class ManagerCheckAction extends Action {
    private ManagerFacade managerFacade;
    public ManagerCheckAction() {
        this.managerFacade = new ManagerFacadeImpl();
    }
    public ActionForward perform(ActionMapping actionMapping,
                        ActionForm actionForm,
                        HttpServletRequest httpServletRequest,
```

```
                        HttpServletResponse httpServletResponse)
throws  UnsupportedEncodingException {
        Chinese chinese = new Chinese();
        ManagerActionForm managerActionForm = (ManagerActionForm)actionForm;
        managerActionForm.setManagerName(chinese.str(httpServletRequest.
                                getParameter("managerName")));
        managerActionForm manager = this.managerFacade.adminCheck(
                                managerActionForm);
        if (manager == null) {
          return actionMapping.findForward("managerWrong");
        }
        else if (!manager.getManagerPassword().equals(httpServletRequest.
                                getParameter("managerPassWord"))) {
          return actionMapping.findForward("managerWrong");
        }
      return actionMapping.findForward("managerRight");
    }
}
/*-------------------------------------------------------------------------------*/
```

5. struts-config.xml 中的配置

以上各层想要协同工作，必须在 struts-config 中给出正确的配置，即建立正确的对应关系，代码如下。

```
/***************struts-config.xml]*************************/
  <action name="managerActionForm" path="/managerCheckAction"  scope="request" type="com.victor.webtier.
    managerAction.ManagerCheckAction" validate="true">
  <forward name="managerWrong" path="/jsp/managerBack/managerCheckFail.jsp" />
    <forward name="managerRight" path="/jsp/managerBack/managerCheckSucess.jsp"/>
  </action>
/*-------------------------------------------------------------------------------*/
```

6. JSP 页面的说明

JSP 页面是展示操作结果的载体，和管理员登录对应的 JSP 页面是 manageCheck.jsp，其核心代码如下。

```
/********************manageCheck.jsp*****************/
<form   name="form"method="post" action="../../managerCheckAction.do"
onSubmit="return RgTest()" />
      <table width="298" height="253"  border="0" align="center" cellpadding="0" cellspacing="0">
      <tr><td height="159"valign="top" ackground="../images/managerCheck.gif">
<table width="100%" height="199"  border="0" cellpadding="0" cellspacing="0">
          <tr><td height="95"> </td>
          </tr>
          <tr><td align="center">
                <table width="289" border="0" cellpadding="0" cellspacing="0">
                  <tr>
                      <td width="97" height="32" align="right">账号：</td>
```

```
        <td width="192"><input name="managerName" type="text" size="20">
          </td>
          </tr>
            <tr>
          <td height="32" align="right">密码: </td>
          <td><input name="managerPassWord" type="password" size="20"></td>
        </tr>
      </table>
<input name="Submit2" type="submit" class="btn_grey" value="提交">   
    <input name="Submit" type="reset" class="btn_grey" value="重置">
</td>
    </tr>
        </table>
      </td>
      </tr>
    </table>
  </form>
/*--------------------------------------------------------------------------------*/
```

代码说明：通过执行 managerCheckAction.do 的方法，把文本框中的账号传到这个方法中去，并找出密码，然后去和文本框中的密码比较。如果相同，直接进入后台的页面，否则进入错误提示页面，进入错误提示页面后经过一个刷新命令，重新进入登录页面。

15.5.2 管理员维护模块设计

总管理员（超级管理员）在数据库中是唯一的。总管理员的信息在页面中不会显示出来，只能修改自己的密码及对普通管理员进行设置。用户单击"总管理员设置"超链接，进入总管理员设置页面。系统首先对用户输入的账户和密码进行核对。因为并不是所有的管理员都有这个权利，所以在 SQL 语句中应体现唯一性的条件。样式层所要调用的类是 ActionForm，和用户登录时调用的 ActionForm 是同一个类。

1. 总管理员的登录操作

登录方法主要用于系统管理员进行系统维护时，登录后台时密码验证使用。用户在输入用户账号和密码之后，调用此方法即可验证该用户是否合法。

实现此超链接的 JSP 代码如下：

```
/***************************left-main.jsp************************/
<!--把超链接的 JSP 页面，指向框架显示出来，框架名称为 mainFrame -->
<a href="aManager/adminPassword.jsp" target="mainFrame" class="style1">
总管理员设置</a>
/*--------------------------------------------------------------------------------*/
```

管理员的登录页面运行的结果如图 15.16 所示。

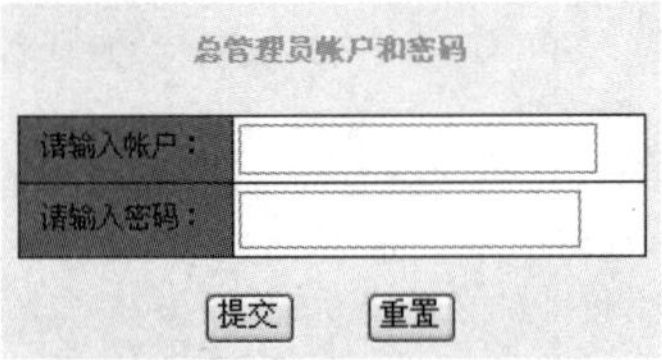

图 15.16　总管理员设置页面

（1）JSP 层的方法

总管理员页面所对应的 JSP 页面代码如下：

```
****************************adminPassword.jsp*********************
<form name="form" method="post" action="../../../adminAction.do"
onSubmit="return RgTest()">
<table width="268" border="0" cellpadding="2" cellspacing="1" bgcolor="#052754">
<tr>
        <td width="87" height="24"" align="center" bgcolor="#0099cc">请输入账户：</td>
<td width="170" bgcolor="#FFFFFF"><input type="text" name="Name"></td>
</tr>
<tr>
<td width="87" height="24" align="center" bgcolor="#0099cc">请输入密码：</td>
    <td width="170" bgcolor="#FFFFFF"><input type="password" name=
"adminPassWord"></td> </tr>
</table>
<br>
<input type="submit" name="Submit" value="提交">   
<input type="reset" name="Submit2" value="重置">
</form>
/*-------------------------------------------------------------------------------------------*/
```

在上面的 JSP 页面代码中，action 触发的是 adminAction.do 方法。

（2）持久层的方法代码

在持久层中查询管理员的方法的代码如下：

```
/*********************ManagerDaoImpl.java*****************/
//核对总管理员账号和密码
public ManagerActionForm adminCheck(ManagerActionForm managerActionForm) {
    ManagerActionForm manager = null;
    JDBConnection connection = new JDBConnection();
    String sql = "select * from tb_manager where Name='" +
        managerActionForm.getManagerName() + "' and mark='" +
        managerActionForm.getManagerMark() + "'";
    try {
      ResultSet rs = connection.executeQuery(sql);
      while (rs.next()) {
        manager = new ManagerActionForm();
        manager.setManagerPassword(rs.getString(3));
      }
```

```
        }
        catch (SQLException ex) {
        }
        connection.close();
        return manager;
    }
/*------------------------------------------------------------------------------*/
```

（3）服务层的方法

在服务层中实现持久层的接口类的代码如下：

```
*************************ManagerFacade.java*************************
public interface ManagerFacade {
    public List managerCheck(ManagerActionForm managerActionForm);
}
/*------------------------------------------------------------------------------*/
```

//实现接口类的方法的代码如下：

```
*********************ManagerFacedImpl*****************************
public class ManagerFacadeImpl implements ManagerFacade {
    private ManagerDao managerDao;
    public ManagerFacadeImpl() {
        this.managerDao = new ManagerDaoImpl();
    }
    public List managerCheck(ManagerActionForm managerActionForm) {
        return this.managerDao.admincheck(managerActionForm);
    }
}
/*------------------------------------------------------------------------------*/
```

（4）控制层的方法

和总管理员登录相关的控制层中的代码如下。

```
********************ManagerCheckAction .java*************/
//核对总管理员的账号和密码
public class ManagerCheckAction extends Action {
    private ManagerFacade managerFacade;
    public ManagerCheckAction() {
        this.managerFacade = new ManagerFacadeImpl();
    }
    public ActionForward perform(ActionMapping actionMapping,
                            ActionForm actionForm,
                            HttpServletRequest httpServletRequest,
                        HttpServletResponse httpServletResponse)
    throws UnsupportedEncodingException {
        Chinese chinese = new Chinese();
    ManagerActionForm managerActionForm = (ManagerActionForm)actionForm;
        managerActionForm.setManagerName(chinese.str(httpServletRequest.
                            getParameter("managerName")));
        managerActionForm manager = this.managerFacade.managerCheck(
```

```
                                           managerActionForm);
        if (manager == null) {
          return actionMapping.findForward("managerWrong");
          }
        else if (!manager.getManagerPassword().equals(httpServletRequest.
                             getParameter("managerPassWord"))) {
          return actionMapping.findForward("managerWrong");
          }
        return actionMapping.findForward("managerRight");
      }
    }
    /*------------------------------------------------------------------*/
```

2. 查询管理员信息

总管理员登录成功之后，可以查询所有普通管理员的信息。查询结果如图 15.17
所示。

帐号	真实姓名	注册时间	管理员类别	操作
admin002	李四	2009-6-22 20.15.55.0	普通管理员	修改密码
admin003	王五	2009-6-22 20.25.37.0	普通管理员	修改密码
admin001	张三	2009-6-22 18.38.58.0	普通管理员	修改密码

图 15.17　查询管理员信息

（1）JSP 层的方法

查询管理员信息页面所对应的 JSP 页面的核心代码如下：

```
************************adminSelect.jsp********************
<%@ page contentType="text/html; charset=gb2312" %>
<%@ page import="java.util.List"%>
<%@ page import="java.sql.*"%>
<%@ page import="com.victor.domain.NewsActionForm"%>
<html>
...    //此处省略了部分代码
  <%List adminList=(List)request.getAttribute("listAdminSelect");
  //获得管理员信息，并存储在 List 对象中
  %>
  ...    //此处省略了部分代码
  <%for(int i=0;i<adminList.size();i++)
  {
  //逐个取出列表中的元素，并把得到的结果显示到页面中
  ManagerActionForm managerActionForm=(ManagerActionForm)adminList.get(i);
    %>
```

```
        <tr bgcolor="#FFFFFF">
          <td height="24"><%=managerActionForm.getManagerID()%></td>
          <td><%=managerActionForm.getManagerName()%></td>
          <td><%=managerActionForm.getManagerRealName()%></td>
          <td><%=managerActionForm.getManagerIssueDate()%></td>
          <td><%=managerActionForm.getManagerMark()%></td>
          <td align="center"><a href="adminSelectOneAction.do?ID=
            <%=managerActionForm.getManagerID()%>">修改</a>
    </tr>
    ...    //此处省略了部分代码
    </html>
/*------------------------------------------------------------------------------*/
```

在上面的 JSP 页面代码中，action 触发的是 adminAction.do 方法，它与后台登录的方法相似，只是调用的 SQL 语句不同。

（2）服务层的方法

在服务层中实现持久层的方法的代码如下：

```
/********************ManagerFacade.java********************/
public interface ManagerFacade {
    public List managerSelect(ManagerActionForm managerActionForm);
}
/*------------------------------------------------------------------------------*/
//实现接口类的方法的代码如下：
/****************ManagerFacadeImpl.java********************/
public class ManagerFacadeImpl implements ManagerFacade {
  private ManagerDao managerDao;
  public ManagerFacadeImpl() {
    this.managerDao = new ManagerDaoImpl();
  }
public List managerSelect(ManagerActionForm managerActionForm) {
    return this.managerDao.managerSelect(managerActionForm);
}
}
/*------------------------------------------------------------------------------*/
```

（3）控制层的方法

具体代码如下：

```
/********************ManagerSelectAction********************/
//加载需要的类
…
//总管理员查看所有其他管理员的信息
public class AdminSelectAction    extends Action {
  private ManagerFacade managerFacade;
  public AdminSelectAction() {
    this.managerFacade = new ManagerFacadeImpl();
  }
```

```
public ActionForward perform(ActionMapping actionMapping,
                    ActionForm actionForm,
                    HttpServletRequest httpServletRequest,
                    HttpServletResponse httpServletResponse)
throws UnsupportedEncodingException {
    ManagerActionForm managerActionForm=(ManagerActionForm)actionForm;
    managerActionForm.setManagerMark("普通管理员");
    httpServletRequest.setAttribute("listAdminSelect",
                    managerFacade.managerSelect(managerActionForm));
    return actionMapping.findForward("adminSelectAction");
  }
}
/*---------------------------------------------------------------------------------------*/
```

通过上面的代码可以实现对所有管理员的查询功能。

总管理员除了能够查询其他管理员信息之外，还可以增加、删除、修改其他管理员的信息。在此，不再一一列举。

3．修改总管理员的密码

"更改总管理员密码"模块主要包括查询总管理员密码、核对总管理员密码和修改总管理员密码功能。

（1）查询总管理员的密码

单击"更改总管理员密码"超链接，系统首先进行查询总管理员密码的动作。

具体的实现代码如下：

```
*************************AdminSelectPasswordAction.java*******************
package com.victor.webtier.managerAction;
import org.apache.struts.action.*;
import javax.servlet.http.*;
import com.victor.service.ManagerFacade;
import com.victor.service.ManagerFacadeImpl;
//查出管理员的密码
  public class AdminSelectPasswordAction extends Action {
  private ManagerFacade managerFacade;
  public AdminSelectPasswordAction() {
    this.managerFacade = new ManagerFacadeImpl();
  }
  //此处省略了持久层和服务层代码
  public ActionForward perform(ActionMapping actionMapping,
                    ActionForm actionForm,
                    HttpServletRequest httpServletRequest,
                    HttpServletResponse httpServletResponse) {
    String adminpassword = this.managerFacade.adminSelectPassword();
    httpServletRequest.setAttribute("adminpassword", adminpassword);
    return actionMapping.findForward("adminSelectPasswordAction");
  }
```

```
}
/*----------------------------------------------------------------------------*/
```

代码说明：通过调用对象 managerFacade 中的 adminSelectPassword()可以查询要修改的密码，所用到的 SQL 语句是 select * from tb_manager where Name = 'mr' and mark = '总管理员'.

更改管理员密码的页面如图 15.18 所示。

图 15.18　更改管理员密码页面

（2）核对密码

查询出来的密码和文本框中的密码都在 JSP 页面中显示出来，这样一来就可以通过一个类来验证密码是否一致。

控制层的代码如下：

```
/***************AdminCheckPasswordAction.java************/
package com.victor.webtier.managerAction;
import org.apache.struts.action.*;
import javax.servlet.http.*;
import com.victor.domain.ManagerActionForm;
import com.victor.service.ManagerFacade;
import com.victor.service.ManagerFacadeImpl;
//修改总管理员的密码之前核对
public class AdminCheckPasswordAction extends Action {
    private ManagerFacade managerFacade;
    public AdminCheckPasswordAction() {
        this.managerFacade = new ManagerFacadeImpl();
}
public ActionForward perform(ActionMapping actionMapping,
ActionForm actionForm, HttpServletRequest httpServletRequest,
    HttpServletResponse httpServletResponse) {
    ManagerActionForm managerActionForm = (ManagerActionForm) actionForm;
managerActionForm.setManagerPassword(httpServletRequest.
getParameter("adminpassword"));
    String adminPassword = this.managerFacade.adminCheckPassword(
                                        managerActionForm);
    String password = httpServletRequest.getParameter("password");
    if (password == null) {
        return actionMapping.findForward("AminCheckPasswordActionWrong");
    }
    else if (!password.equals(adminPassword)) {
```

```
        return ctionMapping.findForward("AminCheckPasswordActionWrong");
    }
    return actionMapping.findForward("AminCheckPasswordActionRight");
  }
}
/*----------------------------------------------------------------------------------*/
```

如果填写的密码不正确，直接进入到错误提示页面；如果填写的密码正确，则进入到修改管理员密码页面。

（3）修改总管理员密码

修改总管理员密码的页面如图 15.19 所示。

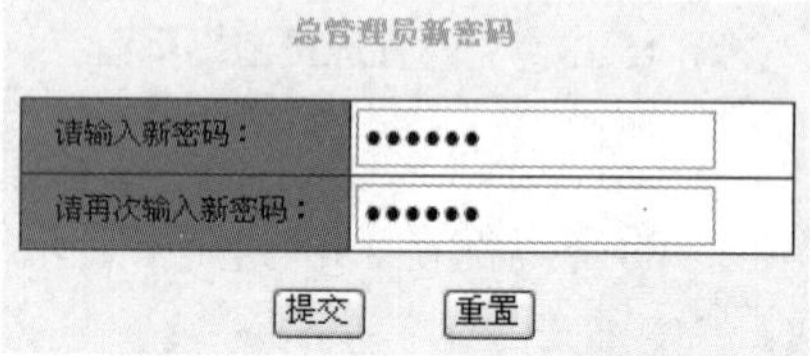

图 15.19　修改管理员密码页面

//修改密码的功能控制的代码如下。

```
/**************AdminUpdatePasswordAction.java**************/
package com.victor.webtier.managerAction;
import org.apache.struts.action.*;
import javax.servlet.http.*;
import com.victor.domain.ManagerActionForm;
import com.victor.service.ManagerFacade;
import com.victor.service.ManagerFacadeImpl;
import com.victor.tool.Chinese;
//修改管理员的密码
public class AdminUpdatePasswordAction extends Action {
  private ManagerFacade managerFacade;
  public AdminUpdatePasswordAction() {
    this.managerFacade = new ManagerFacadeImpl();
  }
  public ActionForward perform(ActionMapping actionMapping,
                               ActionForm actionForm,
                               HttpServletRequest httpServletRequest,
                               HttpServletResponse httpServletResponse) {
    ManagerActionForm managerActionForm = (ManagerActionForm) actionForm;
    Chinese chinese = new Chinese();
        managerActionForm.setManagerPassword(chinese.str(httpServletRequest.
        getParameter("password")));
    this.managerFacade.adminUpdatePassword(managerActionForm);
    return actionMapping.findForward("adminUpdatePassword");
  }
```

```
    }
/*------------------------------------------------------------------------------*/
```

Struts-config.xml 的配置代码如下：

```
/*************************************************************/
  <action name="managerActionForm" path="/adminUpdatePasswordAction"
type="com.victor.webtier.managerAction.AdminUpdatePasswordAction" scope= "request" validate="true">
    <forward name="adminUpdatePassword" path="/jsp/managerBack/aManager/adminPasswordRight.jsp" />
</action>
/*------------------------------------------------------------------------------*/
```

15.5.3　新闻管理模块设计

新闻管理模块是后台管理中非常重要的一个模块，它包括新闻查询、新闻添加、新闻修改和新闻删除等功能，实现这些功能（在持久层、样式层和服务层）的方法和 15.5.2 节中介绍的方法是相同的，在这里不再过多地介绍，本节重点介绍控制层。

1.　新闻查询

新闻查询包括有条件查询和无条件查询。两者都是用 Select 语句进行查询，控制层的实现过程是相同的。

无条件查询的具体代码如下：

```
/******************NewsWatchAction.java***************/
package com.victor.webtier.newsAction;
import org.apache.struts.action.*;
import javax.servlet.http.*;
import com.victor.service.NewsFacade;
import com.victor.service.NewsFacadeImpl;
import java.util.List;
//查询所有的新闻
public class NewsWatchAction extends Action {
  private NewsFacade newsFacade;
  public NewsWatchAction() {
    this.newsFacade = new NewsFacadeImpl();
  }
  public ActionForward perform(ActionMapping actionMapping,
                            ActionForm actionForm,
                            HttpServletRequest httpServletRequest,
                            HttpServletResponse httpServletResponse) {
    List list = this.newsFacade.newsWarch();
    httpServletRequest.setAttribute("newsList", list);
    return actionMapping.findForward("newsWatchAction");
  }
}
/*------------------------------------------------------------------------------*/
```

代码说明：定义一个 list 容器的对象，把从数据库中查询出的数据，赋给这个对象：

this.newsFacade.newsWarch()；是执行查询的方法，所对应的 SQL 语句是 select * from tb_news。

注 意

有条件查询和无条件查询虽然执行的过程是相同的，但是返回的对象是不同的，也就是指向的 JSP 页面是不同的。条件查询中执行的方法是 List list = this.newsFacade.selectOneNews (newsActionForm);所传的参数是查询条件，所对应的 SQL 语句是 select * from tb_news where ID = '"+ newsActionForm.getNewID() + '"。对新闻内容无条件查询的结果页面如图 15.20 所示。

				查看全部的新闻		
ID	标题	类别	详细类别	发布时间	操作	
1	股市再创新高	经济	证卷	2009-6-22 18.48.58.0	修改　删除　查看新闻具体内容	
2	火箭队大合同等待姚明续约	体育	篮球	2009-6-22 18.54.18.0	修改　删除　查看新闻具体内容	
3	河南建业 1:1北京国安	体育	足球	2009-6-22 20.36.2.0	修改　删除　查看新闻具体内容	
				添加新闻		

图 15.20　查看体育新闻

查看某一新闻具体内容的方法是单击该新闻所在行的"查看新闻具体内容"超链接，就可以进入新闻具体内容显示页面，如图 15.21 所示。

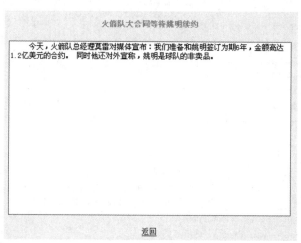

图 15.21　查看新闻具体内容页面

2．新闻添加

新闻添加包括两个动作，一是在添加新闻之前要查询新闻的类别，之后是按类别执行要添加的动作。在 JSP 页面中，单击"添加新闻"超链接，弹出的页面如图

15.22 所示，这里完成了查询新闻类别的功能。执行查询的方法，把新闻各种类别在 JSP 页面中显示出来供用户选择。

　　管理员选择"新闻类别"后，就会显示添加新闻页面。例如，选择"体育"类别将弹出一个如图 15.23 的页面，这是一个类的动作，将把类别中的详细信息显示出来。

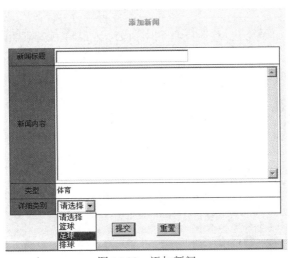

请选择所要添加的新闻类型

| 政治 |
| 经济 |
| 军事 |
| 体育 |

图 15.22　选择新闻类别

图 15.23　添加新闻

　　读取详细类别的控制层的代码如下：

```
/*****************SelectStyleAction.java*****************/
import org.apache.struts.action.*;
import javax.servlet.http.*;
import com.victor.domain.NewsStyleActionForm;
import com.victor.tool.Chinese;
import com.victor.service.NewsStyleFacadeImpl;
import com.victor.service.NewsStyleFacade;
import java.util.List;
//查出新闻类别中的详细类别
public class SelectStyleAction extends Action {
    private NewsStyleFacade newsStyleFacade;
    public SelectStyleAction() {
        this.newsStyleFacade = new NewsStyleFacadeImpl();
    }
    public ActionForward perform(ActionMapping actionMapping,
                            ActionForm actionForm,
                            HttpServletRequest httpServletRequest,
```

```
                                        HttpServletResponse httpServletResponse) {
        Chinese chinese = new Chinese();
        NewsStyleActionForm newsStyleActionForm = (NewsStyleActionForm) actionForm;
        newsStyleActionForm.setSTName(chinese.str(httpServletRequest.
            getParameter("type")));
        List list = this.newsStyleFacade.style(newsStyleActionForm);
        httpServletRequest.setAttribute("listStyle", list);
        return actionMapping.findForward("selectStyleAction");
    }
}
/*------------------------------------------------------------------------*/
```

代码说明：把新闻类别的名称传到 style()方法中，查询出新闻的详细类别显示在添加新闻页面中。

添加新闻的控制层代码如下：

```
/*********************InsertNewsAction.java*****************/
package com.victor.webtier.newsAction;
import org.apache.struts.action.*;
import javax.servlet.http.*;
import com.victor.domain.NewsActionForm;
import com.victor.service.NewsFacade;
import com.victor.service.NewsFacadeImpl;
import com.victor.tool.Chinese;
//插入新闻内容
public class InsertNewsAction    extends Action {
    private NewsFacade newsFacade;
    public InsertNewsAction() {
        this.newsFacade = new NewsFacadeImpl();
    }
    public ActionForward perform(ActionMapping actionMapping,
                                ActionForm actionForm,
                                HttpServletRequest httpServletRequest,
                                HttpServletResponse httpServletResponse) {
        Chinese chinese = new Chinese();
        NewsActionForm newsActionForm = (NewsActionForm) actionForm;
        newsActionForm.setNewTitle(chinese.str(httpServletRequest.
        getParameter("newTitle")));
        newsActionForm.setNewContent(chinese.str(httpServletRequest.
        getParameter("newContent")));
        newsActionForm.setNewsType(chinese.str(httpServletRequest.
        getParameter("newsType")));
        newsActionForm.setNewsStyle(chinese.str(httpServletRequest.
        getParameter("newsStyle")));
        this.newsFacade.insertNews(newsActionForm);
        return actionMapping.findForward("insertNewsAction");
    }
}
/*------------------------------------------------------------------------*/
```

代码说明：由于 struts 对中文的支持力度有限，当从页面中取汉字时，为了避免出现乱码现象，需要对取出来的汉字进行类型转换。

3．新闻修改

修改新闻是从 JSP 页面中取值，执行修改的动作。修改新闻的页面如图 15.24 所示。

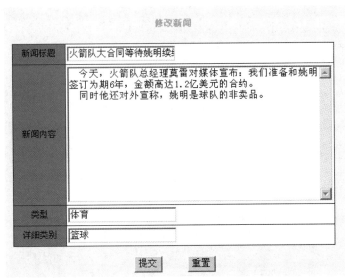

图 15.24　修改新闻

修改新闻的控制层的具体代码如下：

```
/*******************UpdateNewsAction.java******************/
package com.victor.webtier.newsAction;
import org.apache.struts.action.*;
import javax.servlet.http.*;
import com.victor.domain.NewsActionForm;
import com.victor.service.NewsFacade;
import com.victor.service.NewsFacadeImpl;
import com.victor.tool.Chinese;
//更新新闻的方法
public class UpdateNewsAction    extends Action {
    private NewsFacade newsFacade;
    public UpdateNewsAction() {
        this.newsFacade = new NewsFacadeImpl();
    }
    public ActionForward perform(ActionMapping actionMapping,
                        ActionForm actionForm,
                        HttpServletRequest httpServletRequest,
                        HttpServletResponse httpServletResponse) {
    Chinese chinese = new Chinese();
```

```
          NewsActionForm newsActionForm = (NewsActionForm) actionForm;
          newsActionForm.setNewID(Integer.valueOf(httpServletRequest.
          getParameter("ID")));
          newsActionForm.setNewTitle(chinese.str(httpServletRequest.
          getParameter("newTitle")));
          newsActionForm.setNewContent(chinese.str(httpServletRequest.
          getParameter("newContent")));
          newsActionForm.setNewsType(chinese.str(httpServletRequest.
          getParameter("newsType")));
          newsActionForm.setNewsStyle(chinese.str(httpServletRequest.
          getParameter("newsStyle")));
          this.newsFacade.updateNews(newsActionForm);
          return actionMapping.findForward("updateNewsAction");
        }
    }
    /*--------------------------------------------------------------------------------------*/
```

代码说明：把页面中的数据传到 updateNews()方法，并执行该方法，方法的 SQL 语句是：

```
update tb_news set Title ="'"+ newsActionForm.getNewTitle() +"'",
                   Content = "'"+ newsActionForm.getNewContent() +"'",
                   Type = "'"+ newsActionForm.getNewsType() +"'",
                   Style ="'"+ newsActionForm.getNewsStyle() +"'"
                   where id = "'"+ newsActionForm.getNewID() +"'"
```

4. 新闻的删除

删除新闻的控制层的具体代码如下：

```
/*****************DeleteNewsAction.java********************/
import org.apache.struts.action.*;
import javax.servlet.http.*;
import com.victor.domain.NewsActionForm;
import com.victor.service.NewsFacade;
import com.victor.service.NewsFacadeImpl;
public class DeleteNewsAction    extends Action {
    private NewsFacade newsFacade;
    public DeleteNewsAction() {
      this.newsFacade = new NewsFacadeImpl();
    }
    public ActionForward perform(ActionMapping actionMapping,
                                 ActionForm actionForm,
                                 HttpServletRequest httpServletRequest,
                                 HttpServletResponse httpServletResponse) {
    NewsActionForm newsActionForm = (NewsActionForm) actionForm;
    newsActionForm.setNewID(Integer.valueOf(httpServletRequest.
    getParameter("newsID")));
        this.newsFacade.deleteNews(newsActionForm);
```

```
            return actionMapping.findForward("deleteNewsAction");
        }
    }
    /*---------------------------------------------------------------------------*/
```

代码说明：把页面中的数据传到 deleteNews()方法，并执行该方法，方法的 SQL 语句是

```
delete from tb_news where id = '"+ newsActionForm.getNewID() +"';
```

15.6　系统前台主要功能模块的设计与实现

15.6.1　今日新闻的显示

该功能主要是实现当天新闻的查看，通过 Select 语句进行新闻的查询，为了能够显示当天的新闻，查询条件中应该包括时间的要求。

取系统时间的方法很多，可以通过类中的 java.util.Date 对象取系统时间，也可以通过 SYSDATE 变量获取系统时间。

显示"今日新闻"的页面如图 15.25 所示。

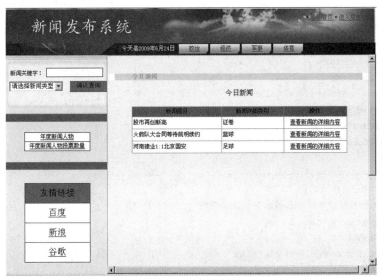

图 15.25　今日新闻

（1）JSP 层的方法

今日新闻页面所对应的 JSP 页面的核心代码如下：

```
*********************newsTopWatch.jsp*********************
<%@ page contentType="text/html; charset=gb2312" %>
<%@ page import="java.util.List"%>
```

```
<%@ page import="java.sql.*"%>
<%@ page import="com.victor.domain.NewsActionForm"%>
<html>
...    //此处省略了部分代码
<%List list=(List)request.getAttribute("newsList");%>
...    //此处省略了部分代码
<%for(int i=0;i<list.size();i++){
    NewsActionForm newsActionForm=(NewsActionForm)list.get(i);
    //逐个读取列表中的元素，并把它们逐个显示到页面中
%>
    <tr bgcolor="#FFFFFF">
      <td height="24"><%=newsActionForm.getNewID()%></td>
      <td><%=newsActionForm.getNewTitle()%></td>
      <td><%=newsActionForm.getNewsType()%></td>
       <td><%=newsActionForm.getNewsStyle()%></td>
      <td><%=newsActionForm.getNewIssueDate()%></td>
...    //此处省略了部分代码
    </tr>
...    //此处省略了部分代码
</html>
/*------------------------------------------------------------------------------------*/
```

（2）持久层的方法

```
//接口类的方法代码
/**********************NewsDao.java********************/
package com.victor.dao;
import java.util.List;
import com.victor.domain.NewsActionForm;
import java.sql.SQLException;
public interface NewsDao {
    public List dateNews();
}
/*------------------------------------------------------------------------------------*/
//实现接口类的方法代码
/**********************NewsDaoImpl .java****************/
package com.victor.dao;
import java.util.List;
import com.victor.domain.NewsActionForm;
import com.victor.tool.JDBConnection;
import java.util.ArrayList;
import java.sql.ResultSet;
import java.sql.SQLException;
import com.victor.domain.NewsTypeActionForm;
public class NewsDaoImpl implements NewsDao {
//当天新闻的查找
public List dateNews() {
```

```
JDBConnection connection = new JDBConnection();
NewsActionForm newsForm = null;
List list = new ArrayList();
java.util.Date datetime = new java.util.Date();
int year=datetime.getYear()+1900;
int month=datetime.getMonth() +1;
String date = "" + year + "-" + month+
    "-" + datetime.getDate() + " "+00+":"+00+":"+00+"";
String sql = "select * from tb_news where IssDate between '"+date+"' and   SYSDATE";
ResultSet rs = connection.executeQuery(sql);
try {
    while (rs.next()) {
        newsForm = new NewsActionForm();
        newsForm.setNewID(Integer.valueOf(rs.getString(1)));
        newsForm.setNewTitle(rs.getString(2));
        newsForm.setNewContent(rs.getString(3));
        newsForm.setNewsType(rs.getString(4));
        newsForm.setNewsStyle(rs.getString(5));
        newsForm.setNewIssueDate(rs.getString(6));
        list.add(newsForm);
    }
}
catch (NumberFormatException ex) {
}
catch (SQLException ex) {
}
return list;
    }
}
/*----------------------------------------------------------------------------*/
```

（3）持久层的方法

```
//接口类中方法的代码
/*******************NewsFacade.java*********************/
package com.victor.service;
import java.util.List;
import com.victor.domain.NewsActionForm;
import java.sql.SQLException;

public interface NewsFacade {
    public List dateNews();
}
/*----------------------------------------------------------------------------*/
//实现接口类的方法的代码
/*****************NewsFacadeImpl.java*******************/
package com.victor.service;
import java.util.List;
import com.victor.domain.NewsActionForm;
```

```
import com.victor.dao.NewsDao;
import com.victor.dao.NewsDaoImpl;
import java.sql.SQLException;
public class NewsFacadeImpl implements NewsFacade {
    private NewsDao newsDao;
    public NewsFacadeImpl() {
        this.newsDao = new NewsDaoImpl();
    }
    public List dateNews() {
        return this.newsDao.dateNews();
    }
}
/*------------------------------------------------------------------*/
```

（4）控制层的方法

控制层方法的具体代码如下：

```
/*****************DateNews.java*******************/
package com.victor.frontStage.newsAction;
import org.apache.struts.action.*;
import javax.servlet.http.*;
import com.victor.domain.NewsActionForm;
import com.victor.service.NewsFacadeImpl;
import com.victor.service.NewsFacade;
import java.util.List;

public class DateNews extends Action {
    private NewsFacade newsFacade;
    public DateNews() {
        this.newsFacade = new NewsFacadeImpl();
    }
    public ActionForward perform(ActionMapping actionMapping,
                                 ActionForm actionForm,
                                 HttpServletRequest httpServletRequest,
                                 HttpServletResponse httpServletResponse) {
        NewsActionForm newsActionForm = (NewsActionForm) actionForm;
        List list=this.newsFacade.dateNews();
        httpServletRequest.setAttribute("listNew",list);
        return actionMapping.findForward("dateNews");
    }
}
/*------------------------------------------------------------------*/
```

15.6.2　查找新闻

查找新闻的方法就是在文本框中输入新闻的相关内容，由系统生成一个 SQL 语句并执行该 SQL 语句查找相关新闻信息。实现过程与前面介绍的后台新闻查找方法相似，这里不再做过多的介绍。

按关键字查询新闻的页面如图 15.26 所示。首先，选择新闻类型；然后输入查询的内容；最后，单击"确认查询"按钮即可。

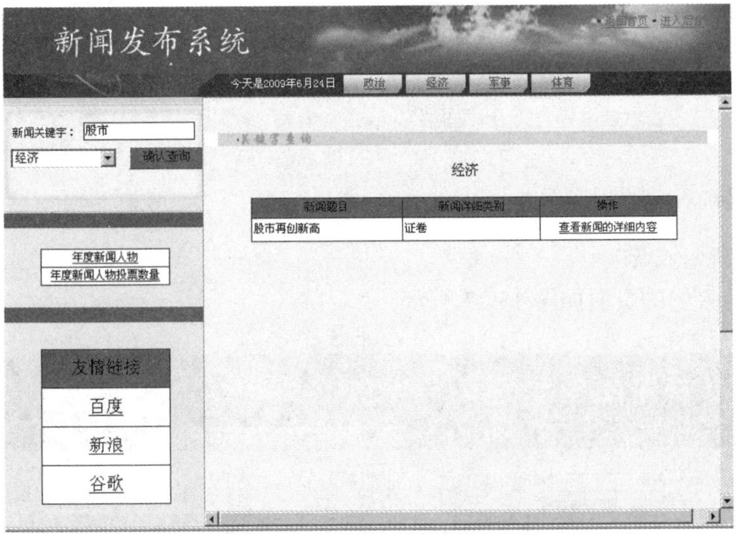

图 15.26　按关键字查询新闻

为了节省篇幅，在此我们仅给出控制层的方法。控制层的核心代码如下。

```
/********************KeyNewsWatch.java********************/
package com.victor.frontStage.newsAction;
import org.apache.struts.action.*;
import javax.servlet.http.*;
import com.victor.domain.NewsActionForm;
import com.victor.service.NewsFacade;
import com.victor.service.NewsFacadeImpl;
import com.victor.tool.Chinese;
import java.util.List;
//以新闻类型和内容的模糊查询进行的前台操作
public class KeyNewsWatch
    extends Action {
  private NewsFacade newsFacade;
  public KeyNewsWatch() {
    this.newsFacade = new NewsFacadeImpl();
  }
  public ActionForward perform(ActionMapping actionMapping,
                    ActionForm actionForm,
                    HttpServletRequest httpServletRequest,
                    HttpServletResponse httpServletResponse) {
    Chinese chinese = new Chinese();
    NewsActionForm newsActionForm = (NewsActionForm) actionForm;
    String key = chinese.str(httpServletRequest.getParameter("key"));
    newsActionForm.setNewsType(chinese.str(httpServletRequest.
```

```
getParameter("type")));
    List list = this.newsFacade.keyNewsWatch(key, newsActionForm);
    httpServletRequest.setAttribute("listContent", list);
    return actionMapping.findForward("keyNewsWatch");
  }
}
/*------------------------------------------------------------------------------*/
```

15.6.3　查看新闻人物和投票

1. 查看新闻人物

查看新闻人物的页面如图 15.27 所示。

图 15.27　查看新闻人物

在此我们仅给出控制层的方法。控制层的核心代码如下。

```
/******************VoteSelect.java********************/
package com.victor.frontStage.voteAction;
import org.apache.struts.action.*;
import javax.servlet.http.*;
import com.victor.service.VoteFacade;
import com.victor.service.VoteFacadeImpl;
import java.util.List;
//用户在前台查看新闻人物
public class VoteSelect
    extends Action {
  private VoteFacade voteFacade;
  public VoteSelect() {
```

```
          this.voteFacade = new VoteFacadeImpl();
      }
      public ActionForward perform(ActionMapping actionMapping,
                                    ActionForm actionForm,
                                    HttpServletRequest httpServletRequest,
                                    HttpServletResponse httpServletResponse) {
          List list = this.voteFacade.selectVote();
          httpServletRequest.setAttribute("voteList", list);
          return actionMapping.findForward("voteSelect");
      }
  }
  /*-----------------------------------------------------------------------------------*/
```

2. 对新闻人物进行投票

投票操作实质上就是一个修改的动作，同一个用户只能对新闻人物进行一次投票，这个方法的实现是对 session 的操作。

投票的方法是先查看新闻人物，然后单击该新闻人物所在行的"投票"按钮即可进行投票。

（1）工具层的方法

```
//工具层的方法的具体代码如下：
/***********************SessionLib.java*******************/
package com.victor.tool;
     public class SessionLib {
  public String ID;
  public SessionLib(String ID) {
    this.ID = ID;
  }
}
/*-----------------------------------------------------------------------------------*/
```

（2）持久层的方法

```
//接口类的具体代码如下：
/***********************VoteDao.java*******************/
package com.victor.dao;
import java.util.List;
import com.victor.domain.VoteActionForm;
public interface VoteDao {
  public List selectVote();
  public void addVote(VoteActionForm vote);
}
/*-----------------------------------------------------------------------------------*/
//实现接口类的方法的代码如下：
/***********************VoteDaoImpl.Java*******************/
//对新闻人物的投票操作
public void addVote(VoteActionForm vote) {
```

```
        JDBConnection connection=new JDBConnection();
        String sql="update tb_vote set Number=Number+1
            where ID='"+vote.getID()+"'";
        connection.executeUpdate(sql);
        connection.close();
      }
}
/*------------------------------------------------------------------------------------*/
```

（3）服务层的方法

//接口类的方法代码如下：

```
/************************VoteFacade.java*********************/
package com.victor.service;
import java.util.List;
import com.victor.domain.VoteActionForm;

public interface VoteFacade {
    public void addVote(VoteActionForm vote);
}
/*------------------------------------------------------------------------------------*/
```

//实现接口类的方法的代码如下：

```
/************************VoteFacadeImpl.java*****************/
package com.victor.service;
import java.util.List;
import com.victor.dao.VoteDao;
import com.victor.dao.VoteDaoImpl;
import com.victor.domain.VoteActionForm;
public class VoteFacadeImpl implements VoteFacade {
    private VoteDao voteDao;
    public VoteFacadeImpl() {
        this.voteDao = new VoteDaoImpl();
    public void addVote(VoteActionForm vote) {
        this.voteDao.addVote(vote);
    }
}
/*------------------------------------------------------------------------------------*/
```

（4）控制层的方法

具体的代码如下：

```
/*********************AddVote.java**********************/
package com.victor.frontStage.voteAction;
import org.apache.struts.action.*;
import javax.servlet.http.*;
import com.victor.domain.VoteActionForm;
import com.victor.service.VoteFacade;
import com.victor.service.VoteFacadeImpl;
```

```
import java.util.List;

public class AddVote
    extends Action {
  private VoteFacade voteFacade;
  public AddVote() {
    this.voteFacade = new VoteFacadeImpl();
  }
  public ActionForward perform(ActionMapping actionMapping,
                               ActionForm actionForm,
                               HttpServletRequest httpServletRequest,
                               HttpServletResponse httpServletResponse) {
    VoteActionForm voteActionForm = (VoteActionForm) actionForm;
    voteActionForm.setID(Integer.valueOf(httpServletRequest.
    getParameter("ID")));
    this.voteFacade.addVote(voteActionForm);
    return actionMapping.findForward("addVote");
  }
}
/*-----------------------------------------------------------------------------*/
```

（5）JSP 页面的说明

具体的代码如下：

```
/***********************VoteSelect.java*********************/
<%@ page contentType="text/html; charset=gb2312" %>
  <%@ page import="com.victor.domain.VoteActionForm"%>
  <%@ page import="java.sql.*"%>
  <%@ page import="java.util.List"%>
  <%@ page import="com.victor.tool.SessionLib"%>
  <html>
  <head>
    <title>查看新闻人物</title>
    <meta http-equiv="Content-Type" content="text/html; charset=gb2312">
    <style type="text/css">
    <!--
    body {
          margin-left: 0px;
          margin-top: 0px;
    }td{font-size:9pt;}
    .style1 {font-size: 11pt}
    .style2 {color: #FF9900;
          font-weight: bold;
          font-style: italic;
    }
    -->
    </style>
  </head>
```

```
<%List list=(List)request.getAttribute("voteList");%>
<body>
<table width="572" height="740"   border="0" align="left" cellpadding="2" cellspacing="1"
    bgcolor="#052754">
<tr><td width="571" height="100" align="center" valign="top" bgcolor="#FFFFFF">
<table width="100%"   border="0" cellspacing="0" cellpadding="0">
  <tr>
    <td height="35"> </td>
  </tr>
  <tr>
    <td background="jsp/images/line.jpg">
    <span class="style2">查看新闻人物</span></td>
  </tr>
</table>
    <br><font style="font-size:11pt; ">
<div align="center">
<%SessionLib sl;
  sl=(SessionLib)session.getValue(session.getId());
  if(sl==null){
  %>
<table width="543" border="0" cellpadding="2" cellspacing="1" bgcolor="#052754">
  <tr align="center" bgcolor="#0099cc">
    <td width="73" height="20">人物姓名</td>
    <td width="73">人物籍贯</td>
    <td width="73">人物年龄</td>
    <td width="73">人物工作</td>
    <td width="73">人物简介</td>
    <td width="103">操作</td>
  </tr>
  <%for (int i=0;i<list.size();i++){
    VoteActionForm vote=(VoteActionForm)list.get(i);
  %>
  <tr bgcolor="#FFFFFF">
  <td height="24"><%=vote.getName()%></td>
  <td><%=vote.getAddress()%></td>
  <td><%=vote.getCountry()%></td>
  <td><%=vote.getJop()%></td>
  <td><%=vote.getRemark()%></td>
  <td align="center"><form name="form" method="post" action="addVote.do?ID=<%=vote.getID()%>" >
    <input type="submit" name="Submit" value="投票">
  </form>
  </td>
</tr>
<%}%>
<%}else{
out.println("已经投票过了");
}%>
  </table>
```

```
      </td>
    </tr>
  </table>
  </body>
</html>
/*------------------------------------------------------------------------------*/
/********************VoteAdd.java*************************/
<%@ page contentType="text/html; charset=gb2312" %>
<%@ page import="com.victor.tool.SessionLib"%>
<html>
    <head>
      <title>投票成功</title>
      <meta http-equiv="Content-Type" content="text/html; charset=gb2312">
      <style type="text/css">
      <% String id;
      id=request.getParameter("ID");
      SessionLib sl=new SessionLib(id);
      session.putValue(session.getId(),sl);
      session.setMaxInactiveInterval(3600);
%>
   </td>投票成功!!!</td>
     </tr>
       </table>
       </body>
</html>
/*------------------------------------------------------------------------------*/
```

代码说明：session.setMaxInactiveInterval(3600)：session 的最大持续时间为 3600 秒

15.7　本章小结

　　一个功能比较完备的新闻发布系统的实例就构造完毕了。由于篇幅的限制，文中只介绍了部分源代码，不过只要读者理解了这部分内容，是完全有能力理解未讲解的那部分源代码的。

　　本章应用软件工程的设计思想，带领读者轻松地走完了一个系统的开发流程，相信读者通过本例的学习，不仅对软件工程会有所了解，还能对 struts 技术及 MyEclipse 开发工具的理解上一个新的台阶。

附录 A

Oracle 12c 词汇集锦

A

Access Advisor 访问建议器
Auto Memory Tuning 自动内存优化
Auto SQL Tuning 自动 SQL 优化
alter 修改
atomicity 原子性

B

B/S 浏览器/服务器模式（Browser/Server）
backup 备份
block 数据块

C

C/S 客户/服务器模式（Client/Server）
check 检查
checkpoint 检查点
cluster 集群、聚集
create 创建

create cursor 创建游标

create function 创建函数

create index 创建索引

create package 创建包

create procedure 创建过程

create sequence 创建序列

create table 创建表

create trigger 创建触发器

create view 创建视图

comment 注释

commit 提交

connect 连接

control file 控制文件

const 常量

consistency 一致性

console 控制台

constraint 约束

context 上下文

current 当前的

D

Data Dictionary 数据字典

Data Encription 数据加密

Data File 数据文件

Data Guard 数据卫士

Data Mining 数据挖掘

Data Model 数据模型

Data Warehouse 数据仓库

Database 数据库

Database Link 数据库链接

Database Replay 数据库重演

Database Restore Advisor 数据库修复建议器

Database System 数据库系统

DBA 数据库管理员（Database Administrator）

DBMS 数据库管理系统（Database Management System）

DCL 数据控制语言

DDL 数据定义语言

DML 数据操纵语言

DQL 数据查询语言

declarative section 声明部分

default 默认值

delete 删除数据

delimiter 分界符

directory 目录

drop 删除数据对象

durability 持久性

E

encription 加密

encription wallet 加密信任书

entity integrity 实体完整性

exception section 语言异常处理部分

exclusive 排他的

executable section 执行部分

execute 执行

extent 分区

external schema 外模式

F

firewall 防火墙

Flashback Data Archive 闪回数据归档

force 强制，强迫

Foreign Key 外码

foreign relation 参照关系

full outer join 全外连接

G

grant 赋权

group by 分组

I

immediate 立即

initial 初始化

internal schema 内模式（也称 storage schema）

intersect 交运算

isolation 隔离性

J

join 连接

L

left outer join 左外连接

lock 加锁

log 日志

log file 日志文件

M

metadata 元数据

minus 差运算

mode 模式

N

null 空值

O

OEM Oracle 企业管理器（Oracle Enterprise Manager）

OLAP 联机分析处理（Online Analysis Processing）

OLTP 联机事务处理（Online Transaction Processing）

online updating 在线升级

order by 排序

OUI Oracle 通用安装器（Oracle Universal Installer）

P

PL/SQL Oracle 过程性扩展语言

Plan Management 计划管理
Primary Key 主码
privilege 权限
public 公共的

R

RAC 真正应用集群（Real Application Cluster）
recovery 覆盖
redo 重做
redo log file 重做日志文件
referential integrity 参照完整性
Resource Manager 资源管理器
restore 恢复
revoke 回收
right outer join 右外连接
role 角色
rollback 回滚，回退
ROWID 物理记录号

S

schema 概念模式（模式）
security 安全性
segment 段
select 选择
self-referential 自引用
sequence 序列
session 会话
share 共享
shutdown 关闭
SQL 结构化查询语言（Structured Query Language）
SQL Replay SQL 重演
Synonym 同义词
sysdba 数据库管理员

T

tablespace 表空间
total recall 全面恢复
transaction 事务
trigger 触发器
truncate 截断

U

update 修改
union 并运算
unique 唯一的

V

variable 变量
view 视图
VPD 虚拟专用数据库（Virtual Private Database）

Oracle 12c 选件概述

Oracle 数据库 12c 提供了众多选件来增强全球排名第一的数据库的功能,以帮助企业发展业务,并达到用户期望的性能、安全性和可用性服务水平。以下对 Oracle 12c 的选件做一概念性的叙述,进一步的相关信息可以通过 Oracle 12c 的各种选件白皮书获得。

1. Oracle 真正应用集群(RAC)

Oracle 真正应用集群(RAC)允许 Oracle 数据库实现在一组应用服务器上运行任何程序包和客户应用而不必作任何更改。这种体系提供了最高级别的可用性和最灵活的可伸缩性。如果出现集群中其中一个服务器失败,Oracle 会继续运行在集群中其他服务器上。如果您需要更多的处理能力,可以很方便地在线增加另外的服务器而不必使用户脱机。为了保持低成本,甚至可以把最高端的系统构建在标准化的、低成本的产品上。

Oracle RAC 是 Oracle 企业网格计算体系的基础。Oracle RAC 技术可为低成本硬件平台提供支持,使其提供优质的服务,并达到或超出昂贵的大型 SMP 计算机所能提供的可用性和可伸缩性等级。通过显著降低管理成本和提供出色的管理灵活性,Oracle 为企业网格环境提供了强有力的支持。

2. 内存数据库缓存

内存数据库缓存极大地加快了访问只读或主读数据的查询速度并且避免了函数调用的重复执行。新的服务器结果缓存存储查询、查询块或 PL/SQL 函数调用的结果以供所有用户即时透明的重用。新的客户端查询缓存通过允许共享相同客户端应用程序服务器的用户重用存储的查询结果的方式,使数据库无需重新执行查询任务。

3. 活动数据卫士

活动数据卫士（Active Data Guard）在本地和远程服务器之间协调数据库的维护和同步以便从灾难或站点故障中快速恢复。Oracle 数据库 12c 提供了大量显著的 Oracle Data Guard 增强，包括有：

- 在物理备用系统上运行用于报表和其他目的的实时查询。
- 通过将物理备用系统暂时转换为逻辑备用系统执行联机的、滚动的数据库升级。
- 支持测试环境的快照（snapshot）备用系统。

4. 可管理性

Oracle 数据库是数据库市场的领导者，是世界上成千上万的企业、应用开发者、数据库管理员首选的数据库产品。多年来，众多企业都在依赖 Oracle 数据库提供的卓越性能和可靠性。Oracle 12c 版本提供了具有突破性的易管理性的自我管理数据库，显著降低了管理成本。

在 Oracle 12c 版本中，在故障诊断上作了重大的改进，可以大量节省用于诊断、解决的时间，增强了数据库的有效性和可靠性。另外，Oracle 在数据库管理的各个方面也有很大提高，使 Oracle 数据库 12c 比以前的版本具有更强的自我管理功能。

5. 分区

Oracle 分区在 1997 年的 Oracle 8.0 中首次引入，它是 Oracle 数据库最重要、最成功的功能之一，可以提高数以万计的应用程序的性能、可管理性和可用性。Oracle 数据库 12c 引入了第 8 代分区，继续提供突破性的新增强功能；新的分区技术使客户能够针对更多的业务案例进行建模，此外，全新的分区建议和自动化框架使所有人都能使用 Oracle 分区。自从首次引入分区以来，Oracle 数据库 12c 被视为分区的最重大新版本，它可以在今后十年内继续保护客户在分区上的投资。

分区可以通过提高可管理性、性能和可用性，为各种应用程序带来极大的好处。通常，分区可以使某些查询以及维护操作的性能大大提高。此外，分区可以大大降低数据的总拥有成本，它使用"分层存档"方法在低成本存储设备上使较旧的相关信息保持联机状态。如果要在大型环境中进行信息生命周期管理，Oracle 分区可以提供高效、简单但十分强大的方法。

分区是构建千兆字节数据系统或超高可用性系统的关键工具。通过分区，数据库设计人员和管理员能够解决前沿应用程序带来的一些难题。

6. 真正应用测试

现在，企业需要在硬件和软件上进行相当大的投资才能展开基础架构更改。例如，某个数据中心可能计划将数据库转移到一个诸如 Oracle Enterprise Linux 的低成本计算平台上。过去，这需要企业为整个应用程序投入一套重复的硬件，包括 Web 服务器、应用程序服务器和数据库，以便测试其生产应用程序。因此，企业发现改善其数据中心基础架构并实施对它的更改代价高昂。即使执行了昂贵的测试，最后在生产系统中进行更改时还是会经常出现意想不到的问题。这是因为测试负载通常是模拟的，并不能完全准确地代表真实的生产负载。因此，数据中心管理人员并不愿意采用新技术来使其企业适应不断变化的竞争压力。Oracle 12c 的真正应用测试通过引入两个新的解决方案，即数据库重演和 SQL 性能分析器，直接解决了这些问题。

（1）数据库重演（Database Replay）

利用数据库重演，DBA 和系统管理员可以在测试环境中忠实地、准确地重新运行实际的生产负载，包括联机用户和批量负载。利用数据库重演可以捕获来自生产系统的全部数据库负载，因此只需在测试系统上重新创建生产负载即可真实地测试系统更改。

DBA 现在可以根据测试更改的需要来构建自己的测试基础架构，无需复制基础架构中的所有应用程序。有了数据库重演就不再需要重新创建中间层或 Web 服务器层。因此，DBA 和系统管理员可以充满信心地快速测试和升级数据中心基础架构组件，因为他们知道更改已经在生产情形下得到了真实的测试和验证。

（2）SQL 性能分析器（SQL Performance Analyzer，SPA）

SQL 执行计划的更改会严重影响系统性能和可用性。因此，DBA 需要花费大量时间来识别和修正由于系统更改而导致性能下降的 SQL 语句。SQL 性能分析器（SPA）可以预测和防止由环境更改导致的 SQL 执行性能问题。

SQL 性能分析器通过在更改前后连续运行 SQL 语句来提供环境更改对 SQL 执行计划的影响的粒度视图和统计信息。SQL 性能分析器生成的报告列出了由于系统更改带来的实际收益以及性能下降的 SQL 语句集。针对性能下降的 SQL 语句，会提供相应的执行计划详细信息以及调整建议。

SQL 性能分析器已与现有的 SQL 调整集（STS）、SQL 优化建议器和 SQL 计划管理功能良好集成。SQL 性能分析器使得评估更改对超大 SQL 负载（几千个 SQL 语句）的影响的过程完全自动运行并得到了简化。DBA 可以使用 SQL 优化建议器来修正在测试环境中回退的 SQL 语句，并生成新的计划。然后，这些计划会被播种到 SQL 计划管理基准中，并被重新导出到生产环境中。因此，使用 SQL 性能分析器，企业能够以非常低的成本和高度的自信心来验证对生产环境进行的系统更改并带来最终的正面改进。

7. OLAP

Oracle 12c 增强了 Oracle 的数据仓库（DW）和业务智能（BI）的功能，以提高可管理性和性能，并使在线分析处理（OLAP）和数据挖掘等先进技术更容易被主流用户接受。Oracle 12c 使用户能够通过以下功能优化 Oracle 网格计算，以提高 DW 的可管理性：

- 特定于 DW 的管理屏幕和全面的 DW 功能，例如并行和分区，使 Oracle 企业管理器完全"支持 DW"。
- 增强 ADDM 对 Oracle RAC 和并行操作的支持。
- 将并行操作与自动负载管理集成。

通过 Oracle 12c，Oracle OLAP 功能可与 Oracle 的物化视图（MV）工具完全集成。

用户可以像使用 MV 一样从关系数据刷新 Oracle OLAP 多维数据集，并使用 SQL 通过自动查询重写以透明方式访问多维数据集数据。通过使用 Oracle OLAP 多维数据集，可以实现更快的查询性能、加快聚合的构建和维护并通过 SQL 进行高级 OLAP 业务计算。

8. 数据挖掘

Oracle 12c 可以通过强大的数据挖掘功能获得实时业务洞察，并使数据挖掘更易于使用并且功能更强大。Oracle 12c 在数据挖掘方面具有以下功能：

- SQL/Java API 级别的自动数据准备。
- 改进的 Oracle 数据挖掘 GUI 管理工具。
- 与数据库的更紧密集成。
- 将数据准备过程与挖掘模型组合在一起的超级模型。
- 新的通用线性模型。
- 更具预测性的分析。

9. Database Vault

Oracle Database Vault 是一个数据库安全选件，用于防止 DBA 访问应用程序数据，保护数据库结构以防止未经授权的更改，以及通过设置各种访问控制来满足动态、灵活的安全要求。通过 Oracle Database Vault 我们可以对数据安全做严格的控制，甚至可以达到"谁在什么时间在什么地点可以通过什么方式访问哪部分数据"这样的精确度。企业可在个人访问系统时实现所需的职责分离。Oracle Database Vault 通过域、规则和多因素授权的方式，很好地解决了企业内部控制的要求，把内部威胁降到最低。同时也顺便在合规性方面给予企业大力的支持。对于 DBA 而言，也可通过职责分离让 DBA 们不必为别人的过失买单。

10. 高级压缩

Oracle 12c 的高级压缩提供了一组综合的压缩功能，以帮助客户充分利用资源并降低成本。它支持压缩所有类型的数据：

- 规范的结构化数据（数字、字符）。
- 非结构化数据（文档、电子表格、XML 和其他文件）。
- 备份数据。

Oracle 12c 的高级压缩使 IT 管理员能够显著减少整体数据库存储空间，不仅节省存储成本是压缩的切实利益，其中的创新性高级压缩技术更是旨在降低 IT 基础架构所有组件（包括内存和网络带宽）的资源需求和成本。

11. 全面恢复

针对数据的全面恢复，Oracle 12c 提供了闪回数据存档（Flashback Data Archive）功能，它提供了一个安全、高效、应用程序透明的解决方案，用于生成和管理历史数据。并提供了一个集中、集成的界面来管理和保留数据历史记录。自动化的、基于策略的管理大大简化了管理。使用闪回数据存档，您可以轻松实现历史数据跟踪，从而遵从新的法规或适应不断变化的业务需求。

使用闪回数据归档的优点如下：

- 易于配置：可通过简单的"enable archive"命令轻松地为数据库中的一个表或所有表实现历史数据捕获，并且不需要更改任何应用程序。
- 高效的性能和存储：捕获过程可以有效地将性能开销降至最低。历史数据以压缩形式存储，以减少潜在的大存储需求。
- 完善的保护机制以防止意外或恶意更新：任何人（甚至管理员）都不能直接更新历史数据。
- 可以使用"AS OF"闪回 SQL 子句在过去的任何时间点上，无缝地查看归档的表数据。
- 自动执行历史数据管理任务：Oracle 12c 可自动实施规则、发送警报，而无需管理员介入。

12. 安全性

Oracle 12c 是在 30 年安全实践的基础上构建的，它可以通过许多强健的安全功能帮助用户保护信息并确保合规性，这些功能包括

- 改进的透明数据加密可以支持表空间加密。
- 与硬件安全性模块更紧密的集成。
- 可以形成保险性较高的主键保护。
- 对 LOB 数据类型、LogMiner 和逻辑备用的更好的支持提高了可管理性。
- 针对安全性功能提供全面的 Oracle 企业管理器支持增强的密码安全性、区分大小写、多字节密码和强壮的密码散列算法。
- 支持密码策略和审计选项等其他默认安全配置的设置。
- 针对数据库系统管理员（SYSDBA）和数据库系统操作员（SYSOPER）提供强大的身份验证支持。
- 针对 Kerberos 的增强支持。